AF571063

EUL
VERLAG

VENTURE CAPITAL UND INVESTMENT BANKING

Herausgegeben von Prof. Dr. Klaus Nathusius

Neue Folge, Band 14
Carlo Velten
Marktforschung als Erfolgsfaktor von VC-Gesellschaften – Ein transatlantischer Vergleich
Lohmar – Köln 2010 • 432 S. • € 68,- (D) • ISBN 978-3-89936-948-9

Neue Folge, Band 15
Dominik Steinkühler
Delayed Project Terminations in the Venture Capital Context – An Escalation of Commitment Perspective
Lohmar – Köln 2010 • 344 S. • € 63,- (D) • ISBN 978-3-89936-986-1

Neue Folge, Band 16
Judith Winand
Zusammenarbeit zwischen Venture Capital-Gesellschaften und Investmentbanken
Lohmar – Köln 2012 • 364 S. • € 64,- (D) • ISBN 978-3-8441-0135-5

Neue Folge, Band 17
Nikolaus Raupp
Das Entscheidungsverhalten japanischer Venture-Capital-Manager unter dem Einfluss der Risikowahrnehmung im Verbund mit anderen Faktoren
Lohmar – Köln 2012 • 252 S. • € 57,- (D) • ISBN 978-3-8441-0140-9

Neue Folge, Band 18
Bastian Hauschild
Sequenzielle Corporate Venture Capital-Investitionen – Ein realoptionsbasierter Ansatz
Lohmar – Köln 2013 • 296 S. • € 59,- (D) • ISBN 978-3-8441-0290-1

Neue Folge, Band 19
Frederike Lueg
Managementgenese junger Technologieunternehmen – Eine empirische Untersuchung der Teambildungs-Prozesse in Deutschland und den USA unter dem Einfluss von VC-Gesellschaften
Lohmar – Köln 2014 • 240 S. • € 56,- (D) • ISBN 978-3-8441-0341-0

JOSEF EUL VERLAG

„Managementgenese junger Technologieunternehmen – Eine empirische Untersuchung der Teambildungs-Prozesse in Deutschland und den USA unter dem Einfluss von Venture Capital Gesellschaften“

Dissertation
zur Erlangung des wirtschaftswissenschaftlichen Doktorgrades

der Wirtschaftswissenschaftlichen Fakultät

der Georg-August-Universität Göttingen

vorgelegt von

Dipl.-Hdl. Frederike Lueg
aus Celle

Göttingen, 2014

Das Vorhaben wurde durch ein Stipendium im Rahmen des Dorothea Schlözer-Programms der Universität Göttingen gefördert.

Erstgutachter: Prof. Dr. Klaus Nathusius

Zweitgutachter: Prof. Dr. Olaf Rank

Tag der mündlichen Prüfung: 30.01.2014

Venture Capital und Investment Banking · Neue Folge, Band 19
Herausgegeben von Prof. Dr. Klaus Nathusius

Dr. Frederike Lueg

Managementgenese junger Technologieunternehmen

Eine empirische Untersuchung der Teambildungs-Prozesse in Deutschland und den USA unter dem Einfluss von VC-Gesellschaften

Mit einem Geleitwort von Prof. Dr. Klaus Nathusius,
Georg-August-Universität Göttingen

Bibliografische Information der Deutschen Nationalbibliothek

Die Deutsche Nationalbibliothek verzeichnet diese Publikation in der Deutschen Nationalbibliografie; detaillierte bibliografische Daten sind im Internet über <http://dnb.d-nb.de> abrufbar.

Dissertation, Georg-August-Universität Göttingen, 2014, unter dem Titel: Managementgenese junger Technologieunternehmen – Eine empirische Untersuchung der Teambildungs-Prozesse in Deutschland und den USA unter dem Einfluss von Venture Capital Gesellschaften

ISBN 978-3-8441-0341-0
1. Auflage Juli 2014

JOSEF EUL VERLAG GmbH
Brandsberg 6
D-53797 Lohmar
Tel.: +49 (0) 22 05 / 90 10 6-6
Fax: +49 (0) 22 05 / 90 10 6-88
http://www.eul-verlag.de
info@eul-verlag.de

Bei der Herstellung unserer Bücher möchten wir die Umwelt schonen. Dieses Buch ist daher auf säurefreiem, 100% chlorfrei gebleichtem, alterungsbeständigem Papier nach DIN 6738 gedruckt.

Geleitwort

In den letzten zwanzig Jahren sind in Deutschland eine Vielzahl von Veröffentlichungen zu Fragen der Zielsetzungen, Politiken, Instrumente und Prozesse von Venture Capital Gesellschaften erarbeitet worden. Dabei ist die Frage nach der Managementgenese junger Technologieunternehmen unter dem Einfluss von Venture Capital Gesellschaften als Einwirkungsfaktoren im Rahmen der Betreuung durch Vertreter von an Target Unternehmen beteiligten VC Gesellschaften bisher kaum wissenschaftlich behandelt worden.

Die praktische Relevanz der Thematik ergibt sich einerseits aus dem frühen Entwicklungsstand der Venture Capital Finanzierung in Deutschland und die noch begrenzten Erfahrungen mit dem Finanzierungsinstrument. Andererseits ist es in den Jahren seit 2001 zu einem extremen Angebotsrückgang im Early Stage Segment des Eigenkapitalmarktes gekommen, sodass staatliche Instanzen auf der Basis eines unterstellten Marktversagens zunehmend öffentliche Förderprogramme kreieren und damit dem Markt die erwünschten Impulse für das Schaffen neuer, privatwirtschaftlich organisierter VC Gesellschaften zuführen wollen.

Frau Lueg erstellt eine Analyse der Venture Capital Branche in Deutschland bezogen auf die in den Jahren 2004-2010 vorgenommenen Venture Capital Investments hinsichtlich der aufgetretenen Teamveränderungen. Sie unterscheidet dazu zwischen Managementteamveränderungen, insbesondere den Managementteam-Zugängen und Reduzierungen. Es erfolgt eine Differenzierung der Teamveränderungen nach zehn Branchen der High-Tech Industrie. Aus dem Datenmaterial ergeben sich dann Hinweise auf die Managementgenese der erhobenen 1.734 Venture Capital Investments in dem angegebenen Zeitraum. Es zeigen sich durch die vergleichende Branchenbetrachtung signifikante Unterschiede zwischen den Unternehmen in den ausgewählten High-Technologiesegmenten.

Des Weiteren werden Untersuchungsdesign und Datenbasis von 154 deutschen Unternehmen und der 216 US-amerikanischen Unternehmen dargestellt, die in den Jahren 2004-2010 Venture Capital Investments erhalten haben. Die empirische Auswertung der länderspezifischen Unterschiede erfolgt nach den Erfolgsmaßen des Mitarbeiterwachstums, des Umsatzwachstums und des subjektiven Erfolgs. Weitere Auswertungen zur Identifikation der länderspezifischen Unterschiede betreffen das Gründerteam, die Teambildung, den Teamzusammenhalt, die Managementgenese der Gründerteams, die Venture Capital Gesellschaften als Einflussnehmerinnen auf die Managementgenese sowie die Finanzierungssummen. Des Weiteren werden Teamgröße und Kompetenzen im Gründerteam erhoben. Die vier Variablen Fachkompetenz, Position im Unternehmen, Alter und Branchenerfahrung werden über die Finanzierungsrunden hinweg erhoben incl. der Veränderungen während der Finanzierungsrunden.

Frau Lueg hat mit der empirischen Erhebung auf zwei Kontinenten eine eindrucksvolle Leistung erbracht. Es konnten trotz der festzustellenden Befragungsmüdigkeit (siehe Nettobeteiligungsquoten von 6,79 % in den USA und 16,63 % in Deutschland) der VC-finanzierten Unternehmen eindrucksvolle Ergebnisse erarbeiten werden. Sie hat zweifelsfrei zur empirischen, ländervergleichenden Venture Capital Forschung einen wesentlichen Beitrag geleistet.

Frau Lueg hat es sehr gut verstanden, die Aspekte der Managementgenese auf die mit Venture Capital Finanzierungen gestützten Gesellschaften in den USA und in Deutschland in ihrem weitgehenden, explorativen Forschungsansatz zu identifizieren und zu bewerten. Dabei ist es ihr gelungen, den bisherigen Erkenntnisstand der Forschung zur Managementgenese junger Technologieunternehmen mit finanzieller Unterstützung von Venture Capital Gesellschaften fortzuschreiben und mit bemerkenswerten neuen Erkenntnissen zu vervollständigen.

Frechen, 30. Juni 2014 Prof. Dr. Klaus Nathusius

Vorwort

Die vorliegende Arbeit entstand während meiner Tätigkeit im Fachbereich „Entrepreneurship & Entrepreneurial Finance“ an der Georg-August-Universität Göttingen. Die Dissertationsschrift wurde an der betriebswirtschaftlichen Fakultät eingereicht und angenommen.

Mein Dank gilt zunächst meinem Doktorvater, Herrn Prof. Dr. Klaus Nathusius, der mich für das Fachgebiet Entrepreneurship begeistert und nachhaltig geprägt hat. Er hat mich in meinem Dissertationsvorhaben intensiv unterstützt und mir damit ermöglicht, vielfältige Eindrücke zu erlangen und in die vorliegende Arbeit einfließen zu lassen. Für die Aufnahme der Dissertationsschrift in die Schriftenreihe "Corporate Life Cycle Management" möchte ich mich ebenfalls herzlich bedanken.

Des Weiteren möchte ich mich bei Herrn Prof. Dr. Olaf Rank für die interessanten Anregungen und Diskussionen zur Empirie und die Übernahme des Zweitgutachtens bedanken. Frau Prof. Dr. Indre Maurer danke ich für die unkomplizierte Übernahme der Funktion als Drittgutachterin.

An dieser Stelle möchte ich mich bei den Personen bedanken, die mich in meinem Vorhaben unterstützt haben. Besonderen Dank möchte ich Frau PD Dr. Micha Strack aussprechen, die mir in zahlreichen Gesprächen für wissenschaftliche Diskussionen stets zur Verfügung stand. Sie hat mich motiviert und mich dazu angeregt, meine Forschungsergebnisse stets intensiv zu hinterfragen.

Weiterhin gilt mein Dank meinen Eltern, Birgit und Peter Lueg, die mich immer gefördert haben und mir beigebracht haben, nichts zu akzeptieren ohne es hinterfragt zu haben. Ihnen sei diese Arbeit gewidmet.

Nicht vergessen möchte ich hier meine Freunde, die mich bedingungslos unterstützt haben und sich immer wieder geduldig meine neuesten Ideen angehört und mit mir diskutiert haben. In alphabetischer Reihenfolge möchte ich hier insbesondere Mareen Schwarze, Anna Maria Voelk und Anna Wucherpfennig danken.

Meinem Partner Sebastian Fritzsche und nun auch meiner Tochter Greta gilt vor allem Dank für die unendliche Geduld während der langwierigen Arbeiten. Ihr Verständnis hat mir den Rückhalt zur Durchführung dieser Arbeit gegeben.

Hamburg, im März 2014 Frederike Lueg

Inhaltsverzeichnis

Abbildungsverzeichnis ..... **XV**

Tabellenverzeichnis ..... **XVII**

Abkürzungsverzeichnis ..... **XXI**

1. Einleitung **1**

1.1 Forschungsbedarf 1

1.2 Aufbau der Arbeit 4

2. Theoretische und länderspezifische Grundlagen von Venture Capital Finanzierungen bei jungen technologieorientierten Unternehmensgründungen 7

2.1 Gründungen von technologieorientierten Unternehmen 7
2.1.1 Besonderheiten einer technologieorientierten Unternehmensgründung 7
2.1.1.1 Definition nach Innovationsgrad 7
2.1.1.2 Definition nach Branchenzugehörigkeit 10
2.1.2 Genese einer Gründung technologieorientierter Unternehmen 11
2.1.2.1 Gründungsprozess im Phasenverlauf 11
2.1.2.2 Alter von jungen technologieorientierten Unternehmen 14
2.1.3 Quantitative und qualitative Erfolgskennziffern von technologieorientierten Unternehmen 15

2.2 Venture Capital als Kapitalquelle für technologieorientierte Unternehmen 19
2.2.1 Finanzierungsphasen 21
2.2.1.1 Entwicklungsphasen mit zugehöriger Finanzierung 21
2.2.1.2 Finanzierungsablauf 23
2.2.2 Venture Capital Finanzierungen in Deutschland und den USA 24
2.2.2.1 Gründungskultur in Deutschland und den USA 25
2.2.2.2 Entwicklung des deutschen und des US-amerikanischen Beteiligungsmarktes 26
2.2.3 Einflussnahme von Venture Capital Gesellschaften 28
2.2.3.1 Ein Erfolgsvergleich 28
2.2.3.2 Managementunterstützung (Value Adding) durch VCG 30

3. Theoretische und länderspezifische Grundlagen von Erfolgsfaktoren von Gründerteams 33

3.1 Unternehmerische Gründerteams 33
3.1.1 Anfänge eines wissenschaftlichen Forschungsinteresses 33
3.1.2 Gründerteam – eine Begriffsbestimmung 34

3.2 Teamgründung versus Einzelgründung – ein Entscheidungsprozess 36

3.2.1 Argumente einer Teamgründung - eine theoretische Herleitung 36
3.2.1.1 Argumente für eine Teamgründung 36
3.2.1.2 Argumente gegen eine Teamgründung 40
3.2.1.3 Zusammenfassung 42
3.2.2 Fähigkeiten und Entscheidungen einer Gründerperson – eine Erfolgs- und Misserfolgsanalyse 43
3.2.2.1 Gründerpersonen als Scheiterursache 43
3.2.2.2 Erfolgswirkung einer Teamgründung 48
3.2.2.3 Zusammenfassung 49

3.3 Kritische Erfolgsfaktoren eines Gründerteams 50
3.3.1 Teamgröße 50
3.3.1.1 Unterschiede in der Teamgröße in Deutschland und in den USA 50
3.3.1.2 Teamgröße als Erfolgsfaktor 52
3.3.2 Fachliche Qualifikation 53
3.3.2.1 Fachliche Kompetenz im Gründerteam 53
3.3.2.2 Fachliche Kompetenz eines Gründerteams als Erfolgsfaktor 57
3.3.3 Branchenerfahrung 58
3.3.3.1 Branchenerfahrung im Gründerteam 58
3.3.3.2 Branchenerfahrung eines Gründerteams als Erfolgsfaktor 58
3.3.4 Soziodemographische Kennziffern 60
3.3.5 Unternehmerische Kompetenz 60
3.3.5.1 Unternehmerische Kompetenz im Gründerteam 60
3.3.5.2 Unternehmerische Kompetenz als Erfolgsfaktor 61

3.4 Bildung von Gründerteams 62
3.4.1 Phasen der Teambildung 62
3.4.2 Motive für die Teambildung im Gründungskontext 64

4 Theoretische und länderspezifische Grundlagen von Venture Capital Gesellschaften als Einflussnehmer auf die Managementgenese 67

4.1 Managementgenese 67
4.1.1 Begriffsbestimmung 67
4.1.2 Empirische Studien zur Managementgenese 68

4.2 Einflussnahme von Venture Capital Gesellschaften 69
4.2.1 Entscheidungskriterien von VCG 69
4.2.2 Einflussnahme auf die Gründerteamkonstellation 72

5 Expertenbefragung/Pretest 77

5.1 Leitfadengestützte Experteninterviews 77
5.1.1 Auswertung 78
5.1.2 Zusammenfassung 81

5.2 Experteninterviews zur Überprüfung des Fragebogens 81
5.2.1 Auswertung 82
5.2.2 Zusammenfassung 83

6 Branchenanalyse in Deutschland 85

6.1 Daten und Methode der Branchenanalyse in Deutschland 85

6.2 Ergebnisse der Branchenanalyse 86
6.2.1 Dauer von der Gründung bis zur ersten externen Finanzierung mit Venture Capital 86
6.2.2 Managementgenese in Venture Capital finanzierten Unternehmen – eine Branchenbetrachtung 88
6.2.3 Finanzierungssumme – eine Branchenbetrachtung 89
6.2.4 Zusammenhang zwischen der Teamveränderung und der Finanzierungssumme 91
6.2.5 Zusammenhang zwischen der Teamreduzierung und der Finanzierungssumme – eine Branchenbetrachtung 92

6.3 Schlussfolgerung und Diskussion der Branchenanalyse in Deutschland 94

7 Empirische Hauptstudie in Deutschland und den USA – Untersuchungsdesign und Datenbasis 95

7.1 Methodik der empirischen Studie zum Ländervergleich 95

7.2 Untersuchungsdesign 98
7.2.1 Datensample der US-amerikanischen Unternehmen 99
7.2.2 Datensample der deutschen Unternehmen 100

7.3 Gründungszeitpunkt 100

7.4 Finanzierungsrunden und Finanzierungssummen 102
7.4.1 Anzahl der Finanzierungsrunden 102
7.4.2 Finanzierungssumme bei Venture Capital Investments 103

8 Empirische Hauptstudie – Befunde aus Deutschland und den USA 107

8.1 Erfolgsmaße 107
8.1.1 Mitarbeiterwachstum – ein quantitatives Erfolgsmaß 107
8.1.2 Umsatzzuwachs – ein quantitatives Erfolgsmaß 110
8.1.3 Subjektiver Erfolg – ein qualitatives Erfolgsmaß 112
8.1.4 Zwischenzusammenfassung 115

8.2 Gründerteam zum Gründungszeitpunkt 115
8.2.1 Anzahl der Teammitglieder 116
8.2.2 Kompetenzen im Gründerteam 117
8.2.2.1 Fachkompetenzen 118
8.2.2.2 Position im Team 119
8.2.2.3 Branchenerfahrung 120
8.2.2.4 Alter 121
8.2.3 Zusammenfassung 122

8.3 Teambildung ... 122
8.3.1 Vertrauens-basierte vs. Ressourcen-orientierte Teambildung ... 123
8.3.2 Zusammenhang zwischen Erfolg und Teambildung ... 124
8.3.3 Zusammenfassung ... 125

8.4 Teamzusammenhalt im Gründerteam ... 126
8.4.1 Gescheiterte Finanzierungsrunden als Einflussfaktor auf den Teamzusammenhalt ... 126
8.4.2 Zur Erfolgswirkung des Teamzusammenhalts ... 127
8.4.3 Zusammenfassung ... 127

8.5 Venture Capital Gesellschaften als Einflussnehmer auf die Managementgenese ... 127
8.5.1 Venture Capital Gesellschaften als Einflussnehmer auf Managementteam-Veränderungen ... 128
8.5.1.1 Managementteam-Veränderungen unter dem Einfluss von Venture Capital Gesellschaften ... 128
8.5.1.2 Erfolgswirkung des Einflusses von Venture Capital Gesellschaften auf die Managementgenese ... 129
8.5.1.3 Zusammenfassung ... 131
8.5.2 Venture Capital Gesellschaften als Einflussnehmer auf Managementteam-Zugänge ... 131
8.5.2.1 Managementteam-Zugänge unter dem Einfluss von Venture Capital Gesellschaften ... 132
8.5.2.2 Managementteam-Zugänge unter dem Einfluss von Venture Capital Gesellschaften nach Fachkompetenz und Position im Team ... 132
8.5.2.2.1 Managementteam-Zugänge unter dem Einfluss von Venture Capital Gesellschaften nach Fachkompetenzen ... 133
8.5.2.2.2 Managementteam-Zugänge unter dem Einfluss von Venture Capital Gesellschaften nach Position im Unternehmen ... 134
8.5.2.3 Erfolgswirkung des Einflusses von Venture Capital Gesellschaften auf Managementteam-Zugänge ... 135
8.5.2.4 Zusammenfassung ... 137
8.5.3 Venture Capital Gesellschaften als Einflussnehmer auf Managementteam-Reduzierungen ... 137
8.5.3.1 Managementteam-Reduzierungen unter dem Einfluss von Venture Capital Gesellschaften ... 137
8.5.3.2 Managementteam-Reduzierungen unter dem Einfluss von Venture Capital Gesellschaften nach Fachkompetenz und Position im Team ... 138
8.5.3.3 Managementteam-Reduzierungen unter dem Einfluss von Venture Capital Gesellschaften nach Fachkompetenz im Team ... 138
8.5.3.4 Managementteam-Reduzierungen unter dem Einfluss von Venture Capital Gesellschaften nach Position im Team ... 139
8.5.3.5 Erfolgswirkung des Einflusses von Venture Capital Gesellschaften auf Managementteam-Reduzierungen ... 140
8.5.3.6 Zusammenfassung ... 142

9 KONKLUSION UND DISKUSSION DER ERGEBNISSE 143

9.1 Theoretische Implikationen 143

9.2 Managementbezogene Implikationen 149

9.3 Limitationen 150

9.4 Zukünftige Forschungsfelder 151

Anhang 153

Literaturverzeichnis 197

Abbildungsverzeichnis

Abbildung 1: Gründungs-Modell: technologieorientierte Unternehmensgründung 13
Abbildung 2: Ökonomische und außerökonomische Kriterien zum Gründungserfolg 16
Abbildung 3: Zusammenhang zwischen VC-Gebern, VC-Nehmern und VC-Gesellschaften 20
Abbildung 4: Venture Capital Investments in Unternehmensentwicklungsphasen 22
Abbildung 5: Durchschnittliche Dealgröße von Venture Capital Investitionen zwischen 2004 und 2011 in Deutschland und in den USA in Mio $ 28
Abbildung 6: Zeitraum von der Gründung bis zur ersten Finanzierungsrunde in Monaten (Branchenanalyse) 86
Abbildung 7: VC-Finanzierungssumme (Branchenanalyse) 90
Abbildung 8: Zusammenhang des Anteils an Unternehmen mit Teamreduzierung und der Finanzierungssumme pro Branche (Branchenanalyse) 93
Abbildung 9: Bezugsrahmen 99
Abbildung 10: Häufigkeiten der teilnehmenden Unternehmen – eine Aufteilung nach Ländern (Ländervergleich) 100
Abbildung 11: Die Verteilung der Gründungszeitpunkte deutscher und US-amerikanischer Unternehmen (Ländervergleich) 101
Abbildung 12: Verteilung der Gründungszeitpunkte in Deutschland und in den USA (Ländervergleich) 102
Abbildung 13: Finanzierungssumme in Mio € in der ersten, zweiten und dritten Finanzierungsrunde in deutschen (links) und US-amerikanischen Unternehmen (rechts) 104
Abbildung 14: Mittelwert der Mitarbeiteranzahl in den ersten fünf Jahren Jahre nach Gründung (Ländervergleich) 108
Abbildung 15: Verteilung Mitarbeiterzuwachs/Jahr (Ländervergleich) 110
Abbildung 16: Umsatzwachstum nach Geschäftsjahren in den ersten fünf Geschäftsjahren nach Gründung (Ländervergleich) 111
Abbildung 17: Umsatzwachstum nach Land in den ersten fünf Geschäftsjahren nach Gründung (Ländervergleich) 112
Abbildung 18: Faktorladungsplot zu Tabelle 32 114
Abbildung 19: Modell 2: Image vs. finanzieller Erfolg (Ländervergleich) 115
Abbildung 20: Anzahl der Teammitglieder zum Gründungszeitpunkt (Ländervergleich) 117

Tabellenverzeichnis

Tabelle 1: Typische Merkmale und deren Ausprägungen bei technologieorientierten Unternehmensgründungen ... 9
Tabelle 2: Übersicht unterschiedlicher Phasenmodelle eines Gründungsprozesses ... 13
Tabelle 3: Ökonomische und außerökonomische Erfolgsindikatoren und deren Verwendungshäufigkeiten ... 17
Tabelle 4: VC-Finanzierung nach dem Stand des Unternehmens-Lebenszyklus ... 23
Tabelle 5: Venture Capital Investitionen zwischen 2004 und 2011 in den USA ... 27
Tabelle 6: Venture Capital Investitionen von in Deutschland ansässigen Beteiligungsgesellschaften in deutsche Unternehmen 2004-2010 ... 27
Tabelle 7: Argumente für eine Teamgründung ... 40
Tabelle 8: Argumente gegen eine Teamgründung ... 42
Tabelle 9: Einfluss des Gründerteams auf die Erfolgskategorien ... 44
Tabelle 10: Auf das Gründerteam zurückzuführende hemmende Erfolgsfaktoren für den Unternehmenserfolg ... 45
Tabelle 11: Ursachen des Scheiterns aus Beteiligungsgeber-Sicht nach Häufigkeit ... 46
Tabelle 12: Ursache des Scheiterns aus Unternehmersicht nach Häufigkeiten ... 46
Tabelle 13: Relevanz der unterschiedlichen Scheiterbereiche von JTU (Angaben in Prozent der gescheiterten Unternehmen, Mehrfachnennungen möglich, N=10) ... 47
Tabelle 14: Durchschnittliche Gründerteamgrößen – eine Zusammenstellung deutscher und US-amerikanischer Studien ... 52
Tabelle 15: Inhaltliche Dimension von Fachkompetenzen eines Gründerteams ... 56
Tabelle 16: Experten für die Leitfadengestützten Experteninterviews ... 77
Tabelle 17: Stärke des Team-Einflusses auf den unternehmerischen Erfolg (Expertenmeinung) ... 78
Tabelle 18: Ausmaß des Einwirkens der Beteiligungsgesellschaft auf die Gründerteamkonstellation (Expertenmeinung) ... 78
Tabelle 19: Unterschiede der Investments in US-amerikanische und deutsche Teams (Expertenmeinung) ... 79
Tabelle 20: Vertrauens-basierte Teamfindung in Deutschland vs. Ressourcen-orientierte Teamfindung in den USA (Expertenmeinung) ... 80
Tabelle 21: Erfolgswirkungen des Einflusses der VCG auf die Teambildung (Expertenmeinung) ... 81
Tabelle 22: Experten zur Überprüfung des Fragebogens ... 82

Tabelle 23: Zeit von der Gründung bis zur ersten Finanzierung in Monaten (Mittelwert, gerundet) (Branchenanalyse) ... 87

Tabelle 24: Teamveränderungen in den Unternehmen nach Branche (Branchenanalyse) ... 89

Tabelle 25: Durchschnittliche Finanzierungssumme der ersten externen Finanzierung durch VC nach Branchen (Branchenanalyse) ... 91

Tabelle 26: Korrelation: Teamveränderung und Finanzierungssumme in Mio € über 10 Branchen (Branchenanalyse) ... 92

Tabelle 27: Rangkorrelationen Rho von Teamveränderungen und Finanzierungssumme innerhalb der größeren Branchen: Life Sciences, Kommunikationstechnologien (KomTech), Internet, Software/IT (Branchenanalyse) ... 94

Tabelle 28: Datensample der US-amerikanischen Unternehmen ... 99

Tabelle 29: Datensample der deutschen Unternehmen ... 100

Tabelle 30: Anzahl der Finanzierungsrunden pro Unternehmen in den ersten fünf Jahren (Ländervergleich) ... 103

Tabelle 31: Finanzierungssummen der ersten, zweiten und dritten Finanzierungsrunde nach Land (Ländervergleich) ... 105

Tabelle 32: Aufteilung der subjektiven Erfolgsbeurteilung (Faktorenanalyse mit Varimax Rotation) ... 113

Tabelle 33: Anzahl der Teammitglieder zum Gründungszeitpunkt (Ländervergleich) ... 117

Tabelle 34: Vorhandene Fachkompetenzen im Gründerteam zum Gründungszeitpunkt (Ländervergleich) ... 119

Tabelle 35: Vorhandene Positionen im Gründerteam zum Gründungszeitpunkt (Ländervergleich) ... 120

Tabelle 36: Maximale Branchenerfahrung im Gründerteam zum Gründungszeitpunkt (Ländervergleich) ... 121

Tabelle 37: Alter im Gründerteam nach Land (Ländervergleich) ... 122

Tabelle 38: Kreuztabelle: Vertrauens-basierte Teambildung und Ressourcen-orientierte Teambildung (Ländervergleich) ... 123

Tabelle 39: Logistische Regression von Erfolgsvariablen (Umsatzzuwachs, Mitarbeiterzuwachs) auf die Ressourcen-orientierte und Vertrauens-basierte Teambildung moderiert durch das Land ... 125

Tabelle 40: Geschätzter Anteil von Unternehmen mit Umsatzwachstum pro Jahr bei Ressourcen-orientierter und Vertrauens-basierter Teambildung (Ländervergleich) ... 125

Tabelle 41: VCG als Einflussnehmer auf die Managementteam-Veränderungen (Ländervergleich) 129
Tabelle 42: Erfolgsauswirkungen (mittleres Wachstum) der Managementgenese (Ländervergleich) 130
Tabelle 43: Logistische Regression von Erfolgsvariablen auf die VGG-iniitiierten Managementtteam-Veränderung (MTV, binär) moderiert durch das Land 131
Tabelle 44: VCG als Einflussnehmerin auf die Managementteam-Zugänge (Ländervergleich) 132
Tabelle 45: Managementteam-Zugänge nach Fachkompetenzen im Team: über alle drei Finanzierungsrunden (Ländervergleich) 134
Tabelle 46: Managementteam-Zugänge nach Position im Unternehmen im Team über alle drei Finanzierungsrunden (Ländervergleich) 135
Tabelle 47: Erfolgsaussichten (mittleres Wachstum pro Jahr) der Managementteam-Zugänge (Ländervergleich) 136
Tabelle 48: Logistische Regression von (binären) Erfolgsvariablen auf die VGG-iniitiierten Managementtteam-Zugänge (MTZ, binär) moderiert durch das Land 136
Tabelle 49: VCG als Einflussnehmerin auf die Managementteam-Reduzierung (Ländervergleich) 138
Tabelle 50: Gründe für die MTR nach Fachkompetenz über alle drei Finanzierungsrunden (Ländervergleich) 139
Tabelle 51: Gründe für die Managementteam-Reduzierung nach Fachkompetenz über alle drei Finanzierungsrunden (Ländervergleich) 140
Tabelle 52: Erfolgsaussichten (mittleres Wachstum) der Einflussnahme der VCG auf die Managementteam-Reduzierung (Ländervergleich) 141
Tabelle 53: Logistische Regression von (binären) Erfolgsvariablen auf die VGG-iniitiierten Managementtteam-Reduzierungen (MTR, binär) moderiert durch das Land 142
Tabelle 54: Zusammenfassung der empirischen Befunde 149

Abkürzungsverzeichnis

BE	Branchenerfahrung
BVK	Bundesverband Deutscher Kapitalbeteiligungsgesellschaften
CEO	Chief Executive Officer
CFO	Chief Financial Officer
CHRO	Human Resource Officer
CMO	Chief Marketing Officer
CSO	Chief Sales Officer
CTO	Chief Technical Officer oder Chief Technology Officer
DACH	Akronym für den deutschen Sprachraum (Deutschland, Österreich, Schweiz)
ET	Entrepreneurial Team
FGF	Förderkreis Gründungs-Forschung e.V.
FuE	Forschung und Entwicklung
GEM	Global Entrepreneurship Monitor
i.W.S.	im weiteren Sinne
IPO	Initial Public Offering
IS	Industry structure
ISI	Frauenhofer-Institut für System- und Innovationsforschung
IT	Information Technology
JTU	junge technologieorientierte Unternehmen
k.A.	keine Angabe
KMU	Kleine und mittlere Unternehmen
MA	Mitarbeiter
MIT	Massachusetts Institute of Technology
MBI	Management Buy-In
MBO	Management Buy-Out
MG	Managementgenese
MT	Managementteam
MTR	Managementteam-Reduzierung
MTV	Managementteam-Veränderung
MTZ	Managementteam-Zugänge
N	Anzahl
n.s.	nicht signifikant
NVP	New Venture Performance
OECD	Organization for Economic Co-operation and Development

PU	Portfoliounternehmen
TEA	Total Early-stage Entrepreneurial Activity
TOU	technologieorientierte Unternehmen
USP	Unique Selling Proposition
VC	Venture Capital
VCC	Venture Capital Consulting
VCG	Venture Capital Gesellschaft
VS	Venture Strategy

1. Einleitung

1.1 Forschungsbedarf

Junge technologieorientierte Unternehmen (JTU) schaffen Wachstum durch Innovation. Das technologieorientierte Geschäftsmodell grenzt sich unter anderem durch seine relativ hohe Bedeutung für FuE Aufwendungen von anderen Gründungsmodellen ab.[1] Vor dem Markteintritt durchlaufen JTU auf Grund dieser hohen Aufwendungen für die Entwicklung ihrer Produkte oder ihrer Dienstleistungen eine kapitalintensive Phase.[2] Darüber hinaus ist ein hoher Finanzbedarf auch in der Markteinführung der Produkte oder Dienstleistungen oder in einer Wachstumsphase des Unternehmens begründet.[3] Häufig ist davon auszugehen, dass technologieorientierte Gründungsunternehmen entweder keinen Zugang zu Fremdkapitalmärkten finden oder der Finanzbedarf höher ist als die möglichen Kredite.[4] Den Zugang zu Eigenkapital erhalten JTU oftmals mit Hilfe von Venture Capital Gesellschaften (VCG), die bei erfolgsversprechenden Renditeaussichten Chancenkapital[5] zur Verfügung stellen. Venture Capital Investments können in den verschiedenen Phasen des Unternehmensentwicklungsprozesses stattfinden.[6] Je früher eine VCG in ein Unternehmen investiert, umso größer ist das Wachstumspotential, dem aber auch ein höheres Risiko gegenübergestellt ist.[7]

In der Entrepreneurship Forschung wird überwiegend davon ausgegangen, dass das Gründerteam - JTU werden häufiger im Team als von Einzelpersonen gegründet - ein entscheidender Erfolgsfaktor für die Unternehmensgründung ist und Teamgründungen bei komplexen

[1] Vgl. Klaus Nathusius: Grundlagen der Gründungsfinanzierung: Instrumente – Prozesse – Beispiele. Wiesbaden, 2001b, S. 158-181; vgl. Armgard Wippler: Innovative Unternehmensgründungen in Deutschland und den USA, Wiesbaden 1998, S. 18; vgl. Marianne Kulicke: Chancen und Risiken junger Technologieunternehmen: Ergebnisse des Modellversuchs "Förderung technologieorientierter Unternehmensgründungen"; Projektbegleitung zum Modellversuch "Förderung technologieorientierter Unternehmensgründungen" des Bundesforschungsministeriums. Fraunhofer-Institut für Systemtechnik und Innovationsforschung, Heidelberg, 1993, S. 14-15. Für weiterführende Information von Business Modellen von technologieorientierten Unternehmensgründungen vgl. die Fallstudienanalyse von Franziska Günzel, Helge Wilker: Beyond high tech: the pivotal role of technology in start-up business model design. In: Entrepreneurship and Small Business, Band 15, Nr. 1, 2012 und Arne Schmidt, Simon Heinrichs, Achim Walter: Technologiebasierte Spin-offs – Ein Forschungsüberblick zu Einflussgrößen ihrer Entwicklung. In: Zeitschrift für Betriebswirtschaft, 81, 2011, S. 677–714 oder Oscarina Conceiceicao, Margarida Fontes, Teresa Calapez: The commercialization decisions of research-based spin-offs: Targeting the market for technologies. In: Technovation, 32, 2012, S. 43–56.

[2] Vgl. Marianne Kulicke, a.a.O., 1993, S. 15; Vgl. Franz Pleschak, Birgit Ossenkopf; Björn Wolf: Ursachen des Scheiterns von Technologieunternehmen mit Beteiligungskapital aus dem BTU-Programm. Stuttgart, 2002, S. 3.

[3] Vgl. Franz Pleschak, Birgit Ossenkopf; Björn Wolf, a.a.O., 2002, S. 3.

[4] Vgl. Peter Witt: Aktuelle Entrepreneurship-Forschung: Stand und offene Fragen. In: Sascha Kraus, Katherine Gundolf (Hrsg.): Stand und Perspektiven der deutschsprachigen Entrepreneurship- und KMU-Forschung. Schriftenreihe des Instituts für Managementforschung, 2, Stuttgart, 2008, S. 89.

[5] Nathusius spricht von Chancenkapital anstatt von Risiko- oder Wagniskapital, da diese Begrifflichkeit die Chancen sowohl für die Venture Capital Gesellschaft als auch für das mit Venture Capital finanzierte Unternehmen deutlich machen. Vgl. Klaus Nathusius: Eigenkapitalfinanzierung durch Venture Capital. In: Lambert T. Koch (Hrsg.): Gründungsmanagement: mit Aufgaben und Lösungen. München u.a., 2001a, S.178.

[6] Ebd., S. 56.

[7] Nathusius, Klaus; Sarah Göring: Zur Finanzierungsgenese von jungen, schnell wachsenden Technologiegründungen. In: Finanzbetrieb, 12, 2007, S. 774.

Gründungsprojekten erfolgreicher als Einzelgründungen sind.[8] Homogenität und Heterogenität der Zusammensetzung von Gründerteams sind ein viel diskutiertes Thema im Bereich der Gründungsforschung, da die Zusammensetzung die Erfolgsaussichten neugegründeter Unternehmen beeinflussen kann.[9] Hierzu können Teams hinsichtlich der fachlichen Qualifikation, der Branchenerfahrung oder der Unternehmerischen Kompetenz untersucht werden.[10] Auch die Teamgröße kann laut Forschungsergebnissen einen Aufschluss über den Erfolg einer Unternehmensgründung geben.[11]

Die Teambildung kann für eine Erfolgsanalyse von JTU ebenfalls herangezogen werden. So bilden sie sich nach den drei Grundsätzen „homophily", „reputation for competence" und „familiarity".[12] Aus Informationen über die Gründerteam-Bildung wird bekannt, ob sich die Unternehmer eher Vertrauens-basiert - sie kennen sich aus dem Studium oder sind verwandt - oder

---

[8] Vgl. Heinz Klandt: Gründungsmanagement: der integrierte Unternehmensplan: Business Plan als zentrales Instrument für die Gründungsplanung. München (u.a.), 2006, S. 27; vgl. Joachim Hemer, Herbert Berteit, Gerd Walter, Maximilian Göthner: Erfolgsfaktoren für Unternehmensgründungen aus der Wissenschaft, ISI-Schriftenreihe „Innovationspotenziale", Frauenhofer-Institut für System- und Innovationsforschung ISI, Stuttgart, 2006, S. 172-175; vgl. Franz Pleschak, Birgit Ossenkopf; Björn Wolf: Ursachen des Scheiterns von Technologieunternehmen. In: Armin Bindewald, Jochen Struck: Was erfolgreiche Unternehmen ausmacht: Erkenntnisse aus Wissenschaft und Praxis. KfW Bankengruppe, Heidelberg, 2005, S. 143-144; vgl. Norbert Szyperski, Klaus Nathusius: Probleme der Unternehmungsgründung: eine betriebswirtschaftliche Analyse unternehmerischer Startbedingungen. Lohmar (u. a.), 1999, S. 36, 38-39; vgl. Simon Stockley: Building and maintaining the entrepreneurial team – a critical competence for venture growth. In: Sue Birley, Daniel F. Muzyka (Hrsg.): Mastering Entrepreneurship. London u. a., 1997, S. 206; vgl. Kulicke, Marianne, a.a.O., 1993, S. 165. Vgl. Vesper, Karl H.: New Venture Strategies: Revised Edition. New Jersey, 1990, S. 47; Nathusius, Klaus, a.a.O., 2001b, S. 8. Siehe hierzu auch Franz Pleschak: Entwicklungsprobleme junger Technologieunternehmen und ihre Überwindung. In: Knut Koschatzky (Hrsg.): Technologieunternehmen im Innovationsprozeß: Management, Finanzierung und regionale Netzwerke. Heidelberg, 1997, S. 20.

[9] Vgl. Arne Schmidt, Simon Heinrichs, Achim Walter, a.a.O., 2011, S.696; vgl. José L. Barbero, José C. Casillas, Howard D. Feldman: Managerial capabilities and paths to growth as determinants of high-growth small and medium-sized enterprises. In: International Small Business Journal, 29 (6), 2011, S. 671– 694, S. 685; Arnold Picot, Ulf-Dieter Laub, Dietram Schneider, Innovative Unternehmensgründungen: eine ökonomisch-empirische Analyse. Berlin u. a.,1989, S. 103; Michael J. Dowling, Hans Jürgen Drumm (Hrsg.): Gründungsmanagement: vom erfolgreichen Unternehmensstart zu dauerhaftem Wachstum - mit 3 Tabellen. Berlin (u. a.), 2003, S.30.

[10] Vgl. Rod Shrader, Donald S. Siegel: Assessing the Relationship between Human Capital and Firm Performance: Evidence from Technology-Based New Ventures. In: Entrepreneurship Theory and Practice, Band 31, Nr. 6, 2007, S. 902; vgl. Hans G. Gemünden: Personale Einflussfaktoren von Unternehmensgründungen. In: Ann-Kristin Achleitner, Heinz Klandt, Lambert T. Koch, Kai-Ingo Voigt (Hrsg.): Jahrbuch Entrepreneurship 2003/2004, Gründungsforschung und Gründungsmanagement, Berlin-Heidelberg, 2004, S. 100; vgl. Josef Brüderl, Peter Preisendörfer; Rolf Ziegler: Der Erfolg neugegründeter Betriebe: eine empirische Studie zu den Chancen und Risiken von Unternehmensgründungen. Berlin, 2007, S. 127; vgl. Thomas Lechler, Hans G. Gemünden Gründerteams: Chancen und Risiken für den Unternehmenserfolg. Heidelberg, 2003, S.134; vgl. Michael J. Dowling, Hans Jürgen Drumm, a.a.O., 2003, S.30; vgl. Michael Schefczyk: Managementqualifikationen und Erfolg in jungen Unternehmen. In: Claus Steinle, Katja Schumann (Hrsg.): Gründung von Technologieunternehmen: Merkmale – Erfolg – empirische Ergebnisse. Wiesbaden, 2003, S. 76; Vgl. Elisabeth J. Teal, Charles W. Hofer: The determinants of new venture success: strategy, industry structure, and the founding entrepreneurial team, in: The journal of private equity, New York, NY, Bd. 6.2003, 4, S. 41.

[11] Vgl. Kathleen M. Eisenhardt, Claudia Bird Schoonhoven: Organizational Growth: Linking Founding Team, Strategy, Environment, and Growth among U.S. Semiconductor Ventures, 1978-1988. In: Administrative Science Quarterly, 35, 1990, S. 523; vgl. Rolf Sternberg, Christine Tamásy: Success Factors for Young, Innovative Firms. Working Paper No. 99-02, Universität zu Köln, Februar, 1999, S.13-14.

[12] Vgl. Pamela J. Hinds, Kathleen M. Carley, David Krackhardt, and Douglas R. Wholey: Choosing work group members: Balancing similarity, competence, and familiarity. In: Organizational Behavior and Human Decision Processes, 81(2), 2000, S. 228, 231; vgl. Howard E. Aldrich, Nancy M. Carter, Martin Ruef: Teams. In: William B. Gartner, Kelly G. Shaver, and Nancy M. Carter. Paul D. Reynolds (Hrsg.): Handbook of entrepreneurial dynamics: the process of business creation. Thousands Oaks, 2004, S. 308.

eher Ressourcen-orientiert – sie haben sich auf Grund einer bestimmten Fachkompetenz gefunden oder der Partner[13] konnte Kapital einbringen- gebildet haben. Junge technologieorientierte Unternehmen durchlaufen verschiedene Entwicklungsphasen, dem das Gründerteam ebenfalls ausgesetzt wird, so dass das Team einen stetigen Veränderungsprozess durchläuft.[14] Diese Managementgenese beschreibt die Teamveränderungen in dem Entwicklungsprozess eines Unternehmens und kann sowohl Teamzuwächse als auch Teamreduzierungen beinhalten. Zudem können auch Teamqualifizierungen der Managementgenese zugeordnet werden. Um die Teameffektivität zu steuern, kann das Teamdesigning eingesetzt werden.[15] Hierbei sollen Teams möglichst optimal zusammengesetzt werden.[16] Venture Capital Gesellschaften analysieren Gründerteams bis ins Detail, bevor sie sich für das Investment entscheiden.[17]

Deutsche Venture Capital Gesellschaften sind nach dem US-amerikanischen Vorbild entstanden.[18] Es bestehen erhebliche Unterschiede sowohl in der investierten Gesamtsumme als auch in der durchschnittlichen Investitionssumme pro Deal. In den USA liegt das Niveau konstant über dem der deutschen Investments.[19] Interessant ist die Forschungslücke hinsichtlich

[13] Auf die weibliche Form wurde aus Gründern der Lesbarkeit verzichtet. Es sind in der vorliegenden Arbeit ausdrücklich jeweils beide Geschlechter angesprochen.

[14] Vgl. Armgard Wippler, a.a.O., 1998, S. 116.

[15] Vgl. Martin Högl: Teamarbeit in innovativen Projekten: Einflußgrößen und Wirkungen. Diss., Karlsruhe, 1998, S. 70.

[16] Vgl. Martin Högl, a.a.O., 1998, S. 71; vgl. Rainer Knigge, Ulrich Petschow: Technologieorientierte Unternehmensgründungen in Berlin. Berlin, 1986, S. 58; vgl. Marianne Kulicke: Technologieorientierte Unternehmen in der Bundesrepublik Deutschland: Eine empirische Untersuchung der Strukturbildungs- und Wachstumsphase von Neugründungen. Frankfurt, 1987, S. 132; vgl. Edward B. Roberts: Entrepreneurs in High Technology: Lessons from MIT and Beyond. Oxford University Press, New York, New York, 1991, S. 336, 348; vgl. Deniz Ucbasaran, Andy Lockett, Mike Wright, and Paul Westhead: Entrepreneurial Founder Teams: Factors Associated with Member Entry and Exit. In: Entrepreneurship Theory and Practice, Band 28 Nr. 2, Dezember 2003, S. 108; vgl. Warren Boeker, Rushi Karichalil: Entrepreneurial Transitions: Factors Influencing Founder Departure. In: Academy of Management, Band 46, Nr. 3, 2002, S. 823;

[17] Vgl. Bart Clarysse, Nathalie Moray: A process study of entrepreneurial team formation: the case of a research-based spin-off. In: Journal of Business Venturing, Band 19, Nr. 1, Januar 2004, S. 55; vgl. Michael Schefczyk: Erfolgsstrategien deutscher Venture Capital-Gesellschaften – Analyse der Investitionsaktivitäten und des Beteiligungsmanagements von Venture Capital-Gesellschaften, Stuttgart, 2004, S. 43; vgl. Marianne Kulicke, Udo Wupperfeld: Beteiligungskapital für junge Technologieunternehmen. Heidelberg,1996, S. 74, 77; vgl. Bernd Röcken: Erfahrungen des gründungsbegleitenden Programms „Partner für Unternehmensgründer (PUG)" in der Region Berlin-Brandenburg. In: Franz Pleschak (Hrsg.): Gründungsunterstützung - Konzepte, Ergebnisse und Erfahrungen: 6. ISI-Workshop am 14./15. September 2000, gemeinsam mit dem Business Development Center Sachsen. Karlruhe, 2000, S. 63; vgl. Kirsti Dautzenberg, Guido Reger: Evaluation of entrepreneurial teams: early-stage investment decisions in new technology-based firms. In: Int. J. Entrepreneurial Venturing, Band 2, Nr. 1, 2010, S. 13; Vgl. Nikolaus Franke, Marc Gruber, Joachim Henkel, Karin Hoisl: Die Bewertung von Gründerteams durch Venture-Capital-Geber: Ein empirische Analyse. Die Betriebswirtschaft (DBW), 2004, 64/6, S. 651-670, S. 651; vgl. Bert Helwing: Qualitative Bewertung von Kapitalbeteiligungsgesellschaften: eine empirische Analyse ausgewählter Bewertungskriterien und ihr Einfluss auf die Rendite und das Beteiligungsvolumen. Universität, Dissertation, 2008, S. 145; vgl. Holger Patzelt: CEO human capital, top management teams, and the acquisition of venture capital in new technology ventures: An empirical analysis. In: Journal of Engineering and Technology Management, 27, 2010, S. 141.

[18] Vgl. Klaus Nathusius, a.a.O., 2001a, S.177; Vgl. Klaus Nathusius, a.a.O., 2001b, S. 53. Siehe auch Michael Schefczyk: Erfolgsstrategien deutscher Venture Capital-Gesellschaften – Analyse der Investitionsaktivitäten und des Beteiligungsmanagements von Venture Capital-Gesellschaften, Stuttgart, 2004, S. 17.

[19] Vgl. Thomas Reuters: Money Tree Report. Pricewaterhous Coopers und National Venture Capital Association gefunden am 08.02.2012 um 10:13h, https://www.pwcmoneytree.com/MTPublic/ns/nav.jsp?page=historical, o.S.; Bundesverband Deutscher Kapitalbeteiligungsgesellschaften – German Private Equity and Venture Capital Association e. V. (BVK), BVK Statistik - Das Jahr 2010 in Zahlen, 02.03.2011, S. 30; Bundesverband Deutscher

der Frage, wie sich die VCG beider Länder hinsichtlich des Einflusses auf das Gründerteam unterscheiden und wie sich dieses Verhalten auf den Erfolg des technologieorientierten Unternehmens auswirkt. Hierbei ist zunächst zu analysieren, ob US-amerikanische JTU nachweislich erfolgreicher sind als deutsche JTU. Auch die Länderunterschiede des Gründerteams hinsichtlich der fachlichen Kompetenz, des Alters, der Branchenerfahrung oder der besetzten Position im Team werden vergleichend gegenübergestellt. Sowohl die Unterschiede der Teambildung als auch des Teamzusammenhaltes werden hinsichtlich des Zusammenhangs mit dem Erfolg untersucht. Der länderspezifische Einfluss von VCG auf Teamveränderungen im Allgemeinen und Team-Zugängen oder Team-Reduzierungen im Speziellen auf die Erfolgsaussichten sind ebenfalls bisher nicht untersucht und Bestandteil der Fragestellung.

Der Schwerpunkt der vorliegenden Themenstellung ist im „Entrepreneurial Human Resources Management“ angesiedelt. Mit Hilfe der Ergebnisse der vorliegenden Studie sollen richtungweisende Grundlagen für zukünftige erfolgreiche Teamgründungen, die mit VC finanziert worden sind, geschaffen werden.

1.2 Aufbau der Arbeit

Die vorliegende Arbeit unterteilt sich in einen theoretischen Teil, in dem der Forschungsstand zu den länderspezifischen Grundlagen der Studie ausgewertet wird und einen empirischen Teil, in dem die Forschungsfrage untersucht wird.

Die theoretischen Grundlagen und der Stand der Forschung werden in den Kapiteln 2 bis 4 eingehend erläutert. Kapitel 2 gliedert sich in zwei Unterkapitel, in denen die zugrunde gelegten, theoretischen und länderspezifischen Grundlagen von Venture Capital Finanzierungen bei technologieorientierten Unternehmensgründungen erläutert werden. In Kapitel 2.1 werden die Besonderheiten und die Genese von technologieorientierten Unternehmensgründungen dargestellt. Zudem werden quantitative und qualitative Erfolgskennziffern von technologieorientierten Unternehmen thematisiert. In Kapitel 2.2 wird der Stand der Forschung zu Venture Capital (VC) als Kapitalquelle für JTU wiedergegeben. Nach einer Definition der Begrifflichkeit werden die typischen Finanzierungsphasen von VC-Finanzierungen erläutert. Vergleichend gegenübergestellt werden nicht nur deutsche und US-amerikanische VC-Finanzierungen. Es wird ebenfalls ein Vergleich zwischen Unternehmen, die eine VC-Finanzierung erhalten haben und Unternehmen, die keine erhalten haben, dargestellt. Die theoretischen und länderspezifischen Grundlagen von Erfolgsfaktoren von Gründerteams werden in Kapitel 3 behandelt. In

Kapitalbeteiligungsgesellschaften – German Private Equity and Venture Capital Association e. V. (BVK): BVK-Statistik Der deutsche Beteiligungsmarkt im 3. Quartal 20112011, S. 10.

Kapitel 3.1 wird der Forschungsstand hinsichtlich des Gründerteams untersucht und anschließend definiert. In Kapitel 3.2 werden Argumente für und gegen die Gründung im Team diskutiert. Das Gründerteam als kritischer Erfolgsfaktor ist Gegenstand des Kapitels 3.3. Hier werden Studien der Erfolgswirkungen von Teamgröße, fachlicher Kompetenz und Branchenerfahrung dargestellt. In Kapitel 3.4 werden der theoretische Hintergrund zu den Phasen und die Motive der unterschiedlichen Teambildung ausgeführt.

Die theoretischen und länderspezifischen Grundlagen von VCG als Einflussnehmer auf die Managementgenese werden in Kapitel 4 erläutert. Nachdem der Forschungsstand theoretisch abgehandelt wurde, wird in Kapitel 5 die Expertenbefragung in einem zweistufigen Verfahren vorgestellt.

In Kapitel 6 werden die empirischen Ergebnisse der einleitenden Branchenanalyse (Dokumentenanalyse, N=1.734), in welcher die Zusammenhänge zwischen dem Einfluss der Finanzierungssumme der VCG auf die Managementgenese in Deutschland analysiert wurden, dargestellt. Kapitel 7 beinhaltet zunächst die Methodik der empirischen Studie zum Ländervergleich. Im Anschluss daran werden das Datensample (Kapitel 7.2), die Daten zu den High Tech Unternehmen (Kapitel 7.3) und die Informationen zu den Finanzierungsrunden (Kapitel 7.4) der Studie vorgestellt. Die empirischen Befunde der Studie sind Inhalt des 8. Kapitels. Die Ergebnisse umfassen die quantitativen und qualitativen Erfolgsmaße deutscher und US-amerikanischer Unternehmen (Kapitel 8.1). Es werden Daten zum Gründerteam (Kapitel 8.2), zur Teambildung (Kapitel 8.3) und zum Teamzusammenhalt (Kapitel 8.4) gegenübergestellt. Des Weiteren werden die Managementgenese und der Einfluss von VCG auf die Managementgenese in Kapitel 8.5 und 8.6 analysiert. In diesen Kapiteln findet eine differenzierte Betrachtung der Managementgenese nach Managementteam-Zugängen (MTZ) und nach Managementteam-Reduzierungen (MTR) statt.

Abschließend werden in Kapitel 9 sowohl die Ergebnisse diskutiert als auch Empfehlungen für die Forschung und die Praxis gegeben.

2. Theoretische und länderspezifische Grundlagen von Venture Capital Finanzierungen bei jungen technologieorientierten Unternehmensgründungen

2.1 Gründungen von technologieorientierten Unternehmen

In der vorliegenden Studie werden ausschließlich JTU in das Datensample einbezogen, weswegen in diesem Kapitel der Forschungsstand zu diesem Themengebiet wiedergegeben wird. Zunächst werden die Besonderheiten einer technologieorientierten Unternehmensgründung thematisiert. Des Weiteren beinhaltet das Kapitel die Genese sowie die qualitativen und quantitativen Erfolgskennziffern eines JTU.

2.1.1 Besonderheiten einer technologieorientierten Unternehmensgründung

Nach Nathusius ist das technologieorientierte Gründungsmodell, von anderen Gründungsmodellen, wie der imitierenden Existenzgründung, der innovativen Existenzgründung, dem Management Buy-Out (MBO) eines stabilen Unternehmens oder dem Management Buy-In bei einem Turn Around, zu unterscheiden.[20] Für die Definition von technologieorientierten Unternehmen bestehen verschiedene Ansätze. Als Abgrenzungsmöglichkeiten werden Inputfaktoren (z. B. Anteil der FuE Aufwendungen am Umsatz[21]), Marktoutputfaktoren oder die Zugehörigkeit zu einer Branche für die Definition zugrunde gelegt.[22]

2.1.1.1 Definition nach Innovationsgrad

Nach Kulicke sind JTU von anderen Unternehmen aufgrund der relativ hohen Bedeutung ihrer FuE-Arbeiten abzugrenzen.[23] Sie definiert sie als Unternehmen, „die neuartige Verfahren entwickeln, welche als Produkte vermarktet werden oder als Basis eines Dienstleistungsangebots dienen, sowie Unternehmen, die eine technische Dienstleistung anbieten, welche auf einer Produkt- oder Verfahrensentwicklung basiert."[24] Legler/Frietsch stellen die beiden Bereiche „Spitzentechnologie" (Anteil der FuE Aufwendungen am Umsatz im OECD-Durchschnitt über

[20] Vgl. Klaus Nathusius: Grundlagen der Gründungsfinanzierung: Instrumente – Prozesse – Beispiele. Wiesbaden, 2001b, S. 158-181.

[21] Vgl. Harald Legler, Rainer Frietsch: Neuabgrenzung der Wissenswirtschaft - forschungsintensive Industrien und wissensintensive Dienstleistungen (NIW/ISI-Listen 2006), Studien zum deutschen Innovationssystem Nr. 22-2007. Bundesministerium für Bildung und Forschung (BMBF), 2006, gefunden am 24.01.2012 um 16:30h http://www.bmbf.de/pubRD/sdi-22-07.pdf., S.8.

[22] Vgl. Armgard Wippler: Innovative Unternehmensgründungen in Deutschland und den USA, Wiesbaden 1998, S. 18. Für weiterführende Informationen siehe Arne Schmidt, Simon Heinrichs, Achim Walter: Technologiebasierte Spin-offs – Ein Forschungsüberblick zu Einflussgrößen ihrer Entwicklung. In: Zeitschrift für Betriebswirtschaft, 81, 2011, S. 677–714 oder Oscarina Conceiceicao, Margarida Fontes, Teresa Calapez: The commercialisation decisions of research-based spin-offs: Targeting the market for technologies. In: Technovation, 32, 2012, S. 43–56.

[23] Vgl. Marianne Kulicke, a.a.O., 1993, S. 14-15. Für weiterführende Information von Business Modellen von technologieorientierten Unternehmensgründungen vgl. die Fallstudienanalyse von Franziska Günzel, Helge Wilker: Beyond high tech: the pivotal role of technology in start-up business model design. In: Entrepreneurship and Small Business, Band 15, Nr. 1, 2012.

[24] Marianne Kulicke: a.a.O., 1993, S. 14-15.

7%) und „Gehobene Gebrauchstechnologie“ (Anteil der FuE Aufwendungen am Umsatz zwischen 2,5 und 7%) als forschungsintensive Sektoren der Industrie heraus.[25] Wippler unterscheidet hingegen nur zwischen innovativen und traditionellen Unternehmensgründungen, wobei sie technologieorientierte Unternehmensgründungen als innovative Gründung einschließt.[26] Sie beschreibt innovative Unternehmensgründungen als „Wirtschaftseinheiten zum Zwecke der Realisierung und kommerziellen Vermarktung einer technologischen Innovation“[27]. JTU sind im besonderen Maße auf externes Kapital angewiesen, da für die Produkteinführung eine größere Marktbearbeitung mit Marketingmaßnahmen und Kundendienstangeboten einhergeht.[28] Ebenso stellt Kulicke fest, dass ein JTU eine „kapitalintensive Aufbauphase“ durchläuft, bis „nennenswerte finanzielle Rückflüsse vom Markt erfolgen“.[29] Wippler geht davon aus, dass innovative Unternehmensgründer einen „hohen Betreuungsbedarf im kaufmännischen Bereich“ aufweisen, da die [...] [Gründer] einen „überwiegend technischen Erfahrungshintergrund“ haben.[30]

Auch Nathusius ist der Meinung, dass das „Modell der technologieorientierten Unternehmensgründung [...] durch einen geringeren Personenbezug auf Einzelpersonen und demensprechend häufiger durch Teamstrukturen gekennzeichnet [ist]. [...] Im Vordergrund steht/stehen nicht die Gründerperson(en) mit ihrem Anspruch, eine langfristig stabile Vollexistenz aufzubauen, sondern die Vision eines auf einer neuen technologischen Entwicklung basierenden Wachstumsunternehmens.“[31] Für Nathusius ist das Modell „der technologieorientierten Unternehmensgründung [...] im Vergleich mit der innovativen Existenzgründung durch den weniger Personen-orientierten sondern mehr unternehmensorientierten Zuschnitt des Gründungskonzepts gekennzeichnet“.[32] Er definiert das technologieorientierte Unternehmen als Unternehmen, bei dem „auf der Basis neuen technischen Wissens und Know Hows neue Produkte, Verfahren oder Leistungen entwickelt, durch das Gründungsunternehmen zur Marktreife gebracht und in den Markt eingeführt“ werden.[33] Bei Nathusius ist nicht der technische Innovationsgrad das Abgrenzungskriterium.[34] „So kann ein Gründungsunternehmen durch die Wahl einer neuen Vertriebsstrategie oder den Aufbau neuer Bezugswege durchaus ein innovatives Konzept verfolgen. Es setzt dabei aber kein neues technisches oder technologisches (tech-

---

[25] Harald Legler, Rainer Frietsch, a.a.O., 2006, S.8.
[26] Vgl. Armgard Wippler, a.a.O., 1998, S. 17.
[27] Ebd., 1998, S. 16.
[28] Ebd., S. 17.
[29] Marianne Kulicke, a.a.O., 1993, S. 15.
[30] Armgard Wippler, a.a.O., 1998, S. 17.
[31] Nathusius, Klaus, a.a.O., 2001b, S. 8. Siehe hierzu auch Franz Pleschak: Entwicklungsprobleme junger Technologieunternehmen und ihre Überwindung. In: Knut Koschatzky (Hrsg.): Technologieunternehmen im Innovationsprozeß: Management, Finanzierung und regionale Netzwerke. Heidelberg, 1997, S. 20.
[32] Klaus Nathusius: a.a.O., 2001b, S. 167.
[33] Ebd., S. 170.
[34] Ebd., S. 170.

nisch-verfahrensbezogenes) Wissen ein, um neue naturwissenschaftliche oder ingenieurwissenschaftliche Erkenntnisse in der Praxis nutzbar zu machen."[35] Nathusius hat elf Merkmale und die dazugehörigen Merkmalsausprägungen von JTU übersichtlich in Tabelle 1 zusammengefasst.[36]

Nr.	Merkmal	Merkmalsausprägung
1	Unternehmensgröße zum Zeitpunkt der Artikulation des Finanzbedarfs	Klein
2	Unternehmensgröße als strategische Zielsetzung	klein bis groß
3	Wachstumspfad und –ziel gemäß Unternehmensplanung	langfristig und unscharf definiert
4	Kompetenz des Managements	dem Schumpeterschen Pionierunternehmer entsprechende hohe Anforderungen, die typischerweise nur im Team von Gründerpersonen mit komplementären Kompetenzen erreicht werden
5	Informationslage	für Externe wenig transparent, Business Plan zwingend notwendig
6	Risiko- und Chancenlage	sehr hohe Risiken und Chancen
7	Struktur, Umfang etc. des Finanzbedarfs	begrenzt transparent, laufender Finanzbedarf entsprechend dem Entwicklungsstand (Milestone-Bezug)
8	Finanzierung gemäß Unternehmensplanung	zunächst primär Eigenkapital, später Fremdkapital, Eigenkapitalquote in der Start-Phase durchaus bis zu 100%, mehrere Finanzierungsrunden
9	Potenzielle Besicherungsbasis	Aktiva (incl. Immaterielles Anlagevermögen), Sicherungsübereignung von Geschäftsanteilen der Gründerperson(en), Bürgschaften (von Gründern und Dritten)
10	Merkmale des Kapitaldienstes	Entwicklungsphasen-abhängig; häufig zeitlich verzögerter Beginn; Schonzeit von 1-3 Jahren bei Tilgungen
11	Notwendigkeit eines Value-Adding	Notwendig

Tabelle 1: Typische Merkmale und deren Ausprägungen bei technologieorientierten Unternehmensgründungen[37]

[35] Ebd., S. 170.
[36] Vgl. ebd., S. 169.
[37] Ebd., S. 169.

2.1.1.2 Definition nach Branchenzugehörigkeit

Ein weiterer Ansatz nach dem technologieorientierte Unternehmensgründungen definiert werden können, ist die Feststellung der Branchenzugehörigkeit. Heger et al. unterteilen den High-Tech Sektor nach High-Tech Industrie und High-Tech Dienstleistungen.[38] Zusätzlich führen sie lediglich die Branche Software gesondert auf und begründen dies mit dem zunehmend hohen Stellenwert in der digitalen Welt.[39] Engeln et al. beschreiben technologieorientierte Unternehmen als Unternehmen, die folgenden Industriebranche zugeordnet werden können: „Chemie und Pharma, Maschinenbau, Elektro- und Nachrichtentechnik, Computer, Fahrzeugbau, Messtechnik und Optik, technologieintensive Bereiche des traditionellen Gewerbes wie technische Textilien, technische Keramik, technische Kunststoffe, Spezialmetalle etc."[40]. Sie zählen allerdings auch die „Dienstleistungsbranchen, die in besonderem Maß auf der Nutzung neuer Technologien beruhen, z. B. Software/EDV-Beratung, technische Büros, physikalisch-chemische Labors, Forschungsdienstleistungen, Telekommunikation, Medientechnik (technologieorientierte Dienste)"[41] hinzu. Grupp bezeichnet neun Technologiefelder als relevant für das 21. Jahrhundert: Neue Werkstoffe, Nanotechnologie, Mikroelektronik, Photonik, Mikrosystemtechnik, Software und Simulation, Molekularelektronik, Zell-Biotechnologie, Produktions- und Managementtechnik.[42] Holtmannspötter et al. prognostizieren die international relevanten Technologiefelder „Transport und Verkehr; Logistik; Luft- und Raumfahrt; Bauen und Wohnen; Meerestechnik und Schifffahrt; Energie; Nano- und Mikrosystemtechnologie; Materialtechnik; Produktions- und Prozesstechnik; Optische Technologien; Informations- und Kommunikationstechnologien; Elektronik; Biotechnologien und Life Sciences; Gesundheit (inklusive Medizintechnik) und Ernährung; Nachhaltigkeit und Umwelt; Verteidigung und Sicherheit sowie Dienstleistungen".[43]

Es wird deutlich, dass verschiedene Ansichten bestehen, welche Branchen als High Tech Branchen zu bezeichnen sind. Da sowohl für die Branchenanalyse als auch für die Hauptstudie für die deutsche Datenbasis die Venture Capital Yearbooks[44] verwendet worden sind, wurde

---

[38] Vgl. Diana Heger, Daniel Höwer, Bettina Müller, Georg Licht: High-Tech-Gründungen in Deutschland - Von Tabellenführern, Auf- und Absteigern: Regionale Entwicklung der Gründungstätigkeit. Zentrum für Europäische Wirtschaftsforschung (ZEW) GmbH, Februar, 2011, S. 5, 22.

[39] Ebd., S. 5, 22.

[40] Jürgen Egeln, Sandra Gottschalk, Christian Rammer, Alfred Spielkamp: Spinoff-Gründungen aus der öffentlichen Forschung in Deutschland. Bundesministerium für Bildung und Forschung (BMBF), 2002, S. 5.

[41] Ebd., S. 5.

[42] Hariolf Grupp: Technologie am Beginn des 21. Jahrhunderts. Heidelberg, 1995, S. 190.

[43] Dirk Holtmannspötter, Sylvie Rijkers-Defrasne, Christoph Glauner, Sabine Korte, Axel Zweck: Aktuelle Technologieprognosen im internationalen Vergleich: Übersichtsstudie. In: Zukünftige Technologien Consulting der VDI Technologiezentrum GmbH (Hrsg.) im Auftrag und mit Unterstützung des Bundesministerium für Bildung und Forschung, 2006, S. 11-12. Besonders empfehlenswert ist hier der Ländervergleich.

[44] Vgl. Majunke Consulting: Venture Capital Yearbook, 2010/11. Vgl. Majunke Consulting: Venture Capital Yearbook, 2009. Vgl. Majunke Consulting: Venture Capital Yearbook, 2008. Vgl. Majunke Consulting: Venture Capital Yearbook, 2007. Vgl. Majunke Consulting: Venture Capital Yearbook, 2006. Vgl. Majunke Consulting: Venture Capital Yearbook, 2005. Vgl. Majunke Consulting: Venture Capital Yearbook, 2004.

die Unterteilung nach Branchen dieser Quelle ebenfalls für die Studie verwendet. Die dort angegebenen Branchen finden sich zudem auch in den in der Forschung angenommenen High Tech Branchen wieder. Die Unterteilung der Branchen wird wie folgt vorgenommen: Nanotechnologie, Neue Medien, Internet, Kommunikationstechnologien, Clean Tech, Elektronik/Hardware, Life Sciences, Software/IT, Sensoren/Laser/Displays sowie die Kategorie Sonstiges.[45]

2.1.2 Genese einer Gründung technologieorientierter Unternehmen

In den folgenden zwei Kapiteln wird zum einen der Forschungsstand zum Gründungsprozess von JTU vorgestellt. Im Anschluss daran wird das Alter als Abgrenzungskriterium diskutiert.

2.1.2.1 Gründungsprozess im Phasenverlauf

Ein technologieorientiertes Unternehmen unterliegt einem komplexen Gründungsprozess, so dass dieser in einem prozessualen Verlauf zu betrachten ist.[46] In Tabelle 2 wird deutlich, dass zahlreiche Studien den Gründungsprozess von technologieorientierten Unternehmen in einem Phasenmodell beschreiben. In den Modellen bestehen Unterschiede hinsichtlich der Anzahl der Phasen im Gründungsprozess. Sie variiert zwischen drei und sieben, wobei hier nicht der Anspruch der Vollständigkeit erhoben wird. Nach Wippler[47], Rüggenberg[48], Schefczyk/Pankotsch[49], Böhm[50] und Kraus[51] besteht die Gründungsphase aus drei Phasen. Bei Kulicke[52], Klandt[53] und Pleschak[54] wird der Gründungsprozess in fünf Phasen beschrieben. Pümpin/Prange beschreiben vier idealtypische Unternehmenskonfigurationen, „die sich zugleich für eine Beschreibung von Phasen der Unternehmensentwicklung eignen".[55] Auch Nathusius geht bei einer technologieorientierten Unternehmensgründung ebenfalls von vier Phasen aus.[56] Nachfolgend werden alle Modelle in einer Übersicht dargestellt (Tabelle 2). In Abbildung 1 wird der Verlauf einer technologierorientierten Gründungsphase dargestellt.

---

[45] Vgl. ebd.
[46] Vgl. Marianne Kulicke, a.a.O., 1993, S. 19.
[47] Vgl. Armgard Wippler, a.a.O., 1998, S. 12.
[48] Vgl. Harald Rüggeberg: Strategisches Markteintrittsverhalten junger Technologieunternehmen. Deutscher Universitäts-Verlag, 1997, S. 12-13.
[49] Vgl. Michael Schefczyk; Frank Pankotsch: Betriebswirtschaftslehre junger Unternehmen. Stuttgart, 2003, S. 317.
[50] Vgl. Anne Böhm: Geschäftsbeziehungen zwischen Bank und Existenzgründer. Gründung, Innovation und Beratung, 20, Universität zu Köln, Dissertation, Lohmar (u. a.), 1999, S: 14-17.
[51] Vgl. Sascha Kraus; Katherine Gundolf: Entrepreneurship: Zur Genese eines Forschungsfeldes. In: Kraus, Sascha; Gundolf, Katherine (Hrsg.): Stand und Perspektiven der deutschsprachigen Entrepreneurship- und KMU-Forschung. Schriftenreihe des Instituts für Managementforschung, 2, Stuttgart, 2008, S. 15.
[52] Vgl. Marianne Kulicke, a.a.O., 1993, S. 20.
[53] Vgl. Heinz Klandt: Unternehmensgründung. In: Peter Russo, Ronald Gleich, Falk Strascheg (Hrsg.): Von der Idee zum Markt: Wie Sie unternehmerische Chancen erkennen und erfolgreich umsetzen. München, 2008, S. 108-111.
[54] Vgl. Franz Pleschak, a.a.O., 1997, S. 15-16.
[55] Cuno Beat Pümpin, Jürgen Prange: Management der Unternehmensentwicklung: phasengerechte Führung und der Umgang mit Krisen. Frankfurt (u. a.), 1991, S. 83.
[56] Vgl. Klaus Nathusius, a.a.O., 2001b, S. 9.

Autoren	Anzahl Phasen	Phasen
Pümpin/ Prange (1991)[57]	4	• Pionier-Unternehmen • Wachstums-Unternehmen • Reife-Unternehmen • Wende-Unternehmen
Kulicke (1993)[58]	5	Entstehungsphase • Gründungsvorbereitung und Strategiefindung • Konzeptumsetzung, d.h. Entwicklung eines innovativen Leistungsangebots Eigentliche Unternehmensentwicklungsphase • Markteinführung des innovativen Leistungsangebots • Etablierung am Markt • Konsolidierung des Unternehmens und seiner Organisation als Ganzes
Pleschak (1997)[59]	5	• Entstehungsphase • Entwicklungsphase • Markteinführung und Fertigungsbau • Wachstumsphase • Konsolidierungsphase
Rüggeberg (1997)[60]	3	• Vorgründungsphase • Gründungsphase • Frühentwicklungsphase
Wippler (1998)[61]	3	• Vorgründungsphase (Seed-Phase) • Institutionalisierungsphase (Start-up-Phase) • Wachstumsphase (Expansions-Phase)
Böhm (1991)[62]	3	• Gründungsvorbereitungsphase (Pre-start-up-Phase) • Gründungsdurchführungsphase • Frühentwicklungsphase
Nathusius (2001)[63]	4	• Produktentwicklung • Markteinführung • Marktdurchdringung • Marktdiffusion
Schefczyk/ Pankotsch (2003)[64]	3	• Gründungsphase • Etablierungsphase • Wachstumsphase

57 Cuno Beat Pümpin, Jürgen Prange, a.a.O., 1991, S. 83.
58 Marianne Kulicke, a.a.O., 1993, S. 20.
59 Franz Pleschak, a.a.O., 1997, S. 15-16.
60 Harald Rüggeberg, a.a.O., 1997, S. 12-13.
61 Armgard Wippler, a.a.O., 1998, S. 12.
62 Anne Böhm, a.a.O., 1999, S: 14-17.
63 Klaus Nathusius, a.a.O., 2001b, S. 9.
64 Michael Schefczyk, Frank Pankotsch, a.a.O., 2003, S. 317.

Autoren	Anzahl Phasen	Phasen
Nathusius et al. (2005)[65]	7	• Pre Seed • Seed • Gründung/Startup • Frühentwicklung • Expansion 1 • Expansion 2 • Konsolidierung
Klandt (2008)[66]	5	• Vorgründungsphase/Seed-Phase • Gründungsphase/Start-up-Phase • Frühentwicklungsphase (Early Stage bzw. First Stage Expansion) • Wachstumsphase (Second Stage Expansion, Third Stage Expansion) • Konsolidierungsphase
Kraus (2008)[67]	3	• Vorgründungsphase • Gründungsphase • Frühentwicklungsphase

Tabelle 2: Übersicht unterschiedlicher Phasenmodelle eines Gründungsprozesses

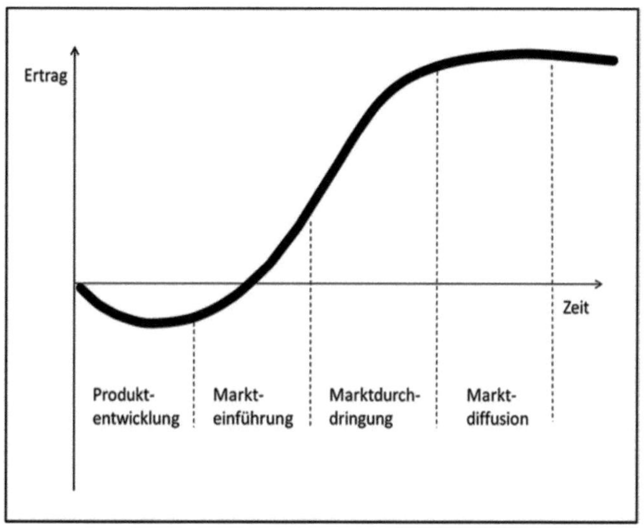

Abbildung 1: Gründungs-Modell: technologieorientierte Unternehmensgründung[68]

[65] Klaus Nathusius, Judith Winand, Andy Klose: Analyse des Finanzbedarfs von Universitätsausgründungen – Theoretische und empirische Voruntersuchung zu einem START Early Stage Venture Capital Fonds in Hessen und Niedersachsen. Venture Capital und Investment Banking. Band 5, Lohmar-Köln, 2005, S. 33. Diese Unterteilung nach Unternehmensentwicklungsphasen steht im Zusammenhang mit den Finanzierungsphasen. Siehe hierzu auch Kapitel 2.2.1.

[66] Heinz Klandt, a.a.O., 2008, S. 108-111.

[67] Sascha Kraus, Katherine Gundolf, a.a.O., 2008, S. 15.

[68] Klaus Nathusius, a.a.O., 2001b, S. 9.

Die verschiedenen Modelle zu den Entwicklungsphasen von technologieorientierten Unternehmen unterscheiden sich erheblich. Nathusius hat die Phasen in Zusammenhang mit Gründerteams gesetzt, weswegen im weiteren Verlauf das Modell verwendet wird.[69] Er klassifiziert Gründerteams nach genetischen Phasen des Unternehmens.[70] Demnach bestehen die vier Partnerschaftstypen „Gründungspartnerschaft, Wachstums-Partnerschaft, Krisen-Partnerschaft [und] Projekt-Partnerschaft"[71]. Für die vorliegende Studie wurden die drei erstgenannten Typen verwendet, da es sich hier um „Lebenszyklus-phasenbedingte Partnerschaften" handelt.[72]

2.1.2.2 Alter von jungen technologieorientierten Unternehmen

Es wird deutlich, dass sowohl Unterschiede in der Anzahl der Gründungsphasen als auch in der Abgrenzung der Gründungsphase zur Unternehmens-Lebenszyklusphase bestehen. Ein möglicher Ansatz ist eine gesonderte Abgrenzung nach dem Alter der JTU.[73] Nach Kraus besteht noch keine genaue Definition, wie lange ein JTU als solches bezeichnet werden darf.[74] Die Dauer, bis ein junges Unternehmen gereift ist, hängt von der Branche, der Strategie und den Ressourcen ab.[75] Fallgatter, Chrisman et al. und Kraus gehen dabei von einem Zeitraum von mindestens drei bis fünf Jahren als Untergrenze bis hin zu acht bis zwölf Jahren als obere Grenze aus und folgen damit der Ansicht von Biggadike und Kazanjian/Drazin.[76] Kulicke nimmt für die Untersuchung junger technologieorientierter Unternehmen einen Zeitraum von fünf Jahren an.[77] Ebenso ist Ortgiese der Meinung, dass JTU nicht älter als fünf Jahre sein sollten, wenn sie ihre erste VC-Finanzierung erhalten.[78] Da in der Forschung überwiegend davon ausgegangen wird, dass ein JTU noch als solches bezeichnet werden kann, bis es das fünfte Geschäftsjahr erreicht hat, wird diese Definition für die vorliegende Studie verwendet.

---

[69] Vgl. Nathusius, Klaus: Typologie Unternehmerischer Partnerschaften. In: Detlef Müller-Böling, Klaus Nathusius (Hrsg.): Unternehmerische Partnerschaften. Stuttgart, 1994, S.25.
[70] Ebd., S.25.
[71] Ebd., S.25.
[72] Ebd., S.25.
[73] Vgl. Reinhard Schulte: Begriff und Merkmale junger Unternehmen. In: Wirtschaftswissenschaftliches Studium, 35. Jg., Nr. 7, 2006, S. 419; vgl. Marianne Kulicke, a.a.O., 1993, S. 14-15.
[74] Vgl. Sascha Kraus, Katherine Gundolf, a.a.O., 2008, S. 15.
[75] James Chrisman, Alan Bauerschmidt, Charles W. Hofer: The Determinants of New Venture Performance: An Extended Model. In: Entrepreneurship: Theory & Practice, 23. Jg., Nr. 1, 1998, S. 6.
[76] Vgl. Michael J. Fallgatter: Theorie des Entrepreneurship – Perspektiven zur Erforschung der Entstehung und Entwicklung junger Unternehmen. Wiesbaden, 2002, S. 29; vgl. James Chrisman, Alan Bauerschmidt, Charles W. Hofer, a.a.O., 1998, S. 6.; vgl. Sascha Kraus, Katherine Gundolf, a.a.O., 2008, S. 15; vgl. Ralph E. Biggadike: Corporate diversification: Entry, strategy, and performance. Cambridge, MA: Harvard University Press, 1979, S. 8, 57, 59, 63; Kazanjian/Drazin beziehen sogar Unternehmen mit einem Lebensalter von 15 Jahren in die Studie ein. Vgl. Robert K. Kazanjian, Robert Drazin: A stage-contingent model of design and growth for technology based new ventures. Joumal of Business Venturing, 5, 1990, S. 143.
[77] Vgl. Marianne Kulicke, a.a.O., 1993, S. 148.
[78] Vgl. Jens Ortgiese: Value added by venture capital firms: an analysis on the basis of new technology-based firms in the USA and Germany. Lohmar (u. a.), 2007, S. 7.

2.1.3 Quantitative und qualitative Erfolgskennziffern von technologieorientierten Unternehmen

In der Wissenschaft besteht keine Einigkeit darüber, welche Maße den Erfolg von jungen High Tech Unternehmen messen können.[79] Moog und Böhringer/Bukowsky/Maurer geben als Minimalkriterium das Überleben einer Gründung an.[80] Kulicke stellt fest, dass die hohe Kongruenz zwischen Unternehmens- und Gründerzielen die Messung des Erfolgs vom Standpunkt der Gründer von JTU notwendig macht.[81] „Die Beurteilung, ob ein JTU sich erfolgreich entwickelt, ist generell abhängig:

1. von der Aggregationsebene (Produkt- versus Unternehmenserfolg, Einbeziehung unternehmensexterne Ebene);
2. vom zugrundeliegenden Zeithorizont (kurz- oder langfristiger Erfolg, Vergleich verschiedener Zeiträume);
3. vom zeitlichen Verlauf (statische oder dynamische Betrachtung, d. h., auch stetiges Erfolgsprofil oder abrupte Schwankungen);
4. von der Person oder Institution, aus dessen Sicht der Erfolg beurteilt wird (primär objektive oder verstärkt subjektive Kriterien zur Erfolgsmessung).“[82]

Auch Klandt kommt zu dem Ergebnis, dass „aus der Perspektive der Gründungsakteure (Personen) und des Gründungsvorhabens (Unternehmung) [...] im Allgemeinen der qualifizierte Gründungserfolg [wie z. B. das Unabhängigkeitsstreben, das Leistungsstreben, Prestigestreben etc.] von besonderem Interesse“ ist.[83] Er wertet für seine Studie zur Aktivität und zum Erfolg des/der Unternehmensgründers/-in 31 Studien zu erfolgreichen Unternehmensgründungen aus. Zudem definiert er den Begriff Erfolg „im abstrakten Sinne als Grad der Zielerreichung“ und weist darauf hin, dass „die inhaltliche Füllung des Begriffs [...] sehr wesentlich von der Betrachtungsebene, d. h. vom Bezugssystem, das man einer Erfolgsbeurteilung zugrunde legen will“ abhängt.[84] Nach Klandt sind bei der Operationalisierung des Gründungserfolgs „sowohl unternehmensbezogene als auch personenbezogene [und] sowohl eher objektive als auch rein subjektive Konzepte“ zu berücksichtigen.[85] Dreier hat in Anlehnung an Müller-

---

[79] Vgl. Kai-Ingo Voigt, Alexander Brem, Jeannine Sütterlin: Untersuchung geschlechtsspezifischer Besonderheiten bei Unternehmensgründungen durch Frauen und Männer und deren Einstellungen zum Erfolgsbegriff. In: Sascha Kraus, Katherine Gundolf (Hrsg.): Stand und Perspektiven der deutschsprachigen Entrepreneurship- und KMU-Forschung. Schriftenreihe des Instituts für Managementforschung, 2, Stuttgart, 2008, S. 288.

[80] Vgl. Petra Moog: Humankapital des Gründers und Erfolg der Unternehmensgründung. In: Entrepreneurship, Universität, Dissertation, Wiesbaden, 2004, S. 1; vgl. Andreas W.O. Böhringer, Ilka Bukowsky, Indre Maurer: Das Inkubatorkonzept als Chance für den Gründungserfolg: Handlungsempfehlungen für junge Hochtechnologie-Unternehmen. In: Betriebswirtschaftliche Forschung und Praxis, 57, Heft 4, 2005, S. 320.

[81] Vgl. Marianne Kulicke, a.a.O., 1993, S. 142.

[82] Ebd., S. 141.

[83] Klandt, Heinz: Gründungsmanagement: der integrierte Unternehmensplan: Business Plan als zentrales Instrument für die Gründungsplanung. München (u.a.), 2006, S. 13.

[84] Heinz Klandt: Aktivität und Erfolg des Unternehmungsgründers: eine empirische Analyse unter Einbeziehung desmikrosozialen Umfeldes. In: Gründung, Innovation und Beratung, 1, Universität, Dissertation, Bergisch Gladbach, 1984, S. 89.

[85] Ebd., S. 103.

Böling/Klandt dieses Konstrukt um die Partnerschaftszufriedenheit als subjektives Kriterium ergänzt (Abbildung 2).[86]

Bezugssystem	**Gründungs-aktivität**	**Gründungserfolg**	
		objektiv	**subjektiv**
Personenbezogene Kriterien (außerökonomische Kriterien)	Existenz	• Selbstständigkeit überlebt	• Arbeitszufriedenheit • Partnerschaftszufriedenheit • Zielerreichungsgrad Macht, Unabhängigkeit, Leistung, Prestige, Selbstverwirklichung etc.
Unternehmensbezogene Kriterien (ökonomische Kriterien)	Unternehmen	• Unternehmung überlebt • Mitarbeiteranzahl • Gewinn • Umsatzrendite • Kapitalrentabilität • Marktposition	• Umsatzerwartung • Gewinnerwartung

Abbildung 2: Ökonomische und außerökonomische Kriterien zum Gründungserfolg[87]

Picot et al. ermitteln Erfolgsfaktoren bei technologieorientierten Unternehmensgründern.[88] Hierzu zählen sie das Streben nach Unabhängigkeit, die Branchenerfahrung des/der Gründers/-in sowie das Streben nach einer Teamgründung.[89] Gemünden baut seine Erfolgsuntersuchung für junge Unternehmen auf dem verhaltensorientierten Ansatz auf und stellt somit das Verhalten des Führungsteams in den Mittelpunkt der Erfolgsbetrachtung.[90]

Voigt et al. vergleichen in einer Metastudie 23 wissenschaftliche Untersuchungen zum Erfolg (gleichverteilt von 1996-2005) von Unternehmensgründungen hinsichtlich der verwendeten Erfolgsindikatoren und deren Verwendungshäufigkeiten.[91] Sie stellen fest, dass die außerökonomischen Maße, wie zum Beispiel Zufriedenheit oder Zukunftsaussichten, eine geringere Anzahl an Ausprägungen aufweisen, weniger häufig und in vierzehn Studien überhaupt nicht

[86] Vgl. Christina Dreier: Gründerteams: Einflußverteilung, Interaktionsqualität, Unternehmenserfolg. Technische Universität Berlin, Dissertation, Berlin, 2001, S. 123; vgl. Detlef Müller-Böling, Heinz Klandt: Unternehmensgründung. In: Jürgen Hauschildt, Oskar Grün (Hrsg.): Ergebnisse empirischer betriebswirtschaftlicher Forschung. Stuttgart,1993, S. 154.

[87] Eigene Darstellung in Anlehnung an Detlef Müller-Böling, Heinz Klandt, a.a.O., 1993, S. 154; Christina Dreier, a.a.O., 2001, S. 123.

[88] Vgl. Arnold Picot, Ulf Dieter Laub, Dietram Schneider: Innovative Unternehmensgründungen – Eine ökonomisch-empirische Analyse. Berlin, 1989, S. 106-107.

[89] Vgl. ebd., S. 106-107.

[90] Vgl. Hans G. Gemünden: Personale Einflussfaktoren von Unternehmensgründungen. In: Ann-Kristin Achleitner, Heinz Klandt, Lambert T. Koch, Kai-Ingo Voigt (Hrsg.): Jahrbuch Entrepreneurship 2003/2004, Gründungsforschung und Gründungsmanagement, Berlin-Heidelberg 2004, S. 93.

[91] Vgl. Kai-Ingo Voigt, Alexander Brem, Jeannine Sütterlin, a.a.O., 2008, S. 288.

verwendet wurden.[92] In den restlichen neun Studien wurden die außerökonomischen Maße stets mit ökonomischen Maßen, wie zum Beispiel dem Umsatz oder dem Gewinn, angewendet.[93] Die allgemeine Zufriedenheit mit dem Unternehmen und der Gründung wurde am häufigsten gemessen, wobei in drei Studien die Zufriedenheit bezüglich konkreter ökonomischer Größen von Interesse war.[94] Nachfolgend werden die Ergebnisse der Studie von Voigt et al. in Tabelle 3 dargestellt.

Ökonomische Dimension	Verwendungs-häufigkeit	Außerökonomische Dimensionen	Verwendungs-häufigkeit
Bestand (Überleben der neugegründeten Unternehmen)	12		
Umsatz	9	Zufriedenheit allgemein	6
Beschäftigungswachstum	6	Zufriedenheit bzgl. Ökonomischer Größen, wie Umsatz, Gewinn usw.	3
Mitarbeiter (absolut oder Zuwachsgröße)	6	Zukunftsaussichten	2
Gewinn	5	Lebenszufriedenheit	1
Umsatzwachstum	5	Wiedergründungsabsicht	1
Einkommen	4		
Aufträge	2		
EK Rendite	1		
Expansion	1		
Marktanteil	1		
Marktwachstum	1		
Profitabilität	1		
Wachstum der Auftragseingänge	1		
Wachstum der Bruttoeinnahmen	1		
Summe	56		13

Tabelle 3: Ökonomische und außerökonomische Erfolgsindikatoren und deren Verwendungshäufigkeiten[95]

[92] Vgl. ebd., S. 288-289.
[93] Vgl. ebd., S. 288-289.
[94] Vgl. ebd., S. 288-289.
[95] Ebd., S. 289.

Nach Befunden von Kulicke sind objektive Erfolgskriterien (Umsätze und Mitarbeiteranzahl, Gewinne bzw. Jahresergebnisse, Cash Flow, Eigenkapital- und Umsatzrentabilität, Marktanteile, Zuwachsraten und Stabilität des zeitlichen Verlaufs für diese Kenngrößen, Produktinnovationsraten, Überleben innerhalb eines festgelegten Zeitraums) nur bedingt zur Messung des Erfolgs von JTU geeignet.[96] Auf Grund der hohen Investitionen bezüglich des Unternehmensaufbaus in den ersten Jahren, können Indikatoren, wie z.B. Gewinn- oder Verlusthöhe negativ sein.[97] Für JTU sind auch Angaben zu den eigenen Marktanteilen ohne Angabe zur Größe des Bezugsmarktes nicht aussagekräftig, da einige JTU ihr Produkt in Märkten mit geringen Volumina, in Marktnischen oder auch auf Massenmärkten platzieren möchten.[98] Ebenso aussagefrei sind Produktinnovationsraten für Firmen, die ein Alter von fünf Jahren noch nicht überschritten haben.[99] Kulicke sieht in der Messung subjektiver Erfolgskriterien auch Nachteile bezüglich einer z. B. durch Teamveränderungen hervorgerufenen Interessensheterogenität.[100] Nach ihr kann die subjektive Erfolgsbeurteilung Kriterien, wie die Einschätzung des Technologieniveaus, die realisierte unternehmerische Unabhängigkeit und die Erreichung selbstgesteckter Ziele, beinhalten.[101]

Für die vorliegende Studie werden sowohl objektive als auch subjektive Erfolgskriterien gemessen.[102] Da gerade bei jungen Unternehmen die Messung des Gewinns keinen Aufschluss über den Erfolg gibt, wurden die Wachstumsraten des Umsatzes und der Mitarbeiter zur Messung ausgewählt.[103] Für die Messung der subjektiven Kriterien wurde auf die Studie von Dreier Bezug genommen.[104] Es wird angenommen, dass mit Venture Capital finanzierte Unternehmen in den USA erfolgreicher sind als in Deutschland. Vor einer Erklärungsüberprüfung ist zunächst festzustellen, ob US-amerikanische Unternehmen tatsächlich erfolgreicher sind und somit ein höheres Mitarbeiterwachstum, ein höheres Umsatzwachstum und einen höheren subjektiven Erfolg aufweisen als deutsche Unternehmen.

US-amerikanische Unternehmen sind erfolgreicher als deutsche Unternehmen hinsichtlich

H_{1a}: des Mitarbeiterwachstums.

H_{1b}: des Umsatzwachstums.

H_{1c}: der subjektiven Erfolgseinschätzung.

---

[96] Marianne Kulicke, a.a.O., 1993, S. 142.
[97] Vgl. ebd., S. 142.
[98] Vgl. ebd., S. 142.
[99] Vgl. ebd., S. 142.
[100] Vgl. ebd., S. 143.
[101] Vgl. ebd., S. 143.
[102] Vgl. Detlef Müller-Böling, Heinz Klandt, , a.a.o.,1993, S. 154.
[103] Vgl. Marianne Kulicke, a.a.O., 1993, S. 142.
[104] Vgl. Christina Dreier, a.a.O., 2001, S. 232-237.

2.2 Venture Capital als Kapitalquelle für technologieorientierte Unternehmen

Nach der Definition von Nathusius geht es bei Venture Capital „um die Bereitstellung von externem Eigenkapital als minderheitlich gehaltenes, mithaftendes Beteiligungskapital ggf. in Verbindung mit eigenkapitalähnlichen Finanzierungsmitteln (Mezzanine Kapital) für nicht börsennotierte Unternehmen, die sich noch in einer Phase geringer Erträge bei gleichzeitig erkennbar großem Entwicklungs-Potenzial befinden“[105]. Es handelt sich dabei um „Eigenkapital Investments in Vorgründungs-. Gründungs-, Frühentwicklungs- und jungen Wachstumsunternehmen“[106]. Nathusius spricht aus diesem Grund auch von „Frühphasen- bzw. Early Stage Investments“[107]. Er ist der Meinung, dass das US-amerikanische Venture Capital Modell hinsichtlich „der Strukturierung von Venture Capital-Gesellschaften, der Analyse und Auswahlkriterien und der Form der unternehmerischen Betreuung“ als Vorbild für das deutsche Venture Capital Modell dient.[108] Schefczyk bezeichnet die Kapitalnehmer als Portfoliounternehmen (PU) der Venture Capital-Gesellschaften.[109]

Nach Nathusius kann zwischen direkten und indirekten Beteiligungen an kapitalsuchenden Unternehmen unterschieden werden.[110] Zu den direkten Beteiligungsformen zählen Business Angels, Corporate Venture Capital und institutionelle Captive Fonds.[111] Die indirekten Beteili-

---

[105] Klaus Nathusius, a.a.O., 2001a, S.179-180. Nathusius grenzt die Definitionen dahingehend ab, dass „Venture Capital im engeren Sinne“ das Investment auf Unternehmen in frühen Phasen der Unternehmensentwicklung begrenzt. Diese Definition wird für die vorliegende Studie bevorzugt, da junge Unternehmen untersucht werden. Vgl. hierzu Klaus Nathusius, a.a.O., 2001b, S. 54. Für weiterführende Informationen zu dem Thema „Venture Capital“ vgl. Christopher Heinemann, Tobias Schmidt; Werner Dreesbach: Investitionsphasen und Bewertungsmöglichkeiten in der Net Economy. In: Kollmann, Tobias: E - Venture - Management: neue Perspektiven der Unternehmensgründung in der Net Economy. Wiesbaden, 2003, S. 433-434; vgl. Malte Brettel, Solveig Thust; Peter Witt: Die Beziehung zwischen VC-Gesellschaften und Start-Up-Unternehmen. Gefunden am 07.02.2012, 19:39h http://cosmic.rrz.uni-hamburg.de/webcat/hwwa/edok01/whu/FP81.pdf; vgl. Stephan Stubner: Bedeutung und Erfolgsrelevanz der Managementunterstützung deutscher Venture Capital Gesellschaften: eine empirische Untersuchung aus Sicht der Wachstumsunternehmen. Norderstedt, 2004, S. 28-32; vgl. Michael Schefczyk, Frank Pankotsch: Betriebswirtschaftslehre junger Unternehmen. Stuttgart, 2003, S. 231-232; Nikolaus Franke, Marc Gruber, Dietmar Harhoff, Joachim Henkel: What you are is what you like—similarity biases in venture capitalists' evaluations of start-up teams, in: Journal of Business Venturing, Band 21, Nr. 6, November 2006, S. 804-806; vgl. Löntz, Axel: Finanzierung junger Unternehmen durch Business Angels – Eine betriebswirtsschaftliche und steuerliche Analyse, Venture Capital und Investment Banking. Bd. 10, Köln, 2007, S. 9-10; vgl. Lutz Krafft: Entwicklung räumlicher Cluster: das Beispiel Internet- und E-Commerce-Gründungen in Deutschland. Schriftenreihe der European Business School, Band 57, Dissertation, Wiesbaden, 2006, S. 412-440; vgl. Bernd Heitzer: Finanzierung junger innovativer Unternehmen durch Venture-Capital-Gesellschaften. In: Gründung, Innovation und Beratung; 23, Universität Münster, Dissertation, Lohmar (u. a.), 2000, S. 23; vgl. Dirk Engel: Venture Capital für junge Unternehmen. In: ZEW Wirtschaftsanalysen, 71, Europa-Universität Viadrina Frankfurt (Oder), Dissertation, Baden-Baden, 2004, S. 30, 32; vgl. Stein, Ingrid: Venture Capital - Finanzierungen: Kapitalstruktur und Exitentscheidung. In: Ann-Christin Achleitner, Ulrich Hommel, Bernd Rudolph, Dirk Schiereck (Hrsg.): Entrepreneurial Finance and Private Equity, Band 5, Universität, Dissertation, Bad Soden, 2005, S. 5.

[106] Klaus Nathusius, a.a.O., 2001a, S.178.

[107] Klaus Nathusius, a.a.O., 2001b, S. 54.

[108] Klaus Nathusius, a.a.O., 2001a, S.177; Klaus Nathusius, a.a.O., 2001b, S. 53. Siehe auch Michael Schefczyk: Erfolgsstrategien deutscher Venture Capital-Gesellschaften – Analyse der Investitionsaktivitäten und des Beteiligungsmanagements von Venture Capital-Gesellschaften, Stuttgart, 2004, S. 17.

[109] Michael Schefczyk, a.a.O., 2004, S. 18.

[110] Vgl. Klaus Nathusius, a.a.O., 2001b, S. 63 und Klaus Nathusius, a.a.O., 2001a, S.185.

[111] Vgl. Nathusius, a.a.O., 2001a, S.186.

gungen grenzen sich zu den direkten Beteiligungen hinsichtlich des Einsatzes eines unabhängigen Finanzintermediärs als Zwischeninstanz ab.[112] Die Unterscheidung erfolgt nach projektorientierten und fondsorientierten Ansätzen.[113] Nach Nathusius haben sich die fondsorientierten Ansätze am stärksten durchgesetzt.[114] Hierbei investieren professionelle VCG „aus einem Fonds in 12-15 Unternehmen, so dass max. 10% des gesamten Fondsvermögens in ein einziges Beteiligungsunternehmen fließt"[115]. In Abbildung 3 ist der Zusammenhang zwischen VC-Gebern (Banken, Versicherungen, Pensions-Fonds, Industrie, Private, Staat), VC-Nehmern und VC-Gesellschaften dargestellt.[116] Die VCG führt allerdings nicht nur Finanzmittel zu, sondern bietet durch die Management-Unterstützung (Value Adding[117]) einen weiteren Beitrag zu der Unternehmensentwicklung.[118] Mitter zählt hierzu Image-Effekte; Kontakte und Networking; Unterstützung im Recruiting, Strategieprozess oder im laufenden operativen Geschäft; Mentoring und Consulting.[119]

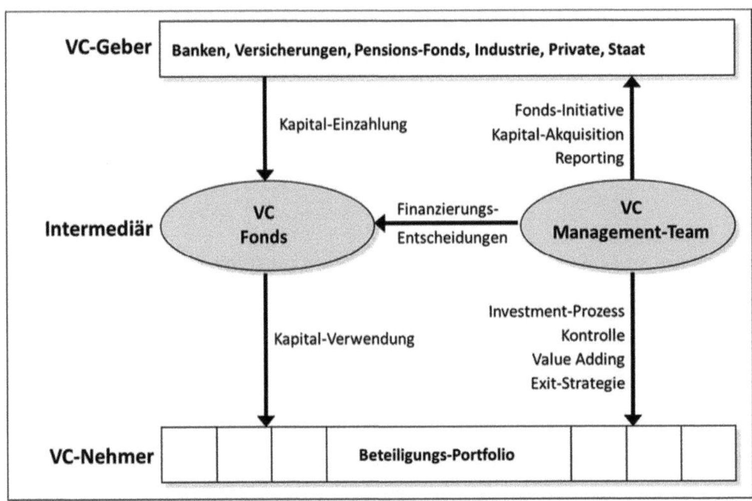

Abbildung 3: Zusammenhang zwischen VC-Gebern, VC-Nehmern und VC-Gesellschaften[120]

---

112 Ebd., S.187.
113 Vgl. ebd., S.187.
114 Vgl. Klaus Nathusius, a.a.O., 2001b, S. 69, vgl. auch Oskar Betsch, Alexander P. Groh, Kay Schmidt: Gründungs- und Wachstumsfinanzierung innovativer Unternehmen. München (u. a.), 2000, S. 83-84 und Klaus Nathusius, a.a.O., 2001a, S.187.
115 Klaus Nathusius, a.a.O., 2001b, S. 69; vgl. auch Oskar Betsch, Alexander P. Groh, Kay Schmidt, a.a.O., S. 83-84 und Klaus Nathusius, a.a.O., 2001a, S.187.
116 Vgl. Klaus Nathusius, a.a.O., 2001a, S.189 und Klaus Nathusius, a.a.O., 2001b, S. 70.
117 Siehe auch Kapitel 2.2.3.2 für weiterführende Informationen zum Thema Value Adding.
118 Vgl. Klaus Nathusius, a.a.O., 2001b, S. 54 und Klaus Nathusius, a.a.O., 2001a, S.180.
119 Christine Mitter, Venture Capital – Empirische Erkenntnisse im Kontext der Entrepreneurial Finance. In: ZfKE, 58. Jahrgang, Heft 2, 2010, S. 130.
120 Klaus Nathusius, a.a.O. 2001a, S.189 und Klaus Nathusius, a.a.O., 2001b, S. 70.

2.2.1 Finanzierungsphasen

In den folgenden beiden Unterkapiteln werden die Finanzierungsphasen und der Finanzierungsablauf thematisiert.

2.2.1.1 Entwicklungsphasen mit zugehöriger Finanzierung

In Kapitel 2.1.2 wurden bereits die Unternehmensentwicklungsphasen junger technologieorientierter Unternehmen erläutert. In diesem Kapitel werden diese Entwicklungsphasen in Zusammenhang mit Venture Capital Investments gebracht, da es für VCG von Bedeutung ist, in welchem Entwicklungsstadium sich das Unternehmen befindet. Venture Capital Beteiligungen werden üblicherweise für mittelfristige Zeiträume von drei bis sieben Jahren eingegangen.[121] Nach Nathusius wird bei der Unternehmenszyklusbetrachtung der Zeitraum von „der Geburt über das Wachstum bis zur Reife und dem Sterben" eines Unternehmens betrachtet.[122] In Abbildung 4 wird die Zuordnung der VC-Investments zu den Entwicklungsphasen des Unternehmens veranschaulicht.[123] Es wird eine Unterteilung nach Frühphasen-Finanzierung, Wachstums-Finanzierung und Finanzierung von Sonderanlässen vorgenommen.[124]

---

[121] Vgl. Klaus Nathusius, a.a.O. 2001a, S.180.

[122] Klaus Nathusius, a.a.O., 2001b, S. 56.

[123] Ebd., S. 56. Für weiterführende Informationen zum Zusammenhang zwischen Finanzierungsphasen, Unternehmensphasen und Finanzierungsquellen vgl. Bert Helwing, a.a.O., 2008, S. 26-29; vgl. Leif Aldinger: Kontaktnetzwerke von Venture – Capital - Gesellschaften: eine empirische Untersuchung der netzwerkbasierten Managementunterstützung im Rahmen von Venture Capital – Finanzierungen. Technische Universität Darmstadt, Dissertation, Berlin, 2005, S. 36-47; vgl. Bernd Heitzer, a.a.O., S. 10-16.

[124] Vgl. Klaus Nathusius, 2001b, S. 56.

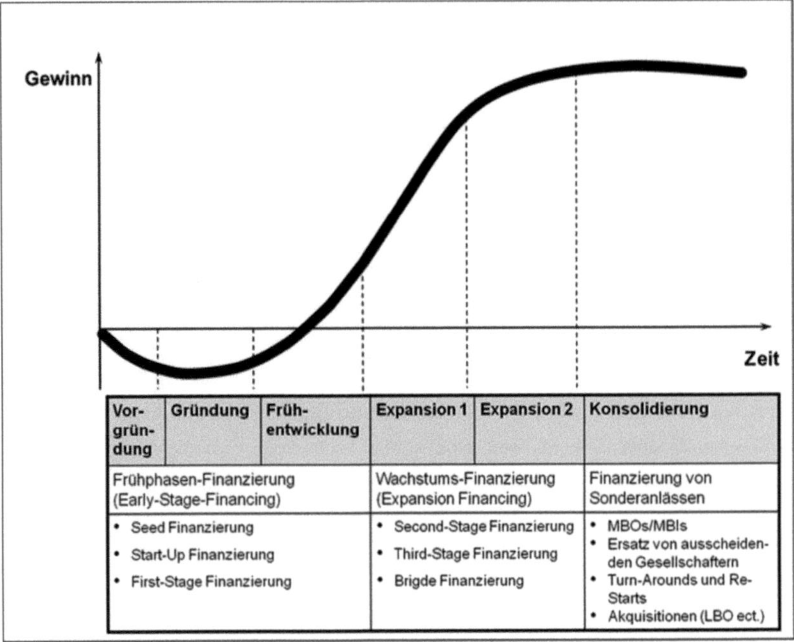

Abbildung 4: Venture Capital Investments in Unternehmensentwicklungsphasen[125]

Zu der Frühphasen-Finanzierung zählt Nathusius die Seed Finanzierung, die Start-up Finanzierung und die First-Stage-Finanzierung und ordnet diese den Unternehmensentwicklungsphasen Vorgründung, Gründung und Frühentwicklung zu.[126] Die Wachstumsfinanzierung beinhaltet während der beiden Expansions-Phasen die Second-Stage Finanzierung, Third-Stage Finanzierung und die Bridge Finanzierung.[127] Die Finanzierung von Sonderanlässen können zum Beispiel MBOs, MBIs, der Ersatz von ausscheidenden Gesellschaftern, Turn-Arounds und Re-Starts oder auch Akquisitionen sein.[128] In Tabelle 4 wird ersichtlich, wozu das benötigte Kapital phasenspezifisch eingesetzt wird.[129]

[125] Ebd., S. 56.
[126] Klaus Nathusius, 2001b, S. 56 und Klaus Nathusius, 2001a, S.180.
[127] Vgl. Klaus Nathusius, 2001b, S. 56und Klaus Nathusius, 2001a, S.180.
[128] Vgl. Klaus Nathusius, 2001b, S. 56 und Klaus Nathusius, 2001a, S.180.
[129] Vgl. Klaus Nathusius, 2001a, S. 57-63.

VC-Investment	Lebens-zyklusphase	Finanzierung
Frühphasen-Finanzierung (Early Stage Financing)		
Seed-Finanzierung	Vorgründung Gründung Frühent-wicklung	• Erstellung eines ersten Unternehmenskonzepts • Anfertigung von Marktanalysen • Forschung und Entwicklung von Produkten und Leistungen
Start-up Finanzierung		• Aufbau notwendiger Strukturen • Beschaffung der Ressourcen • Bekanntmachung der Unternehmenskonzeption im Markt
First-Stage Finanzierung		• Markteinführung • Aufbau des Unternehmens
Wachstums-Finanzierung (Expansion Financing)		
Second-Stage Finanzierung	Expansion I Expansion II	• Wachstum
Third-Stage Finanzierung		• Auftauchen von Konkurrenten erfordert Investitionen in Marktdurchdringung
Bridge Finanzierung		• Zwischenfinanzierung vor dem Initial Public Offering (IPO=Erstemission)
Finanzierungen von Sonderanlässen		
MBOs/MBIs	Konsoli-dierung	• Unternehmensnachfolge durch Gesellschafterwechsel
Ersatz von ausscheidenden Gesellschaftern		
Turn-Arounds und Re-Starts		• Übernahme nach Insolvenz oder Einstellung der Geschäftstätigkeit
Akquisitionen		

Tabelle 4: VC-Finanzierung nach dem Stand des Unternehmens-Lebenszyklus[130]

2.2.1.2 Finanzierungsablauf

Nathusius/Göring konnten feststellen, dass „Venture Capital-Investoren [anstreben] […] [,] möglichst früh in technologierorientierte Gründungsunternehmen zu investieren".[131] Denn je früher eine VCG in ein Unternehmen investiert, desto größer ist das Wertsteigerungspotential,

[130] Ebd., S. 57-63.

[131] Nathusius, Klaus; Sarah Göring: Zur Finanzierungsgenese von jungen, schnell wachsenden Technologiegründungen. In: Finanzbetrieb, 12, 2007, S. 774.

dem aber auch ein erhöhtes Risiko gegenübersteht.[132] Für die Zusammenarbeit von Gründungsunternehmen mit einer VCG im Frühphasenbereich erstellt Nathusius einen Standardablaufplan.[133] Er unterteilt hierbei die Abfolge von Aktionspaketen in acht Investmentphasen.[134] Allerdings findet sich dieser grundsätzliche Ablauf „auch bei VC Gesellschaften, die in späteren Entwicklungsphasen und speziellen Situationen investieren“[135]. Er weist darauf hin, dass „der gesamte VC Zyklus bis zur Unterzeichnung der Verträge in Abhängigkeit von der Komplexität des Projektes auch länger laufen oder, bedingt durch die Branchen- bzw. aktuelle Marktsituation auch sehr viel kürzer sein“ kann.[136] Dieser Phasenverlauf wird dem folgenden Standardablauf dargestellt:

„Phase 1 [(Dauer: -)]:	Suche von Beteiligungsprojekten(Sourcing) und erster Kontakt
Phase 2 [(Dauer: 4 Wochen)]:	Grobanalyse (Screening) und Vorauswahl
Phase 3 [(Dauer: 1-3 Monaten)]:	Detailanalyse (Due Diligence) und Bewertung
Phase 4 [(Dauer: 2 Wochen)]:	Beteiligungsstrukturierung und Investmentvorschlag
Phase 5 [(Dauer: 1-2 Monate)]:	Verhandlungen und Beteiligungsentscheidung
Phase 6 [(Dauer: -)]:	Investmentvollzug [(Closing)]
Phase 7 [(Dauer: 3-5 Jahre)]:	Betreuung und Kontrolle [(Value Adding und Monitoring)]
Phase 8 [(Dauer: -)]:	Desinvestment”[137]

Einen anderen Verlauf bieten Brettel et al. an. Hierbei gestalten sich die Phasen der Beziehung der VCG und des Portfoliounternehmens (PU) in der folgenden Reihenfolge: Kapitalakquisition (Raising of funds), Beteiligungsakquisition (Deal generation), Beteiligungsauswahl (Screening), Beteiligungsverhandlung (Approval and structuring), Phase nach der Investition (Post investment actitivties), Desinvestition (Exit).[138]

2.2.2 Venture Capital Finanzierungen in Deutschland und den USA

In der vorliegenden Studie werden deutsche und US-amerikanische Unternehmen untersucht, die in den Jahren zwischen 2004 und 2011 eine Finanzierung durch eine VCG erfahren haben. Bei einem Ländervergleich dürfen die kulturellen Unterschiede nicht vernachlässigt werden.

---

132 Vgl. ebd., S. 774.
133 Vgl. Klaus Nathusius, 2001b, S. 77-78, 80. Für weiterführende Informationen zu Investitionsphasen vgl. Ingrid Stein, a.a.O., 2005, S. 85f-124 und vgl. Bernd Heitzer, a.a.O., S. 41-54.
134 Vgl. Klaus Nathusius, 2001b, S. 77-78, 80.
135 Ebd., S. 78.
136 Ebd., S. 79.
137 Ebd., S. 77-78, 80.
138 Malte Brettel, Solveig Thust, Peter Witt, a.a.O., S. 3-4. Sie geben zudem weiterführende Informationen zu Methoden und Instrumenten zur optimalen Gestaltung der Beziehung zwischen VCG und PU.

Aus diesem Grund wird in dem folgenden Kapitel die Gründungskultur beider Länder miteinander verglichen. Anschließend wird die Entwicklung des deutschen und des US-amerikanischen Beteiligungsmarktes aufgezeigt.

2.2.2.1 Gründungskultur in Deutschland und den USA

Laut dem Global Entrepreneurship Monitor (GEM) eignet sich die „Total Early-stage Entrepreneurial Activity (TEA)“ als Maßzahl für Gründungsaktivität.[139] Diese wird „aus der Summe der so genannten Nascent Entrepreneurs [...] und Unternehmen, die während der vergangenen 3-5 Jahre ein Unternehmen gegründet haben (Young Entrepreneurs), gemessen jeweils als Prozentanteil an allen 18-64-Jährigen“ gebildet.[140] Deutschland (N=5.552) belegt mit einem TEA-Wert in Höhe von 4,2% in der Gruppe der Innovationsbasierten Volkswirtschaften den 18. Platz, die USA (N=2.000) belegen den 4. Platz mit einem TEA-Wert in Höhe von 7,6%.[141] Die Nascent-Quote ist in Deutschland in den Jahren 2004 bis 2009 kontinuierlich auf 2,2% gesunken, aber im Jahr 2010 um 0,3% gestiegen.[142] Hier belegt Deutschland den 10. und die USA den 2. Platz mit ca. 4,9%.[143] Auch wenn 44% der deutschen Gründer Angst vor dem Scheitern haben, sind 42% der Befragten der Ansicht, „über ausreichende Fähigkeiten und Erfahrungen zur Umsetzung einer Gründung zu verfügen“.[144] Der GEM unterscheidet zwischen den Opportunity-Gründern („Ausnutzen einer Marktchance“) und den Necessity-Gründern („Mangel an Erwerbsalternativen“).[145] Der Quotient („Relation zwischen der Anzahl der Opportunity-Gründer und der Necessity- Gründer (jeweils TEA) in den innovationsbasierten GEM-Ländern 2010“) offenbart, dass die Deutschen im internationalen Vergleich den 16. (2,64) und die USA den 18. Platz (2,4) belegen.[146] Somit ist der Anteil der Opportunity- Gründer in Deutschland höher als in den USA.[147] 59% der deutschen Gründer (USA: 44%) gaben an, dass die größere Unabhängigkeit das Hauptkriterium für die Gründung ist.[148] 18% der Deutschen und 38% der US-Amerikaner gaben ein höheres Einkommen als Gründungsmotiv an.[149]

---

[139] Udo Brixy, Christian Hundt, Rolf Sternberg: Global Entrepreneurship Monitor – Unternehmensgründungen im weltweiten Vergleich: Länderbericht Deutschland 2010. Hannover/Nürnberg, 2010, S. 10.

[140] Ebd., 2010, S. 10.

[141] Vgl. Udo Brixy, Christian Hundt, Rolf Sternberg, a.a.O., 2010, S. 11; vgl. Abdul Ali, Candida Brush, Julio De Castro, Julian Lange, Thomas Lyons, Moriah Meyskens, Joseph Onochie, Ivory Phinisee, Edward Rogoff, Al Suhu, John Whitman: Global Entrepreneurship Monitor: National Entrepreneurial Assessment for the United States of America. Babson College and Baruch College. 2010, S. 17.

[142] Vgl. Udo Brixy, Christian Hundt, Rolf Sternberg, a.a.O., 2010, S. 11.

[143] Vgl. Udo Brixy, Christian Hundt, Rolf Sternberg, a.a.O., 2010, S. 10-11; vgl. Abdul Ali, Candida Brush, Julio De Castro, Julian Lange, Thomas Lyons, Moriah Meyskens, Joseph Onochie, Ivory Phinisee, Edward Rogoff, Al Suhu, John Whitman, a.a.O., 2010, S. 17.

[144] Udo Brixy, Christian Hundt, Rolf Sternberg, a.a.O., 2010, 2010, S. 16.

[145] Ebd., S. 16.

[146] Ebd., S. 16.

[147] Vgl. ebd., S. 17.

[148] Vgl. ebd., S. 18.

[149] Vgl. ebd., S. 18.

Das vorhandene Einkommen zu sichern, war 18% der deutschen und 12% der US-amerikanischen Gründer wichtig.[150] Die Unternehmensgründung wird von US-Amerikanern (ca. 65%) stärker „als attraktive berufliche Perspektive“ gesehen als von Deutschen (ca. 52%).[151] Während knapp 70% der US-Amerikaner glauben, dass Medien im Land oft über erfolgreiche neue Unternehmen berichten, glauben dies weniger als 50% der Deutschen.[152] Dass erfolgreiche Gründer „Respekt und [ein] hohes Ansehen“ genießen, glauben in beiden Ländern ca. 75%.[153] Die Angst zu scheitern hält 44,00% der Deutschen (2010) davon ab zu gründen.[154] In den USA liegt der Wert bei 28,9% (2010).[155]

2.2.2.2 Entwicklung des deutschen und des US-amerikanischen Beteiligungsmarktes

Die Venture Capital Industrie hat sich in den letzten Jahrzehnten, sowohl in den USA[156] als auch in Deutschland, dynamisch entwickelt.[157] Die US-amerikanischen VCG verfügen über eine längere Erfahrung als die deutschen VCG.[158] Während in den USA Mitte der 1970er Jahre 100 Millionen US$ von VCG investiert wurden, waren es in 2011 28,42 Milliarden US$.[159] Die deutsche VC-Branche hat sich erst seit Mitte der neunziger Jahre dynamisch entwickelt.[160] So stiegen die VC-Investitionen von 600 Millionen EUR in 1996 auf 3,11 Milliarden EUR in 2011.[161] In beiden Ländern lag der Höhepunkt der Investitionen in dem Jahr 2000 (USA: 104 Milliarden US$, D: 3,66 Milliarden EUR).[162] Seit dem Kurseinbruch, der im Frühling desselben Jahres begann, umgangssprachlich auch als das „Platzen der New-Economy-Blase“ bezeichnet, steigen die VC Investments wieder.[163] In 2009 war allerdings auf Grund der Finanzkrise wieder

[150] Vgl. ebd. S. 18.
[151] Ebd., S. 19.
[152] Ebd., S. 19.
[153] Ebd., S. 19.
[154] Ebd., S. 16.
[155] Vgl. Ali, Abdul; Candida Brush; Julio De Castro; Julian Lange; Thomas Lyons; Moriah Meyskens; Joseph Onochie; Ivory Phinisee; Edward Rogoff; Al Suhu; John Whitman, a.a.O., 2010, S. 15.
[156] Weiterführende Informationen zur Entwicklung des US-amerikanischen Venture Capital Marktes siehe: Bernd Heitzer, a.a.O.,2000, S. 78-80; Scott Andrew Shane: The illusions of entrepreneurship: the costly myths that entrepreneurs, investors, and policy makers live by. New Haven (u. a.): Yale University Press, 2008, S. 9-29. Für weiterführende Informationen zur Entwicklung des deutschen Venture Capital Marktes siehe: Stephan Stubner, a.a.O., 2004, S. 32-35; Bernd Heitzer, a.a.O., 2000, S. 65-77; VENTURE CAPITAL: Policy lessons from the VICO project. September 30, 2011.
[157] Vgl. Klaus Nathusius, a.a.O., 2001b, S. 53 und Jens Ortgiese, a.a.O., 2007, S. 17.
[158] Vgl. Christoph Schröder: Strategien und Management von Beteiligungsgesellschaften: ein Einblick in Organisationsstrukturen und Entscheidungsprozesse von institutionellen Eigenkapitalinvestoren. Nomos - Universitätsschriften: Wirtschaft, 11, Universität, Dissertation, Baden-Baden, 1992, S. 307-310.
[159] Jens Ortgiese, a.a.O., 2007, S: 17; Thomas Reuters, a.a.O., o.S..
[160] Vgl. Klaus Nathusius, a.a.O., 2001b, S. 53.
[161] Vgl. Jens Ortgiese, a.a.O., 2007, S: 17; Bundesverband Deutscher Kapitalbeteiligungsgesellschaften – German Private Equity and Venture Capital Association e. V. (BVK): BVK Statistik - Das Jahr 2010 in Zahlen. 02.03.2011, S. 30.
[162] Vgl. Bundesverband Deutscher Kapitalbeteiligungsgesellschaften – German Private Equity and Venture Capital Association e. V. (BVK): BVK Statistik - Das Jahr 2008 in Zahlen. 09.03.2009, S. 27; Thomas Reuters, a.a.O., o.S..
[163] Vgl. Bundesverband Deutscher Kapitalbeteiligungsgesellschaften – German Private Equity and Venture Capital Association e. V. (BVK), a.a.O., 09.03.2009, S. 27; Thomas Reuters, a.a.O., o.S.

ein Rückgang der VC Investments in beiden Ländern zu verzeichnen.[164] In den Tabellen 5 und 6 wird die Entwicklung der Investitionen von 2004 bis 2011 entsprechend des Erhebungszeitraums der vorliegenden Arbeit, dargestellt.

Jahr	Deals	Durchschnitt pro Deal in Mio $	Total in Mio $
2004	3.178	5,56	17.666
2005	3.262	7,03	22.946
2006	3.827	6,95	26.595
2007	3.124	9,87	30.827
2008	4.111	7,43	30.545
2009	3.065	6,44	19.746
2010	3.526	6,60	23.264
2011	3.673	7,74	28.425

Tabelle 5: Venture Capital Investitionen zwischen 2004 und 2011 in den USA[165]

Jahr	Deals	Durchschnitt pro Deal in Mio €	Total in Mio €
2004	844	3,22	2.721
2005	876	2,44	2.135
2006	861	3,83	3.293
2007	1.027	5,34	5.479
2008	1.230	5,31	6.536
2009	1.140	1,81	2.064
2010	1.257	2,48	3.114
2011 (Jan-Sep)	842	3,55	2.989,57

Tabelle 6: Venture Capital Investitionen von in Deutschland ansässigen Beteiligungsgesellschaften in deutsche Unternehmen 2004-2010[166]

Um noch deutlicher zu veranschaulichen, wie groß die Unterschiede zwischen den US-amerikanischen und den deutschen Investment-Summen sind, werden diese in Abbildung 5 vergleichend gegenüber gestellt. Es wird deutlich, dass erhebliche Unterschiede sowohl in der investierten Gesamtsumme als auch in der durchschnittlichen Investitionssumme pro Deal bestehen. In den USA liegt das Niveau konstant über dem der deutschen Investments.[167] In der

[164] Vgl. Bundesverband Deutscher Kapitalbeteiligungsgesellschaften – German Private Equity and Venture Capital Association e. V. (BVK), a.a.O., 02.03.2011, S. 30; Thomas Reuters, a.a.O., o.S..

[165] Thomas Reuters, a.a.O., o.S..

[166] Bundesverband Deutscher Kapitalbeteiligungsgesellschaften – German Private Equity and Venture Capital Association e. V. (BVK), a.a.O., 02.03.2011, S. 30; Bundesverband Deutscher Kapitalbeteiligungsgesellschaften – German Private Equity and Venture Capital Association e. V. (BVK): BVK-Statistik Der deutsche Beteiligungsmarkt im 3. Quartal 2011. November, 2011, S. 10.

[167] Vgl. Thomas Reuters, a.a.O., o. S.; Bundesverband Deutscher Kapitalbeteiligungsgesellschaften – German Private Equity and Venture Capital Association e. V. (BVK), a.a.O., 02.03.2011, S. 30; Bundesverband Deutscher

vorliegenden Studie wird die Finanzierungssumme hinsichtlich der Erfolgswirkung untersucht werden. Zudem wird der Einfluss der Höhe auf die Managementgenese analysiert.

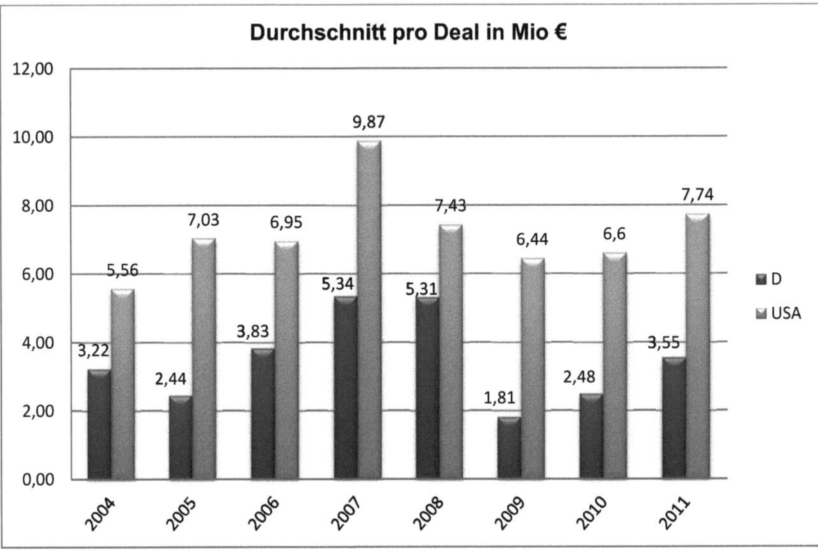

Abbildung 5: Durchschnittliche Dealgröße von Venture Capital Investitionen zwischen 2004 und 2011 in Deutschland und in den USA in Mio $[168]

2.2.3 Einflussnahme von Venture Capital Gesellschaften

Im folgenden Kapitel wird eine Einführung in die möglichen Felder der Einflussnahme der VCG auf das PU gegeben. Zunächst wird der Forschungsstand hinsichtlich der Erfolgsaussichten von VC finanzierten Unternehmen dargestellt. Anschließend wird die durch VCG gegebene Managementunterstützung beschrieben.

2.2.3.1 Ein Erfolgsvergleich

In einigen Forschungsergebnissen wird die Erfolgswirkung von mit VC finanzierten Unternehmen mit den Unternehmen verglichen, die nicht mit VC finanziert worden sind. Während Sandberg davon ausgeht, dass VC finanzierte Unternehmen eine höhere Überlebenschance

---

Kapitalbeteiligungsgesellschaften – German Private Equity and Venture Capital Association e. V. (BVK): a.a.O., 2011, S. 10.

[168] Thomas Reuters, a.a.O., o.S.; Bundesverband Deutscher Kapitalbeteiligungsgesellschaften – German Private Equity and Venture Capital Association e. V. (BVK), a.a.O., 02.03.2011, S. 30; Bundesverband Deutscher Kapitalbeteiligungsgesellschaften – German Private Equity and Venture Capital Association e. V. (BVK), a.a.O., 2011, S. 10.

haben, kommt Zhang nicht auf ein eindeutiges Ergebnis.[169] Er festigt zwar diese These zum einen, in dem er feststellt, dass VC-finanzierte Unternehmen stärker wachsen als nicht VC finanzierte Unternehmen, allerdings kommt er zu dem Schluss, dass sich die Beteiligung von VCG auch negativ auswirken kann.[170] Die Erklärung hierzu liegt in seinem Datensample. Er untersucht mit Venture Capital finanzierte Unternehmen in den USA und konnte feststellen, dass im Silicon Valley mehr als 20% des gesamten US-amerikanischen Venture Capitals investiert wurden.[171] Während in den USA das jeweilige Unternehmen 19,9 Monate alt war, als die erste Finanzierungsrunde abgeschlossen wurde, lag das Alter im Silicon Valley bei 11,5 Monaten.[172] Zudem durchlaufen letztere mehr Finanzierungsrunden und erhalten mehr Geld als Unternehmen in anderen Regionen der USA.[173] Zhang kann feststellen, dass der bessere Zugang zu VC im Silicon Valley zum einen einen First Mover Vorteil bietet, aber zum anderen einen negativen Einfluss auf die Überlebensrate, den Umsatz und die Mitarbeiterzahl des Start-ups hat.[174] Die Erklärung hierfür könnte darin liegen, dass auch Unternehmen mit geringwertigem Business Plan Zugang zu VC finden.[175]

Hsu/Chang kommen zu dem gleichen Ergebnis wie Sandberg. Sie können nachweisen, dass VC-finanzierte Unternehmen auch neun Jahre nach ihrem Börsengang noch eine bessere Performance aufweisen als nicht mit VC finanzierte Unternehmen.[176] St-Pierre/Mathieu stellen eine Literaturanalyse von 19 Studien zusammen, bei der die mit VC finanzierten Unternehmen mit denen verglichen werden, die nicht mit VC finanziert wurden.[177] In der Literaturanalyse wird deutlich, dass fast alle Studien zu dem Ergebnis kommen, dass VC-finanzierte Unternehmen besser performen als die Unternehmen, die nicht mit VC finanziert worden sind.[178] So nehmen VCG Einfluss auf das Wachstum, die Performance und die Gründer.[179] Kritisch angemerkt werden soll hier, dass die jüngste Studie 2002 erhoben wurde und damit nicht den aktuellen Stand wiedergeben kann.

---

[169] Vgl. William R. Sandberg: New Venture Performance: The Role of Strategy and Industry Structure. Lexington, MA: Lexington, 1986, S. 13; vgl. Junfu Zhang: Access to Venture Capital and the Performance of Venture-Backed Start-Ups in Silicon Valley. In: Economic Development Quarterly, Band 21, Nr. 2, Mai, 2007, S. 145.
[170] Vgl. Junfu Zhang, a.a.O., 2007, S. 126, 143-145.
[171] Vgl. ebd., S. 126, 143.
[172] Vgl. ebd., S. 126.
[173] Vgl. ebd., S. 143.
[174] Vgl. ebd., S. 126, 143, 144.
[175] Vgl. ebd., S. 126.
[176] Vgl. Junming Hsu, Chia-Yu Chang: An Investment Strategy Based on the Long-Run Performance of IPOs: Venture-Backed and Non-Venture-Backed Firms. In: The Journal of Investing, Winter, 2008, S. 95, 96, 104.
[177] Josée St-Pierre, Mathieu Claude: Financing With Venture Capital: Advances in Knowledge Over the Last Ten Years and Research Avenues. Institut de recherche sur les PME, April 25, 2003, S. A44-A46.
[178] Ebd., S. A44-A46.
[179] Vgl. ebd., S. 21.

Zusammenfassend kann davon ausgegangen werden, dass die bisherigen Forschungsergebnisse darauf hindeuten, dass Unternehmen, die mit VC finanziert werden, gute Erfolgsaussichten aufweisen. In der vorliegenden Studie werden nur Unternehmen analysiert, die mindestens eine VC-Finanzierung in ihren ersten fünf Jahren erlebt hat. Hierbei wird ein Zusammenhang zwischen der Einflussnahme der VC auf die Managementgenese und der Erfolgswirkung hergestellt.

2.2.3.2 Managementunterstützung (Value Adding) durch VCG

Wenn eine VCG in ein Unternehmen investiert hat, bestehen Mechanismen, die eingesetzt werden, um das Investment wertsteigernd zu unterstützen. Betsch et al. und Ortgiese unterscheiden hierbei das Monitoring (Risikovermeidung via Kontrolle) und das Value Adding (Wertsteigerung via Beratung).[180] Ortgiese definiert zudem Value Adding als nicht-finanzielle Leistungen seitens der VCG an die Portfoliounternehmen (PU) und den Kontrollmechanismus zum Schutz der VCG als Monitoring.[181] Nathusius beschreibt die Kontrollphase eines typischen Investmentverlaufs als eine „laufende Kontrolle der Entwicklungsphase, die typischerweise über ein Gremium (Aufsichtsrat, Beirat etc.) und über einen vertraglich fixierten Informationsfluss mit monatlichen Kurzberichten, Quartals-Reportings, geprüften Jahresabschlüssen und laufenden Soll-Ist-Vergleichen institutionalisiert wird"[182].

Das Value Adding[183] bietet einen weiteren Beitrag zu der Unternehmensentwicklung.[184] Hierbei handelt es sich zum Beispiel um die Einbringung der Erfahrungen, den Netzwerkzugang, die Unterstützung bei der Personalsuche oder auch der Beratung hinsichtlich des Börsenganges.[185] Witt nennt hier auch die unternehmerische Unterstützung, Kontaktvermittlung und Beratung.[186] Aldinger beschreibt die Beziehung zwischen VCG und PU mit einem zeitlichen Blickwinkel und fasst zusammen, dass „sämtliche Betreuungsaktivitäten, die innerhalb des Zeit-

---

[180] Vgl. Oskar Betsch, Alexander P. Groh, Kay Schmidt: Gründungs- und Wachstumsfinanzierung innovativer Unternehmen. München (u. a.), 2000, S. 131-132; vgl. Jens Ortgiese, a.a.O., 2007, S. 27.

[181] Jens Ortgiese, a.a.O., 2007, S. 24-25.

[182] Klaus Nathusius, a.a.O., 2001, S. 79.

[183] Siehe auch Kapitel 2.2.3.2 Für weiterführende Informationen zum Thema Value Adding vgl. Paul Georg Guggemoos: Unterstützung der Unternehmensentwicklung junger wachstumsorientierter Technologieunternehmen durch Venture Capital-Gesellschaften in der Betreuungsphase. Wiesbaden, 2012, S. 144-158; vgl. Mitter, Christine, a.a.O., 2010, S. 130; siehe Jens Ortgiese, a.a.O., 2007; vgl. Antonio Gledson de Carvalho, Charles W. Calomiris, Joao Amaro de Matos: Venture Capital as Human Resource Management. Februar 2005; Frits H. Wijbenga, Arjen van Witteloostuijn: The Entrepreneur and the Venture Capitalist as a Team: A Game-theoretic und Upper-echelon Theory of Cooperation and Defection. In: John E. Butler, Andy Lockett (Hrsg.): S. 91-114; vgl. Hironori Higashide, Sue Birley: Value Created Through the Socially Complex Relationship Between the Venture Capitalist and the Entrepreneurial Team? In: Frontiers of Entrepreneurship Research, 2000, gefunden am 14.02.2012, 16:42h http://fusionmx.babson.edu/entrep/fer/XVI/XVIA/XVIA.htm, o. S..

[184] Vgl. Klaus Nathusius, a.a.O., 2001b, S. 54; Klaus Nathusius, a.a.O., 2001a, S.180.

[185] Klaus Nathusius, a.a.O., 2001b, S. 54; Klaus Nathusius, a.a.O., 2001a, S.194.

[186] Vgl. Peter Witt, a.a.O., 2008, S. 89.

raums vom Abschluss des Beteiligungsvertrages bis zum vollständigen Verkauf der Beteiligung benötigt werden“ als Managementunterstützung der VC-Gesellschaften bezeichnet werden können.[187] Schefczyk stellt fest, dass sich VCG an „wichtigen, auch funktionalen Entscheidungen jenseits von Finanzierungsthemen aktiv beteiligen.“[188] Betsch et al. beschreiben die Vervollständigung des Managementteams als einen Schwerpunkt des Value Adding. So gaben 10% der VCG an, Managementrekrutierung zu betreiben.[189] Stubner verwendet den Ressourcen-orientierten Ansatz, um zum einen die fehlenden finanziellen Mittel und zum anderen die fehlenden Managementkompetenzen als Ressourcenlücke zu beschreiben; VCG können diese identifizieren und mit ihrem Know-how füllen.[190]

Aus den Ergebnissen einer Studie von Brinkrolf wird deutlich, dass erhebliche Unterschiede in der Intensität der Managementunterstützung bestehen.[191] Aus Sicht der PU wird wenig Unterstützung durch die VCG geboten.[192] Die Mehrheit der PU empfinden die Kontrollmechanismen der VCG allerdings als positiv.[193] Brinkrolf ist der Meinung, dass die „tatsächliche Wirkung von Managementunterstützung [...] nur schwer zu konkretisieren [ist] und [...] sich von Fall zu Fall [unterscheidet]“.[194] Die von ihm analysierten Studien zum Zusammenhang zwischen Unternehmensperformance und Managementunterstützung seitens der VCG kommen zu widersprüchlichen Ergebnissen. Die Mehrheit der Autoren kann keine Erfolgswirkung der Betreuung von VCG feststellen.[195]

Die vorgestellten Studien weisen jedoch Schwächen auf, da der Erfolgseffekt der Betreuungsaktivität nicht deutlich herausgestellt werden kann.[196] Zudem gibt es einen hohen Grad an Subjektivität, so dass Misserfolge gerne anderen und Erfolge der eigenen Fähigkeit zugeschrieben werden.[197] Auch Brinkrolf kritisiert, dass es schwierig ist, festzustellen, wann „Erfolg

[187] Leif Aldinger, a.a.O., 2005, S. 53.
[188] Vgl. Michael Schefczyk: Mehr als nur Geld: Notwendigkeit und Nutzen einer Beratungsunterstützung von Portfoliounternehmen durch Venture-Capital-Gesellschaften – Eine empirische Untersuchung. In: Maja Berrios Amador (Hrsg.): Beteiligungskapital in der Unternehmensfinanzierung: Grundfragen - Konzepte - Erfahrungen. Wiesbaden, 1999, S. 147.
[189] Vgl. Oskar Betsch, Alexander P. Groh, Kay Schmidt, a.a.O., 2000, S. 133. Für weiterführende Informationen zum Thema Managementunterstützung vgl. Stephan Stubner, a.a.O., 2004, S. 49-55; vgl. Axel Löntz, a.a.O., 2007, S. 18-19; vgl. Isabell Welpe: Managementunterstützung durch Venture-Capital-Gesellschaften – eine empirische Untersuchung. In: Ann-Christin Achleitner, Heinz Klandt, Lambert T. Koch, Kai- Ingo Voigt (Hrsg.): Jahrbuch Entrepreneurship: Gründungsforschung und Gründungsmanagement 2005/06, Berlin u. a., 2006, S. 71-89; vgl. Dirk Engel, a.a.O., 2004, S. 152-154.
[190] Vgl. Stephan Stubner, a.a.O., 2004, S. 72-77.
[191] Andreas Brinkrolf: Managementunterstützung durch Venture – Capital - Gesellschaften: eine Untersuchung des nichtfinanziellen Beitrags von Venture – Capital - Gesellschaften bei der Entwicklung ihrer Portfoliounternehmen. Universität St. Gallen, Dissertation, St. Gallen, 2002, S. 204.
[192] Vgl. ebd., S. 204-205.
[193] Vgl. ebd., S. 205.
[194] Ebd., S. 205.
[195] Vgl. ebd., S. 120.
[196] Vgl. Leif Aldinger, a.a.O., 2005, S. 65.
[197] Vgl. ebd., S. 65.

als Resultat der Betreuungsleistung zu verstehen ist".[198] Des Weiteren sind gescheiterte Unternehmen oftmals nicht Bestandteil der Stichprobe.[199] So kommt auch Brinkrolf zu dem Ergebnis, dass PU verzerrten Wahrnehmungen unterliegen und deshalb Misserfolge den VCG und Erfolge sich selbst zuschreiben.[200]

Für die vorliegende Studie ist die theoretische Abhandlung des Themas Value Adding nicht zu vernachlässigen. Für eine umfassende Analyse sollten sowohl die PU als auch die VCG befragt werden. Da in der vorliegenden Studie der Schwerpunkt nicht auf der Betreuungsaktivität sondern auf der Einflussnahme auf die Managementgenese liegt, wird das Value Adding in der vorliegenden Studie nicht weiter Bestandteil der Forschung sein können.

Zusammenfassend ist in Kapitel 2.2 deutlich geworden, dass VC-Finanzierungen während der Unternehmensentwicklung phasenspezifisch eingesetzt werden. Während des Finanzierungsablaufs, der verschiedene Investmentphasen beinhaltet, wird mit Hilfe von Value Adding und Monitoring Einfluss auf die Unternehmensentwicklung eines PU genommen. Für die vorliegende Studie wird ein Ländervergleich vorgenommen. Es ist besonders interessant, dass sowohl kulturelle Unterschiede bei den Gründern als auch bei der Venture Capital Branche hinsichtlich der investierten Summen bestehen. In der Studie wird die Finanzierungssumme in Bezug auf den Einfluss einer VCG auf die Managementgenese hin untersucht.

---

[198] Brinkrolf, Andreas: Managementunterstützung durch Venture – Capital - Gesellschaften: eine Untersuchung des nichtfinanziellen Beitrags von Venture – Capital - Gesellschaften bei der Entwicklung ihrer Portfoliounternehmen. Universität St. Gallen, Dissertation, St. Gallen, 2002., S. 121.
[199] Vgl. Andreas Brinkrolf, a.a.O., 2002, S. 121.
[200] Vgl. ebd., S. 121.

3. Theoretische und länderspezifische Grundlagen von Erfolgsfaktoren von Gründerteams

3.1 Unternehmerische Gründerteams

In diesem Kapitel wird einleitend ein Überblick über die historische Entwicklung des Forschungsinteresses zum Thema Gründerteam gegeben. Anschließend erfolgt die Auseinandersetzung mit den Definitionen zu diesem Thema.

3.1.1 Anfänge eines wissenschaftlichen Forschungsinteresses

Die Unternehmen Siemens AG (Gründung 1847), Hoechst AG (Gründung 1863), Hewlett Packard (Gründung 1939), SAP AG (Gründung 1972) und Microsoft (Gründung 1977) sind in der Literatur beliebte Bespiele für erfolgreiche Teamgründungen.[201] Erste wissenschaftliche Studien zu diesem Thema wurden allerdings erst in den 1970er und 1980er Jahren veröffentlicht.[202] In der US-amerikanischen Forschung wurde der Anteil der Teamgründungen 1970 von Lamont untersucht. Er kam dabei auf einen Anteil in Höhe von 71,1%, Cooper (1971) auf 61% und Cooper/Bruno (1977) auf 60%.[203] In Deutschland kamen Szyperski/Kirschbaum (1981) auf einen durchschnittlichen Teamgründungsanteil in Höhe von 17,8%, wobei in einigen Wirtschaftsbereichen eine ansteigende Tendenz zwischen den Jahren 1973 bis 1979 festgestellt wurde.[204] In der Untersuchung von Picot et al. (1989) betrug der Anteil der Teamgründungen 51,9%.[205] Vor allem in technologieorientierten Unternehmen (TOU) sind Gründerteams ein sehr häufig auftretendes Phänomen.[206] Kulicke konnte den Nachweis erbringen, dass ein partnerschaftlicher Trend für TOU für den Zeitraum von 1974 bis 1983 vorliegt: in ihrer Untersuchung lag bei 66,7% der TOU eine Teamgründung vor.[207] In der von Kulicke et al. dargelegten Studie von 1993 wurde aufgezeigt, dass 58% der befragten TOU im Jahr 1993 von Teams gegründet wurden.[208] Auch in Befunden nach Pleschak konnte 1997 ein Teamgrünungsanteil in Höhe von 73% für die neuen Bundesländer und 38% für die alten Bundesländer festgestellt werden.[209] Pett stellte einen Teamanteil bei technologieorientierten Unternehmen in Höhe von

---

[201] Vgl. Lechler, Thomas; Gemünden, Hans G.: Gründerteams: Chancen und Risiken für den Unternehmenserfolg. Heidelberg, 2003, S. 9.

[202] Für weiterführende Informationen siehe Arnold C. Cooper, Albert V. Bruno: Success Among High-Technology Firms. In: Business Horizons, Band 20, 1977, Nr. 2, S. 20-21; Norbert Szyperski, Günter Kirschbaum: Unternehmungsfluktuation in Nordrhein-Westfalen: Eine empirische Untersuchung zur Entwicklung von Gründungen und Liquidationen im Zeitraum von 1973 bis 1979. Beiträge zur Mittelstandsforschung, Göttingen,1981, S. 81-88; Norbert Szyperski, Klaus Nathusius: a.a.O., 1977, S. 39.

[203] Vgl. Lawrence M. Lamont: Technology Transfer, Innovation and Marketing in Science Oriented Spin-off Firms: a Cenceptual Model. Dissertation University of Michigan, Michigan, 1970, S. 296. Cooper, Arnold C.: The Founding of Technologically-Based Firms. Milwaukee, Center for Venture Management, 1971, Quelle: http://www.eric.ed.gov/PDFS/ED076773.pdf, gefunden am 06.01.2012, 19:15h, S. 20; vgl. Arnold C. Cooper, Albert V. Bruno: Success Among High-Technology Firms. In: Business Horizons, 1977, Band 20, Nr. 2, S.18.

[204] Vgl. Norbert Szyperski, Günter Kirschbaum, a.a.O., 1981, S. 74-75. Kritisch angemerkt wird hier, dass bei dieser Studie die lediglich die Gewerbeanmeldungen aus NRW ausgewertet worden sind.

[205] Vgl. Arnold Picot, Ulf-Dieter Laub, Dietram Schneider, a.a.O., 1989, S. 98 .

[206] Lechler, Thomas; Hans G. Gemünden: Gründerteams: Chancen und Risiken für den Unternehmenserfolg. Heidelberg, 2003, S. 21.

[207] Vgl. Marianne Kulicke, a.a.O., 1987, S. 108.

[208] Marianne Kulicke, a.a.O., 1993, S. 33.

[209] Vgl. Franz Pleschak, a.a.O., 1997, S. 20.

56,7% fest, bei Spin-off Gründungen lag dieser Anteil sogar bei 75,0%.[210] Die Studien belegen, dass sowohl für die USA als auch für Deutschland ein Trend zur Teamgründung besteht.[211] In den folgenden Kapiteln wird auf die kritischen Erfolgsfaktoren von Teamgründungen (Kapitel 3.3) und die Teambildung (Kapitel 3.4) spezifiziert eingegangen. Zunächst wird jedoch im folgenden Kapitel eine Begriffsbestimmung durchgeführt.

3.1.2 Gründerteam – eine Begriffsbestimmung

Schumpeter bezieht sich in seiner frühen Forschung zunächst auf die Eigenschaften des Einzelunternehmers, erst in seinen späteren Arbeiten sprach er die Möglichkeit an, dass diese These im Wandel der Zeit revidiert werden müsse: "With the development of the largest-scale corporations this has evidently become of major importance: aptitudes that no single individual combines can thus be built into a corporate personality"[212] "Technological progress is increasingly becoming the business of teams of trained specialists, who turn out what is required and make it work in predictable ways."[213]

Baldauf untersucht den Begriff *Team* auf seinen allgemeinen Ursprung und definiert ihn als "Gespann von Zugtieren vor einem Wagen oder Pflug".[214] Später ist der Begriff *Team* in England für den zusammenarbeitenden Familienverbund eingesetzt worden und hat sich erst im viktorianischen Zeitalter für eine Sportmannschaft durchgesetzt.[215] „Teams kombinieren Fähigkeiten und Ressourcen mit dem Ziel, Synergieeffekte und additive Ergebnisse zu erzielen (das Ganze ist mehr als die Summe seiner Teile). Sie strukturieren sich formal oder informell durch Rollen und Status der Teammitglieder sowie Normen, Einstellungen und Regeln. Dazu ist es erforderlich, dass die Teammitglieder als die Träger von Rollen, Status, Ressourcen und Fähigkeiten miteinander in Beziehung treten. [...] Sie sind Systeme, die sich entwickeln und

---

[210] Vgl. Alexander Pett: Technologie- und Gründerzentren: Empirische Analyse eines Instruments zur Schaffung hochwertiger Arbeitsplätze. Mainz, Univ., Diss., 1994, S. 213.

[211] Vgl. Thomas M. Cooney: What is an Entrepreneurial Team? International Small Business Journal, 23 (3), 2005, S.266; vgl. Müller-Böling, Detlef; Heinrike A. Heil: Unternehmer-Teams – Eine wiederentdeckte Idee: Zum Stand der Forschung im Bereich Partnerschaftsgründungen. In: Detlef Müller-Böling; Klaus Nathusius (Hrsg.): Unternehmerische Partnerschaften, Schriftenreihe der Schmalenbach-Gesellschaft - Deutsche Gesellschaft für Betriebswirtschaft e.V., Stuttgart, Sommer 1994, S. 40.

[212] Joseph Alois Schumpeter: Economic Theory and Entrepreneurial History: Change and the Entrepreneur. In: Joseph Alois Schumpeter: Essays on entrepreneurs, innovations, business cycles, and the evolution of capitalism, edited by Richard V. Clemens. Reprint, Originally published: Essays. Cambridge, Mass., 1951, Eleventh Printing 2009, S. 261; Joseph Alois Schumpeter: Entrepreneur. In: Joseph Alois Schumpeter: The Entrepreneur. Stanford University Press, Stanford, California, 2011, S. 227-260.

[213] Joseph Alois Schumpeter: Capitalism, Socialism & Democracy. First published in the UK 1943, 2003, S. 132; Joseph Alois Schumpeter: The Entrepreneur. Stanford University Press, Standford, California, 2011, S. 322; Joseph Alois Schumpeter: Kapitalismus, Sozialismus und Demokratie. o.O. Schweiz, 1946, S. 215; Joseph Alois Schumpeter: Capitalism, Socialism & Democracy. First published in the UK 1943, Padstow, 2010, S.117.

[214] Baldauf, Gertraud: Teambildung und Teamentwicklung. In: Udo Steffens: Kompendium Management in Banking & Finance. Frankfurt am Main, 2008, S. 47.

[215] Ebd., S. 47.

sich austauschen, sie haben eine Umwelt (Teamkontext) und sie haben ein Innenleben (Strukturen, Strategien, Werte, Rollen usw.).“[216]

Die im Gründungskontext in Zusammenhang stehende Definition ist für die vorliegende Studie von Bedeutung. Es haben sich verschiedene Wissenschaftler mit der Definition von Gründerteams auseinandergesetzt. Nathusius bezeichnet „Unternehmer-Partnerschaften“ [...] [als] Partnerschaften zwischen zwei oder mehr unternehmerisch tätigen natürlichen Personen“[217]. Es handelt sich dabei um selbstständige Unternehmer im Gegensatz zu angestellten Unternehmern.[218] Für Nathusius liegt eine Unternehmerische Partnerschaft vor, wenn gemeinsame Ziele, eine gemeinsame Leitung und eine gemeinsame Haftung identifiziert worden sind.[219] Er unterscheidet zwischen komplementären (Heterogenität/Ergänzen der Kompetenzen, Erfahrungen und Beziehungen) und additiven Partnerschaften (Homogenität der Kompetenzen, Erfahrungen und Beziehungen), wobei diese Einordnung gerade bei Gründungsunternehmen nicht immer eindeutig sein muss.[220]

Auch Schjoedt bezieht sich auf die gemeinsamen Ziele: „An entrepreneurial team consists of two or more persons who have an interest, both financial and otherwise, in and commitment to the venture´s future and success; whose work is interdependent in the pursuit of common goals and venture success; who are accountable to the entrepreneurial team and for the venture; who are considered to be at the executive level with executive responsibility in the early phases of the venture, including founding and pre-start-up; and who are seen as a social entity by themselves and by others“.[221] Während Cooney das Gründerteam wie folgt definiert: „two or more individuals who have a significant financial interest and participate actively in the development of the enterprise", legt Harper sich auf das gemeinsame Ziel fest, das durchaus auch ALS ein nicht-finanzielles interpretiert werden kann.[222] Er definiert ein „entrepreneurial team as a group of entrepreneurs with a common goal that can only be achieved by appropriate combinations of individual entrepreneurial actions“.[223]

Witt hingegen versteht „unter einer Teamgründung [...] die gemeinsame Gründung eines Unternehmens durch mehrere Personen [...], bei der alle Gründungspartner mehr oder weniger

[216] Ebd., S. 48.
[217] Klaus Nathusius, a.a.O., 1994, S.13.
[218] Vgl. ebd., S.13.
[219] Vgl. ebd., S. 26.
[220] Vgl. ebd., S. 18-19.
[221] Leon Schjoedt: Defining Entrepreneurial Teams. In: Matthias Fink, Sascha Kraus (Hrsg.): The Management of Small and Medium Enterprises. New York, 2009, S. 163.
[222] Thomas M. Cooney, a.a.O., 2005, S. 229; David A. Harper: Towards a theory of entrepreneurial teams, in: Journal of Business Venturing, Band 23, Nr. 6, November 2008, S. 614.
[223] David A. Harper, a.a.O., 2008, S. 614.

gleichberechtigt sowohl finanziell als auch geschäftsführend beteiligt sind."[224] Nach Lechler/Gemünden lautet die Definition: „Gründerteams setzen sich aus mindestens zwei natürlichen Personen zusammen, die gemeinsam ein Unternehmen neu gründen, jeweils einen bedeutenden Anteil am Eigenkapital des Unternehmens halten, hauptberuflich, aktiv leitende Funktionen im Unternehmen wahrnehmen und gemeinschaftlich die Entwicklung des Unternehmens vorantreiben und persönlich die Geschäftsrisiken tragen."[225]

Aus diesen Definitionen ergibt sich folgende für diese Arbeit geltende Begriffsbestimmung: Ein Gründerteam setzt sich aus mindestens zwei natürlichen Personen zusammen[226], die das gemeinsame Ziel haben, ein neues Unternehmen zu gründen[227], im operativen Geschäft nicht nur aktiv tätig sind[228] sondern das Unternehmen auch gemeinsam leiten[229], zu ähnlichen Teilen am Unternehmen beteiligt sind[230] und sich damit auch eine gemeinsame Haftung teilen[231].

3.2 Teamgründung versus Einzelgründung – ein Entscheidungsprozess

Zu der Fragestellung, ob Team- oder Einzelgründungen erfolgreicher sind, wurden sowohl im US-amerikanischen als auch im deutschen Raum in den letzten dreißig Jahren zahlreiche theoretische Analysen und empirische Studien durchgeführt. In Kapitel 3.2.1 wird der aktuelle Stand der Forschung hinsichtlich der theoretisch abgeleiteten Argumente für und gegen die Teamgründung ausgeführt. In Kapitel 3.2.2 wird die Teamgründung auf ihre Erfolgswirkung hin untersucht.

3.2.1 Argumente einer Teamgründung - eine theoretische Herleitung

Nachfolgend werden die Argumente für und gegen eine Teamgründung diskutiert und in einem abschließenden Kapitel zusammengefasst.

3.2.1.1 Argumente für eine Teamgründung

Motive für eine Teamgründung liefert Spieker mit den Argumenten, dass in einer Teamgründung die finanzielle Basis verbessert wird, die sozio-emotionale Unterstützung größer ist und

---

[224] Peter Witt, a.a.O., S.85.
[225] Thomas Lechler, Hans Georg Gemünden, a.a.O., 2003, S. 5.
[226] Ebd., S. 5.
[227] Thomas Lechler, Hans Georg Gemünden, a.a.O., 2003, S. 5; Klaus Nathusius, a.a.O., 1994, S.13.
[228] Thomas Lechler, Hans Georg Gemünden, a.a.O., 2003, S. 5.
[229] Klaus Nathusius, a.a.O., 1994, S.13.
[230] Peter Witt: Aktuelle Entrepreneurship-Forschung: Stand und offene Fragen. In: Sascha Kraus, Katherine Gundolf: Stand und Perspektiven der deutschsprachigen Entrepreneurship- und KMU-Forschung. Schriftenreihe des Instituts für Managementforschung, 2, Stuttgart, 2008, S.85.
[231] Klaus Nathusius, a.a.O., 1994, S.13.

dass vor allem die Fähigkeitenbasis komplementiert wird.[232] Baumback geht davon aus, dass mehr Kapital zur Verfügung steht, da nicht nur die Anzahl der Gründer sondern sich somit auch die Anzahl der Verwandten und Freunden, die als potentielle Investoren in Frage kommen, mit einer Teamgründung erhöht hat.[233] Halberstadt/Welpe nennen die höhere Kapitalbasis, die Risikodiversifikation, die größere Wissens- und Erfahrungsbasis, die Befriedigung sozialer Bedürfnisse, eine gesteigerte Informationsbasis und einen größeren Netzwerkzugang.[234] Vesper führt sechs Gründe für die Teamgründung auf: „(1) Teams make available larger labor effort, and (2) teams can provide a more complete balance of skills and other resources with which to start. With a team, (3) the departure of any given member is less likely to be disastrous for the venture than with a lone entrepreneur. (4) With a team, the venture should be able to grow further before having to expand valuable management effort in seeking out and recruiting additional key talent. (5) A willingness and ability on the part of the initial entrepreneur to assemble and work with a team can be symptomatic of ability to attract and manage people, whereas inability or disinclination to work with a team may signal, particularly to potential investors, a lack of managerial capacity for growth. Finally (6) the attempt to recruit team members can be a preliminary stage of checkout of the venture idea."[235]

Mellewigt/Witt vergleichen die Erfolgswirkungen von Einzel- und Teamgründungen und stellen fest, dass jedes weitere Teammitglied die Humankapitalbasis des Teams verbessert und zusätzlich finanzielles Kapital und sein Netzwerk einbringt.[236] Sie kommen zu dem Schluss, dass ein Team vor allem dann einen Erfolgsfaktor darstellt, wenn die Partner komplementäre Qualifikationen und Branchenerfahrungen einbringen.[237] Bruno/Cooper gehen davon aus, dass für High-Tech Start-ups besondere Erfolgsfaktoren wichtig sind; hierzu zählt vor allem das Gründerteam, da hier ein großes Netzwerk und eine gebündelte Branchenerfahrung zur Verfügung steht.[238] Klandt sieht die Vorteile von Gründerteams „im größeren Umfang der vorhandenen Ressourcen und Fähigkeiten [...]. Zum einen werden die finanziellen Risiken auf mehrere Schultern verteilt und (wahrscheinlich) mehr eigenes Kapital aufgebracht, zum anderen kön-

---

[232] Vgl. Marc Spieker: Entscheidungsverhalten in Gründerteams – Determinanten, Parameter und Erfolgsauswirkungen. Schriften des Center for Controlling & Management (CCM), Band 13, Wiesbaden, 2004, S. 17.
[233] Vgl. Clifford M. Baumback: How to Organize and Operate a Small Business. Englewood Cliffs, N. J., 8th Ed., 1988, S. 385.
[234] Jantje Halberstadt, Isabel Welpe: Motive, Eigenschaften und Emotionen von Unternehmensgründern. In: Fink, Matthias; Sascha Kraus (Hrsg.): Entrepreneurship: Theorie und Fallstudien zu Gründungs- Wachstums- und KMU-Management. Wien, 2008, S. 62-63.
[235] Vgl. Karl H. Vesper: New Venture Strategies. Englewood Cliffs, N. J., Revised Edition, 1990, S. 47.
[236] Vgl. Thomas Mellewigt, Peter Witt: Die Bedeutung des Vorgründungsprozesses für die Evolution von Unternehmen: Stand der empirischen Forschung. ZfB 72, H.1, 2002, S. 96.
[237] Vgl. Thomas Mellewigt, Peter Witt, a.a.O., 2002, S. 97. Siehe auch Klaus Nathusius, a.a.O., 1994, S. 18-19.
[238] Vgl. Arnold C. Cooper, Albert V. Bruno: Success among High Technology Firms. Business Horizons, Band 20, April 1977, S. 22.

nen die anfallenden Managementaufgaben den individuellen Kompetenzen entsprechend verschiedenen Teammitgliedern zugeordnet werden."[239] „Bei einem klug aufgestellten Gründerteam [...] verfügen die Mitglieder über möglichst komplementäre Fähigkeiten und Kompetenzen, so dass die Schwächen des Einzelnen durch das Know-How eines Partners ausgeglichen werden können."[240] „Da die Aufgaben des Unternehmers bei Gründerteams auf mehrere Personen verteilt sind, kann die Unternehmensführung auch bei Ausfall [...] [eines/-r Gründers/-in] leichter sichergestellt werden."[241]

Klandt konnte mit dem Planspiel „EVa" in 85 Planspielveranstaltungen 1.200 Teilnehmer dahingehend untersuchen, ob Einzel- oder Partnerunternehmer (Spieler, die das Planspiel in Zweier-, Dreier- oder Vierergruppen durchgeführt haben) erfolgreicher sind.[242] Obwohl angemerkt wird, dass die virtuelle und die nachgebildete Wirklichkeit eines Planspiels nicht mit der unternehmerischen Realität gleichgesetzt werden darf, wird festgehalten, dass „Partnerspieler durchaus im Rahmen des Planspiels erfolgreicher spielen, insbesondere deutlich weniger Konkurse machen und einen höheren Gewinn erzielen, der sich allerdings bei einer pro Kopf-Zurechnung relativiert."[243]

Lechler/Gemünden geben als die drei Hauptargumente für eine Teamgründung psychologische Vorteile, kapazitative Vorteile und die Fähigkeits- und Wissensvorteile an.[244] Gemünden vermutet die Vorteile in dem „Umfang an Ressourcen, in der Komplementarität der Ressourcen und in der größeren Spezialisierungstiefe".[245] Zu den Ressourcen zählt er „Kapital, Sachkapital und Rechte, [...] intangibles Humankapital mit den Komponenten kaufmännische und technische Qualifikationen, Branchen-, Management- und Gründererfahrung sowie Sozialkapital bei Geschäftspartnern, Kapitalgebern und im privaten Umfeld".[246] Die gegenseitige Unterstützung kann vor allem in Krisenphasen wertvoll sein, damit diese keine Unternehmensaufgabe verursacht.[247] Vyakarnam et al. sind der Meinung, dass Teams besonders in der High

239 Heinz Klandt, a.a.O., 2006, S. 27.
240 Ebd., S. 27.
241 Ebd., S. 27.
242 Vgl. Heinz Klandt: Partnerschaftsunternehmer versus Einzelunternehmer im Planspiel. In: Detlef Müller-Böling, Klaus Nathusius (Hrsg.): Unternehmerische Partnerschaften - Beiträge zu Unternehmensgründungen im Team. Stuttgart, 1994, S. 63; siehe auch Heinz Klandt, Stavroula Laspita: Team Start-ups and the Lonely Heroes: Empirical Results from the Simulation Game „EVa". In: Harald F. O. von Kortzfleisch, Oliver Bohl: Wissen, Vernetzung, Virtualisierung: liber amicorum zum 65. Geburtstag von Udo Winand. Lohmar (u. a.), 2008, S. 287-300.
243 Heinz Klandt, a.a.O., 1994, S. 72.
244 Vgl. Thomas Lechler, Hans G. Gemünden, a.a.O., 2003, S. 30-31.
245 Hans Georg Gemünden, a.a.O., 2004, S: 109.
246 Ebd., S. 109.
247 Vgl. ebd., S: 110.

Tech Industrie notwendig sind.[248] In Tabelle 7 werden die Argumente für die Teamgründung noch einmal zusammenfassend dargestellt.

Autoren	Argumente für die Teamgründung
Baumback (1988)[249]	• mehr Kapital steht auch durch die erhöhte Anzahl der Verwandten und Freunde zur Verfügung
Vesper (1990)[250]	• labor effort • more complete balance of skills and other resources • departure of a member is less likely to be disastrous for the venture than with a lone entrepreneur • able to grow further before having to expand valuable management effort in seeking out and recruiting additional key talent • to work with a team may signal, particularly to potential investors, a lack of managerial capacity for growth • recruiting team members can be a preliminary stage of checkout of the venture idea
Mellewigt/Witt (2002)[251]	• Verbesserung der Humankapitalbasis • höheres finanzielles Kapital • größeres Netzwerk • Komplementarität als Erfolgsfaktor
Lechler/Gemünden (2003)[252]	• psychologische Vorteile • kapazitative Vorteile • Fähigkeits- und Wissensvorteile
Gemünden (2004)[253]	• größerer Umfang an Ressourcen, wie Kapital, Sachkapital, Rechten, Netzwerk und Humankapital (fachliche Qualifikationen, Branchen-, Management- und Gründererfahrung) • Komplementarität der Ressourcen • größere Spezialisierungstiefe
Spieker (2004)[254]	• Verbesserung der finanziellen Basis • größere sozio-emotionale Unterstützung • Komplementierung der Fähigkeitenbasis • gesteigerte Informationsverarbeitungsfähigkeit
Klandt (2006)[255]	• größerer Umfang vorhandener Ressourcen und Fähigkeiten • Verteilung der finanziellen Risiken • mehr Kapital steht zur Verfügung • Ausgleich von Schwächen durch komplementäre Fähigkeiten und Kompetenzen • Sicherstellung der Unternehmensführung auch bei Ausfall eines/-r Gründers/-in
Halberstadt/Welpe (2008)[256]	• höhere Kapitalbasis • Risikodiversifikation

[248] Vgl. Shailendra Vyakarnam, Robin Jacobs, Jari Handelberg: Exploring the formation of entrepreneurial teams: The key to rapid growth business? In: Journal of Small Business and Enterprise Development, Band 6, Nr. 2, 1999, S. 154.

[249] Clifford M. Baumback: How to Organize and Operate a Small Business. Englewood Cliffs, N. J., 8th Ed., 1988, S. 385.

[250] Karl H. Vesper: New Venture Strategies. Englewood Cliffs, N. J., Revised Edition, 1990, S. 47.

[251] Thomas Mellewigt, Peter Witt: Die Bedeutung des Vorgründungsprozesses für die Evolution von Unternehmen: Stand der empirischen Forschung. ZfB 72, H.1, 2002, S. 96-97.

[252] Thomas Lechler, Hans G. Gemünden, a.a.O., 2003, S. 30-31.

[253] Hans G. Gemünden, a.a.O., 2004, S. 109.

[254] Spieker, Marc: Entscheidungsverhalten in Gründerteams – Determinanten, Parameter und Erfolgsauswirkungen. Schriften des Center for Controlling & Management (CCM), Band 13, Wiesbaden, 2004, S. 17.

[255] Heinz Klandt, a.a.O., 2006, S. 27.

[256] Halberstadt, Jantje; Welpe, Isabel: Motive, Eigenschaften und Emotionen von Unternehmensgründern. In: Sascha Kraus (Hrsg.): Entrepreneurship: Theorie und Fallstudien zu Gründungs- Wachstums- und KMU-Management. Wien, 2008, S. 62-63.

Autoren	Argumente für die Teamgründung
	• größere Wissens- und Erfahrungsbasis • Befriedigung sozialer Bedürfnisse • gesteigerte Informationsbasis • größerer Netzwerkzugang

Tabelle 7: Argumente für eine Teamgründung[257]

3.2.1.2 Argumente gegen eine Teamgründung

Es finden sich in der Literatur aber auch zahlreiche Autoren, die Argumente gegen Teamgründungen und somit für Einzelgründungen herausstellen. So geht Moser davon aus, dass ein Risiko darin besteht, dass sich Partner zu gut verstehen und „zu viel Wert auf Harmonie und soziales Einvernehmen legen, [so] dass Problemlösungen und Entscheidungen ungeachtet sachlicher Erfordernisse dem Konsensprinzip und Gruppenzusammenhalt untergeordnet werden.“[258] Das soziale Einvernehmen werde einer kontrovers diskutierten Problemlösung vorgezogen, wodurch es zu Fehlentscheidungen kommen kann.[259] „`Escalation of commitment´, ein weiteres, ebenfalls aus der Sozialpsychologie bekanntes Phänomen, kann zudem verhindern, dass die Partner aus ihren Fehlern lernen. Um sich selbst und anderen nicht eingestehen zu müssen, falsch gehandelt zu haben, neigen die Partner dazu, an einmal getroffenen Entscheidungen festzuhalten und die Angemessenheit der Entscheidung auch noch dadurch zu unterstreichen, dass sie umso nachdrücklicher am eingeschlagenen Kurs festhalten.“[260]

Moser räumt den Teamgründungen durchaus Startvorteile ein, diese können sich jedoch im Laufe der Unternehmung zu Nachteilen entwickeln.[261] Oftmals werde nicht darauf geachtet, dass eine Heterogenität der Partner in Bezug auf Werte und Überzeugungen zu Konflikten führen kann.[262] Auch die Genetik des Unternehmens kann eine aufgabenorientierte Umverteilung beispielsweise in den Hierarchien bedeuten, was wiederum zu Konflikten im Team führen kann.[263] Laut Lechler/Gemünden tragen Gründerteams das Potenzial für ineffiziente Kommunikation, komplexe und langandauernde Entscheidungsprozesse und persönliche Konflikte in sich.[264] „Wenn aber die Besetzung der Teams nicht unter der Optimalitätsprämisse sich ergänzender Merkmale und Fähigkeiten vorgenommen wird, dann fallen die Nachteile von Teams noch stärker ins Gewicht.“[265] Brüderl et al. legen in ihrer Studie dar, dass in 29% der

[257] Eigene Darstellung.
[258] Klaus Moser: Wirtschaftspsychologie - mit 21 Tabellen. Heidelberg, 2007, S. 392.
[259] Vgl. ebd., S. 392-393.
[260] Ebd., S. 392-393.
[261] Vgl. ebd., S. 392.
[262] Ebd., S. 392.
[263] Vgl. ebd., S. 392.
[264] Thomas Lechler, Hans G. Gemünden, a.a.O., 2003, S. 37.
[265] Ebd., S. 38.

untersuchten Teams mindestens ein ernsthafter Konflikt zwischen den Teammitgliedern bestand.[266] Hierbei ging es „um den persönlichen Arbeitseinsatz (64%), um finanzielle Angelegenheiten (54%), um Fragen der Betriebsorganisation (43%) und um persönliche bzw. private Probleme (41%)".[267] Kugler kann Befunde vorlegen, dass die wesentlichen Konfliktschwerpunkte innerhalb der Unternehmen im finanziellen Bereich liegen.[268] Bei unterschiedlicher Höhe des Kapitaleinsatzes der Partner, „erhöht sich die Wahrscheinlichkeit von Streitigkeiten im finanziellen Bereich".[269] 15,1% betrachten den Arbeitseinsatz der/des Partner(s) und 14,3% Zukunftsfragen des Unternehmens als Reibungspunkte.[270] Halberstadt/Welpe sehen u.a. folgende Probleme bei der Teamgründung: unflexible Entscheidungsfindung, sinkende Einflussnahme auf das Unternehmen, unausgeglichener Arbeitseinsatz und unterschiedliche Eigenschaften und Ziele.[271] Gemünden beschreibt den „größeren Abstimmungsaufwand, [die] langsamere[n] Entscheidungen, [das] Eingehen nicht immer sachdienlicher Kompromisse und [die] stärkere Abhängigkeit von zwischenmenschlichen Faktoren" als Nachteile von Teamgründungen.[272] Er geht davon aus, dass mit zunehmender Heterogenität ein Wendepunkt erreicht wird und dieser sich dann negativ auf den Erfolg auswirkt.[273] Für Dreier hat die Ungleichverteilung des Gesamteinflusses einen negativen Einfluss auf die Interaktionsqualität, die wiederum einen positiven Effekt auf den Unternehmenserfolg hat.[274] Nachteile von Gründerteams sieht Klandt in den langsameren Entscheidungsprozessen und „in der starken Abhängigkeit von zwischenmenschlichen Faktoren[:] [...] Kompromissbereitschaft ist unerlässlich und darf nicht von Macht- und Prestigekämpfen überlagert werden. Zudem kann angenommen werden, dass zwar grundsätzlich komplementäre Fähigkeiten der Teammitglieder erwünscht sind, jedoch die Verständigung und die Entscheidungsqualität bei einem zu hohen Maß an Heterogenität am Team erheblich beeinträchtigt wird, wenn die Teammitglieder so unterschiedlich sind, dass sie keine gemeinsame Basis mehr finden."[275] Auch die Argumente gegen die Teamgründung werden zusammenfassend in Tabelle 8 dargestellt.

---

[266] Vgl. Josef Brüderl, Peter Preisendörfer, Rolf Ziegler, a.a.O., 2007, S. 191.

[267] Josef Brüderl, Peter Preisendörfer, Rolf Ziegler: Der Erfolg neugegründeter Betriebe: eine empirische Studie zu den Chancen und Risiken von Unternehmensgründungen. Berlin, 1996, S. 192. Für weiterführende Informationen siehe Chun-Ju Wang, Lei-Yu Wu: Team member commitments and start-up competitiveness. In: Journal of Business Research, doi:10.1016/j., jbusres.2011.04.004, 2011, S. 1-8.

[268] Kugler hat in seiner Studie 405 Interviews, davon 52 Unternehmer, die bereits den Betrieb aufgegeben haben, ausgewertet. Vgl. Kugler, Friedrich: Erfolgsfaktoren und Erfolgsmuster von Unternehmensgründungen: eine empirische Analyse aus Südthüringen. FGF Entrepreneurship - Research Monographien, 35, Lohmar (u. a.),2003, S. 29, 107.

[269] Ebd., S. 107.

[270] Ebd., S. 107.

[271] Jantje Halberstadt, Isabel Welpe, a.a.O., 2008, S. 63.

[272] Hans G. Gemünden, a.a.O., 2004, S. 110.

[273] Vgl. ebd., S. 110.

[274] Vgl. Christina Dreier, a.a.O., 2001, S. 251-252.

[275] Heinz Klandt, a.a.O., 2006, S. 28.

Autoren	Argumente gegen die Teamgründung
Szyperski/Nathusius (1999)[276]	Konfliktpotenzial • wenn die Gründer persönlich nicht zueinander passen • bei der Frage nach dem persönlichen Beitrag zum Geschäftserfolg
Kugler (2003)[277]	Konfliktpotenzial • beim unterschiedlichen Kapitaleinsatz • beim Arbeitseinsatz • bei Zukunftsfragen des Unternehmens
Lechler/Gemünden (2003)[278]	• Potenzial für ineffiziente Kommunikation • komplexe und langandauernde Entscheidungsprozesse • persönliche Konflikte
Gemünden (2004)[279]	• größerer Abstimmungsaufwand • langsamere Entscheidungen • Eingehen nicht immer sachdienlicher Kompromisse • stärkere Abhängigkeit von zwischenmenschlichen Faktoren
Klandt (2006)[280]	• langsamere Entscheidungsprozesse • starke Abhängigkeit von zwischenmenschlichen Faktoren • Beeinträchtigung der Entscheidungsqualität bei einem zu hohen Maß an Heterogenität
Brüderl et al. (2007)[281]	Konfliktpotenzial auf Grund • des persönlichen Arbeitseinsatzes • finanzieller Angelegenheiten • Fragen der Betriebsorganisation • persönlicher bzw. privater Probleme
Moser (2007)[282]	• Fehlentscheidungen durch Konsensprinzip und Gruppenzusammenhalt • Escalation of commitment • Konfliktpotenzial durch Heterogenität • Konfliktpotenzial bei Hierarchieveränderungen
Halberstadt/Welpe (2008)[283]	• unflexible Entscheidungsfindung • sinkende Einflussnahme auf das Unternehmen • unausgeglichener Arbeitseinsatz • unterschiedliche Eigenschaften und Ziele

Tabelle 8: Argumente gegen eine Teamgründung[284]

3.2.1.3 Zusammenfassung

In vielen Forschungsergebnissen werden Argumente für und Argumente gegen die Teamgründung erhoben. Allerdings finden sich neben Häufungen der gleichen Argumente auch Wider-

[276] Norbert Szyperski, Klaus Nathusius, a.a.O., 1999, S. 38-39.
[277] Friedrich Kugler, a.a.O., 2003, S. 107.
[278] Thomas Lechler, Hans G. Gemünden, a.a.O., 2003, S. 37.
[279] Hans Georg Gemünden, a.a.O., 2004, S. 110.
[280] Heinz Klandt, a.a.O., 2006, S. 28.
[281] Josef Brüderl, Peter Preisendörfer; Rolf Ziegler, a.a.O., 1996, S. 192. Für weiterführende Informationen siehe Chun-Ju Wang, Lei-Yu Wu, a.a.O., 2011, S. 1-8.
[282] Klaus Moser, a.a.O., 2007, S. 392.
[283] Jantje Halberstadt, Isabel Welpe, a.a.O., 2008, S. 63.
[284] Eigene Darstellung.

sprüchlichkeiten. So stellen Kleinknecht et al. fest, dass Teams zwar längere Entscheidungsprozesse durchlaufen, ihre Entscheidungscharakteristik aber positiv mit dem Unternehmenserfolg korreliert.[285] „Die meisten Nachteile [von Gründerteams] fallen im Allgemeinen erst bei einer hinreichenden Gruppengröße ins Gewicht. Da die Gründerteams im Allgemeinen relativ klein sind, darf man vermuten, dass die Vorteile die Nachteile überwiegen und sich daher ein positiver Effekt ergibt."[286] In der vorliegenden Studie werden JTU untersucht. Diese erfordern auf Grund der zu bearbeitenden dynamischen und komplexen Märkte ein Management-Team, da hier eine gesteigerte Informationsverarbeitungsfähigkeit im Vergleich zu Einzelgründungen besteht.[287]

Nach einer theoretischen Betrachtung der Argumente für oder gegen eine Teamgründung werden im folgenden Kapitel die Ergebnisse empirischer Untersuchungen aufgezeigt. Zunächst wird die Gründerperson als kritischer Erfolgsfaktor betrachtet. Im Anschluss werden quantitative Studien zum Gründerteam als Erfolgsfaktor aus Deutschland und den USA vorgestellt.

3.2.2 Fähigkeiten und Entscheidungen einer Gründerperson – eine Erfolgs- und Misserfolgsanalyse

In diesem Kapitel wird herausgestellt, welchen Einfluss die Gründerperson bzw. das Gründerteam auf den Unternehmenserfolg nehmen.

3.2.2.1 Gründerpersonen als Scheiterursache

Die im Folgenden referierten Studien zeigen die Gründe für das Scheitern einer Unternehmung auf. Es wird verdeutlicht, dass Gründerpersonen fast alle Bereiche der Unternehmung beeinflussen und es deshalb umso wichtiger ist, dass die Schwächen einzelner durch die Stärken weitere Teammitglieder ausgeglichen werden.[288]

Einen Überblick über kritische Erfolgsfaktoren für Unternehmensausgründungen aus der Wissenschaft liefern Hemer et al..[289] Sie haben den kategorisierten Kriterien zur Erfolgsfaktorenmessung verschiedene Prioritäten beigemessen.[290] In den Kategorien ihrer Erfolgsforschung

---

[285] Vgl. Sven Kleinknecht, Stavroula Laspita, Heinz Klandt: Performance and Decision Making: How Different are Team Start-ups and the Lonley Hereos? In: Frontiers of Entrepreneurship Research, Band 30, Nr. 10, Artikel 11, 2010, S.1.
[286] Hans G. Gemünden, a.a.O., 2004, S. 110.
[287] Vgl. Marc Spieker, a.a.O., 2004, S. 18.
[288] Vgl. Norbert Szyperski, Klaus Nathusius, a.a.O., 1999, S. 38-39.
[289] Vgl. Joachim Hemer, Herbert Berteit, Gerd Walter, Maximilian Göthner: Erfolgsfaktoren für Unternehmensgründungen aus der Wissenschaft. ISI-Schriftenreihe „Innovationspotenziale", Frauenhofer-Institut für System- und Innovationsforschung ISI, Stuttgart, 2006, S. 172-175.
[290] Vgl. ebd. S. 172-175.

findet sich das Gründerteam überwiegend mit der Priorität 1 wieder.[291] Für den Zweck der vorliegenden wissenschaftlichen Arbeit soll deutlich gemacht werden, dass nicht nur der Erfolgsfaktor „Gründerteam“ beurteilt werden muss, sondern auch weitere Kategorien, wie zum Beispiel die „Finanzierung“, da diese ebenfalls durch das Gründerteam beeinflusst werden. In Tabelle 9 wird deutlich, dass die Kategorien „Finanzierung“, „Produkteigenschaften, „Markt und Strategien“, „Sozialkapital, Netzwerke, Umfeld und Standort“ und „Humankapital und Motivationsstrukturen“ hauptsächlich durch das Gründerteam (Priorität=1) beeinflusst werden.[292]

Kritische Erfolgsfaktoren: Kategorien	Kategorie, in der das Gründerteam der wichtigste Einflussfaktor ist (Priorität=1)
Finanzierung	2 von 2
Produkteigenschaften, Markt, Strategien	3 von 3
Rolle der Mutterorganisation, Unterstützungspolitik, Beratung	0 von 3
Sozialkapital, Netzwerke, Umfeld, Standort	1 von 1
Humankapital und Motivationsstrukturen	3 von 3

Tabelle 9: Einfluss des Gründerteams auf die Erfolgskategorien[293]

In einem weiteren Schritt haben Hemer et al. die hemmenden Faktoren des Unternehmenserfolgs bei einer Gründung untersucht.[294] So wurden zum Beispiel in elf (von zwanzig) Fällen die „fehlenden oder ungenügenden kaufmännischen Kenntnisse“ der Gründer als häufigstes Scheiterkriterium genannt.[295] Ein „ungeeignetes Geschäftskonzept oder Falscheinschätzung der Marktentwicklung“ wurde am zweithäufigsten angeführt.[296] Insgesamt sind hemmende Faktoren, die auf die Gründer zurückzuführen sind, auf den am häufigsten genannten Positionen (Tabelle 10).[297]

[291] Vgl. ebd. S. 172-175.
[292] Vgl. ebd., S. 172-175.
[293] Quelle: eigene Darstellung in Anlehnung an Joachim Hemer, Herbert Berteit, Gerd Walter, Maximilian Göthner, a.a.O., 2006, S. 172-175.
[294] Vgl. ebd. S. 174-175.
[295] Ebd., S. 175.
[296] Ebd., S. 175.
[297] Vgl. ebd., S. 175.

Hemmende Faktoren	Häufigkeit (N = 20)
fehlende oder ungenügende kaufmännische Kenntnisse der Gründer	11
ungeeignetes Geschäftskonzept oder Fehlentscheidungen der Marktentwicklung	9
fehlende oder falsche Vertriebs- und Marketingstrategien, falsche Personalpolitik im Vertrieb oder ungeeignetes Vertriebspotenzial	7
fehlende oder unklare Unternehmensziele, unzureichende Unternehmensplanung	6
Zerwürfnisse unter den Mitgründern [...]	6
falsche Einschätzung des Finanzbedarfs	6
fehlende Einbindung im lokalen/regionalen Netzwerk	5

Tabelle 10: Auf das Gründerteam zurückzuführende hemmende Erfolgsfaktoren für den Unternehmenserfolg[298]

Auch Pleschak et al. gehen davon aus, dass „in jedem gescheiterten Unternehmen [...] mehrere Faktoren aus unterschiedlichen Bereichen zusammen [wirken]. Letztendlich könnte man alle Ursachen des Scheiterns auf Managementprobleme zurückführen, weil Handlungen und Entscheidungen des Managements die Unternehmensentwicklung bestimmen.“[299] Sie konnten feststellen, dass die Gründer „technologieorientierter Unternehmen [...] oftmals hochqualifizierte Wissenschaftler [sind], denen jedoch betriebswirtschaftliche Kenntnisse und Managementerfahrungen fehlen“.[300] Zunächst untersuchten sie die Faktoren des Scheiterns aus Sicht der Beteiligungsgeber. In Tabelle 11 wird ein Ausschnitt wiedergegeben, der sich auf die Scheiterursachen der Persönlichkeitsmerkmale bezieht. Pleschak et al. zeigen auf, dass die Beteiligungsgeber bei 90% der gescheiterten Unternehmen als Ursache die Persönlichkeitsmerkmale der Gründer angeben.[301] In 71% der Fälle wird auf ein unzureichendes operatives Management und in 45% der Fälle auf ein unzureichendes strategisches Management hingewiesen.[302] Fehlende betriebswirtschaftliche Kenntnisse (48%), fehlende Marktkenntnisse (39%) und Konflikte zwischen den Gründern (26%) waren weitere Faktoren für das Scheitern aus Sicht der Beteiligungsgeber.[303] Die gewichteten Persönlichkeitsmerkmale, die von den Beteiligungsgebern angegeben wurden, gliedern sich wie folgt: die „Weigerung der Unternehmer, externe Vorschläge umzusetzen“ (80%), die „Zurückhaltung von Informationen durch Unternehmer“ (67%), „Selbstüberschätzung der Unternehmer“ (53%), der „Wertentzug durch Unternehmer“ (20%), die „falsche[n] Angaben der Unternehmer zur FuE-Zielerreichung“ (13%)

[298] Quelle: eigene Darstellung in Anlehnung an Joachim Hemer, Herbert Berteit, Gerd Walter, Maximilian Göthner, a.a.O., 2006, S. 175.
[299] Franz Pleschak, Birgit Ossenkopf, Björn Wolf, a.a.O., 2005, S. 143-144.
[300] Ebd., S. 158.
[301] Vgl. ebd., S. 150.
[302] Ebd., S. 148.
[303] Vgl. ebd., S. 148.

und der „Abbruch des Kontakts in der Krise“ (13%) werden in der Untersuchung von den Beteiligungsgebern als kritische Persönlichkeitsmerkmale benannt.[304]

Ursache des Scheiterns aus Beteiligungsgeber-Sicht (N=31, Mehrfachnennungen möglich)	Häufigkeit in %
Persönlichkeitsmerkmale, darunter	90
• unzureichendes operatives Management, Nichtbeherrschung der Organisationsaufgaben	71
• ungünstige Persönlichkeitsmerkmale	48
• fehlende betriebswirtschaftliche Kenntnisse	48
• unzureichendes strategisches Management	45
• fehlende Marktkenntnisse	39
• Konflikte zwischen Gründern	26

Tabelle 11: Ursachen des Scheiterns aus Beteiligungsgeber-Sicht nach Häufigkeit[305]

In der Tabelle 12 werden die Häufigkeiten von Ursachen des Scheiterns von Technologieunternehmen, die auf die Gründer zurückzuführen sind, aus Unternehmersicht dargestellt.[306] Auffällig im Vergleich zu den Angaben aus Sicht der Beteiligungsgeber ist, dass die Gründer die Punkte „ungünstige Persönlichkeitsmerkmale“ und „fehlende betriebswirtschaftliche Kenntnisse“ weniger häufig angeben.[307]

Ursache des Scheiterns aus Unternehmersicht (N=85)	Häufigkeit in %
Persönlichkeitsmerkmale, darunter	80
• Unzureichendes strategisches Management	52
• Unzureichendes operatives Management, • Nichtbeherrschung der Organisationsaufgaben	52
• Konflikte zwischen Gründern	28
• Fehlende Marketingkenntnisse	28
• Ungünstige Persönlichkeitsmerkmale	20
• Fehlende betriebswirtschaftliche Kenntnisse	20

Tabelle 12: Ursache des Scheiterns aus Unternehmersicht nach Häufigkeiten[308]

[304] Ebd., S. 151.
[305] Ebd., S. 148.
[306] Vgl. ebd., S. 159.
[307] Vgl. ebd., S. 148, S. 159.
[308] Ebd., S. 159.

Auch Egeln et al. sind der Meinung, dass der Erfolg besonders junger Unternehmen von den Fähigkeiten und Entscheidungen der Gründerpersonen abhängt.[309] Sie unterteilen die Ergebnisse ihrer Studie in die drei unternehmerischen Aktivitäten „Kenntnisse und Fähigkeiten, strategische Entscheidungen [und] Umsetzung und Realisierung von Entscheidungen", wobei die „strategischen Entscheidungen", die „nicht gänzlich unabhängig von den Kenntnissen und Fähigkeiten der Unternehmer" sind, zu den meist genannten Ursachen zählen.[310] Engeln et al. weisen ebenfalls darauf hin, dass gescheiterte Unternehmen Probleme im Controlling angeben, wobei auffällt, dass der Großteil der Gründer über einen technisch-orientierten Hintergrund verfügt.[311]

Nach Kulicke sind die technischen und insbesondere die unternehmerischen Qualifikationen der Gründer oder Gründerteams die entscheidenden Erfolgs- bzw. Scheiterfaktoren.[312] „JTU, deren Scheitern eindeutig und primär aus [...] [der Gründerperson resultiert], hatten zum größten Teil erhebliche Probleme" in fast allen unternehmerischen Bereichen (Tabelle 13).[313] Es wird deutlich, dass die Gründerperson als Hauptkriterium für das Scheitern genannt wird.[314]

Scheiterbereich	haupt-/ alleinursächlich	mitursächlich	nicht ursächlich
Gründerperson	38	42	20
Marketing/ Vertrieb	30	41	29
Forschung und Entwicklung	18	32	50
Finanzierung	11	34	55
Management/ kaufmännischer Bereich	4	33	63
Produktion	0	11	89

Tabelle 13: Relevanz der unterschiedlichen Scheiterbereiche von JTU[315] (Angaben in Prozent der gescheiterten Unternehmen, Mehrfachnennungen möglich, N=10)

[309] Vgl. Jürgen Egeln, Ulrich Falk, Diana Heger, Daniel Höwer, Georg Metzger: Ursachen für das Scheitern junger Unternehmen in den ersten fünf Jahren ihres Bestehens. Studie im Auftrag des Bundesministeriums für Wirtschaft und Technologie, Mannheim u. a., März, 2010, S. 50.
[310] Ebd., S. 50.
[311] Vgl. ebd., S. 51.
[312] Vgl. Marianne Kulicke, a.a.O., 1993, S. 165.
[313] Ebd., S. 165.
[314] Vgl. ebd., S. 166.
[315] Ebd., S. 166.

Kulicke merkt an, dass Teamgründungen „dem hohen Anforderungsprofil in Bezug auf die unternehmerischen und technischen Qualifikationen von JTU eher gerecht werden als Einzelgründungen, da hierdurch in größtem Umfang Kenntnisse und Erfahrungen in das Unternehmen eingebunden werden können".[316] „So sind nur 22 Prozent der Teamgründungen, aber 31 Prozent der Einzelgründungen im engeren und im weiteren Sinne gescheitert."[317]

Während in diesem Kapitel verdeutlicht wurde, dass Gründerpersonen für den Erfolg und Misserfolg entscheidend sind, werden im folgenden Kapitel deutsche und US-amerikanische Studien vorgestellt, in denen Teamgründungen auf ihre Erfolgswirkung hin untersucht worden sind.

3.2.2.2 Erfolgswirkung einer Teamgründung

Mellewigt/Späth untersuchten auf Grundlage von mehr als 40 deutschen und US-amerikanischen Studien die Fragestellung, ob sich deutsche und US-amerikanische Gründerteams hinsichtlich der Größe, des Anteils, der Zusammensetzung und des Erfolgs unterscheiden.[318] Sie konnten feststellen, dass der Anteil der Teamgründungen an den Gesamtgründungen in den USA nicht nur höher als in Deutschland ist sondern die US-amerikanischen Teams im Vergleich zu deutschen Teams auch komplementärer zusammengesetzt sind.[319] Die Ergebnisse der empirischen Studien[320] zum Erfolgsvergleich von Team- und Einzelgründungen ergeben, dass in den meisten Untersuchungen Teamgründungen erfolgreicher als Einzelgründungen sind. Die Untersuchungen von Kugler und Schefczyk/Dietrich können einen positiven Effekt sowohl auf das Mitarbeiterwachstum als auch auf das Umsatzwachstum bei Teamgründungen feststellen.[321] Spieker untersucht sieben Studien, die den Faktor Team erhoben haben und untersucht die Anteile der Einzel- und Teamgründungen an den erfolgreichen Unternehmen.[322] Während bei vier Gründungen keine eindeutigen Ergebnisse festgestellt werden können, ist bei drei Studien der Anteil der Teamgründungen (im Schnitt 48,15%) an der Erfolgsgruppe höher als bei den Einzelgründungen (im Schnitt 19,33%).[323] Lechler/Gemünden haben ebenfalls quantitative Studien aus Deutschland und den USA, die den Zusammenhang zwischen

---

[316] Ebd., S. 166.

[317] Ebd., S. 166.

[318] Vgl. Mellewigt, Thomas; Julia F. Späth: Entrepreneurial Teams: A Survey of German and US Empirical Studies. In: Hans G. Gemünden, Sören Salomo, Thilo Müller (Hrsg.): Entrepreneurial Excellence: Unternehmertum, unternehmerische Kompetenz und Wachstum junger Unternehmen. Wiesbaden, 2005,o.S..

[319] Vgl. ebd., S. 163.

[320] Vgl. Sven Kleinknecht, Stavroula Laspita, Heinz Klandt, a.a.O., 2010, S.1; vgl. Sue Birley, Simon Stockley: Entrepreneurial Teams and Venture Growth. In: Donald L. Sexton, Hans Landström (Hrsg.): The Blackwell Handbook Of Entrepreneurship. Oxford, 2000, S. 290, 302; vgl. Arnold Picot, Ulf-Dieter Laub, Dietram Schneider, a.a.O., 1989, S. 107; vgl. Marianne Kulicke, a.a.O., 1993, S. 155; vgl. Alexander Pett, a.a.O., 1994, S. 214.

[321] Vgl. Friedrich Kugler, a.a.O.,2003, S. 104; vgl. Michael Schefczyk, Robert Dietrich, a.a.O., 2005, S. 21.

[322] Vgl. ebd., S. 43.

[323] Vgl. ebd., S. 43.

Team- bzw. Einzelgründungen auf die Erfolgswahrscheinlichkeit untersucht haben, gegenübergestellt.[324] Hier zeigte sich bei deutschen Unternehmen, dass der Anteil der erfolgreichen Teamgründungen im Schnitt bei 55% und der Anteil der erfolgreichen Einzelgründungen im Schnitt bei 29% liegen.[325] Bei den US-amerikanischen Unternehmen ist der Unterschied noch deutlicher, da hier die Teamgründungen im Schnitt zu 63,86% und die Einzelgründungen nur zu 23,33% Bestandteil der Erfolgsgruppe sind.[326]

Eine Ausnahme stellen hier die Untersuchungen von Kulicke und Brüderl et al. dar. Brüderl et al. geben an, dass erst eine Detailanalyse zeigen kann, ob eine Teamgründung einer Einzelgründung vorzuziehen ist.[327] Da es sich bei den Datensätzen vorwiegend um High-Tech Unternehmen handelt, vermuten Lechler/Gemünden hier einen Zusammenhang, begründet mit dem höheren Anspruch bei einer komplexeren Gründung.[328] Auch Gartner geht davon aus, dass High-Tech Gründungen mehr *skills* benötigen und aus diesem Grund die Gründung im Team einer Einzelgründung vorzuziehen ist.[329] Die dargestellten Studien weisen methodische und konzeptionelle Einschränkungen auf, die die Möglichkeit von verzerrten Aussagen beinhalten können.[330] So kommen Brüderl et al. zu dem Schluss, „dass – bei gleicher Humankapitalausstattung, gleichen Betriebscharakteristika und gleichen Umweltbedingungen – Partnergründungen zunächst einmal nicht besser abschneiden als Alleingründungen“.[331] Bei den Forschungsergebnissen kann kritisiert werden, dass bei den meisten Studien der Faktor Team nicht zentraler Forschungsschwerpunkt ist sondern eher nebenbei erhoben wird.[332]

3.2.2.3 Zusammenfassung

Zusammenfassend ist festzuhalten, dass in der Entrepreneurship Forschung überwiegend davon ausgegangen wird, dass das Gründerteam ein entscheidender Erfolgsfaktor für die Unternehmensgründung ist und Teamgründungen bei komplexen Gründungsprojekten erfolgreicher als Einzelgründungen sind.[333] Die Nachteile von Teamgründungen werden in Studien allerdings kaum berücksichtigt und gescheiterte Teams werden nur selten untersucht.[334] So wird beispielsweise kein Zusammenhang zwischen Fluktuationsraten und deren Wirkung auf den

[324] Vgl. Thomas Lechler, Hans G. Gemünden, a.a.O., 2003, S. 32-33.
[325] Vgl. ebd., S. 32-33.
[326] Vgl. Thomas Lechler, Hans G. Gemünden, a.a.O., 2003, S. 32-33.
[327] Vgl. Josef Brüderl, Peter Preisendörfer, Rolf Ziegler, a.a.O., 1996, S. 194.
[328] Vgl. Thomas Lechler, Hans G. Gemünden, a.a.O., 2003, S. 34.
[329] Vgl. William B. Gartner: A Conceptual Framework for Describing the Phenomenon of New Venture Creation. In: Academy of Management Review, Band 10, 1985, S. 703.
[330] Thomas Lechler, Hans G. Gemünden, a.a.O., 2003, S. 35.
[331] Josef Brüderl, Peter Preisendörfer, Rolf Ziegler, a.a.O., 1996, S. 189-190.
[332] Vgl. Marc Spieker, a.a.O., 2004, S. 42.
[333] Vgl. Heinz Klandt, a.a.O., 2006, S. 27; vgl. Joachim Hemer, Herbert Berteit, Gerd Walter, Maximilian Göthner, a.a.O., 2006, S. 172-175; vgl. Franz Pleschak, Birgit Ossenkopf, Björn Wolf, a.a.O., 2005, S. 143-144; vgl. Norbert Szyperski, Klaus Nathusius, a.a.O., 1999, S. 36, 38-39; vgl. Simon Stockley, a.a.O., 1997, S. 206; vgl. Marianne Kulicke, 1993, S. 165.
[334] Vgl. Thomas Lechler, Hans G. Gemünden, a.a.O., 2003, S. 36.

Erfolg hergestellt und untersucht.[335] Die vorliegende Studie wird diesen Zusammenhang herstellen.[336] Während in diesem Kapitel das Gründerteam als Erfolgs- und Misserfolgsfaktor beschrieben wurde, werden im folgenden Kapitel explizit einzelne Faktoren des Gründerteams, hinsichtlich der Erfolgswirkung untersucht.

3.3 Kritische Erfolgsfaktoren eines Gründerteams

Im vorangegangenen Kapitel wurde die Erfolgswirkung von Teamgründungen herausgestellt. In der Literatur findet sich die Nennung von vier potentiellen Faktoren, die für die Optimierung der Erfolgschancen von Gründerteams bedeutsam sind. In den folgenden fünf Kapiteln werden die Teamgröße, die fachliche Ausbildung, die Branchenerfahrung und die unternehmerische Kompetenz hinsichtlich ihrer kritischen Erfolgswirkung analysiert.

3.3.1 Teamgröße

Bei diesem Untersuchungszusammenhang werden zunächst Unterschiede in der Teamgröße zwischen US-amerikanischen und deutschen Gründerteams aufgezeigt und anschließend der Erfolgszusammenhang dargestellt.

3.3.1.1 Unterschiede in der Teamgröße in Deutschland und in den USA

Aus Tabelle 14 wird ersichtlich, dass ein Unterschied in der Größe von Gründerteams im Vergleich zwischen Deutschland und den USA besteht.[337] Gründerteams in den USA sind im Schnitt um eine Personen größer (ø 2,90) als deutsche Gründerteams (ø 1,90).[338] Diesen Unterschied kann auch Gemünden feststellen, denn bei deutschen technologieorientierten Gründerteams geht er von einer typischen Größe von 2-3 Mitgliedern, bei US-amerikanischen technologieorientierten Gründerteams von ca. 3-4 Teammitgliedern aus.[339] Kritisch anzumerken ist hier, dass sich unter den Studien auch Einzelgründungen befinden.

Interessant ist in diesem Zusammenhang die Studie von Keeley/Knapp. Sie geben an, dass Gründerteams, die von VCG finanziert worden sind, im Durchschnitt eine Teamgröße von 6,1 Personen aufweisen.[340] Währenddessen umfassen die Gründerteams von Unternehmen ohne Beteiligungskapitalfinanzierung im Durchschnitt nur 1,4 Personen.[341] Auch Krafft stellt einen

---

[335] Vgl. ebd., S. 36.
[336] Siehe Kapitel 21.
[337] Vgl. Thomas Mellewigt, Julia F. Späth, a.a.O., 2005, S. 153; vgl. Lutz Krafft, a.a.O., 2006, S. 224-225.
[338] Vgl. Thomas Mellewigt, Julia F. Späth, a.a.O., 2005, S. 153.
[339] Hans G. Gemünden, a.a.O., 2004, S. 110.
[340] Vgl. Robert H. Keeley, Robert W. Knapp: Founding Conditions And Business Performance: "High Performers" vs. Small vs. Venture Capital-backed Start-ups, in: Frontiers of Entrepreneurship Research, Babson College, Nr. 14, 1994, o. S. und Vgl. Robert H. Keeley, Robert W. Knapp, James T. Rothe: High Tech vs. Non-Tech; VC vcs. Non-VC: Sorting out the Effects. In: Frontiers of Entrepreneurship Research, 1996, 6, S. 6.
[341] Vgl. ebd., S. 96.

Unterschied zwischen Unternehmen, die mit Venture Capital finanziert wurden (Teamgröße 3,4) und solchen, die ohne Beteiligungskapital (Teamgröße 1,9) finanziert worden sind, fest.[342] In Kapitel 4.2.1 wird weiter auf diesen Befund eingegangen.

Deutschland	N	ø Team-größe	USA	N	ø Team-größe
Berndts/Harmsen (1985)[343]	57	2,0	Roberts (1991)[344]	118	3,2
Knigge/Petschow (1986)[345]	110	2,6	Keeley/Knapp (1994)[346]; financed by capital-participation	15	6,1
Kulicke (1987)[347]	83	1,8	Keeley/Knapp (1994)[348] without VC	14	1,4
Picot et al. (1989)[349]	52	1,9	Ensley/Hmieleski (2005)[350]	154	2,1
Kulicke et al. (1993)[351]	93	1,9	West (2007)[352]	22	4,9
Seeger (1997)[353]	71	2,3	Hsu (2007)[354]	300	2,9
Backes-Gellner, et al. (1999) [355]	790	1,58	Zimmermann (2008)[356]	243	6,5
Krafft (2006), finanziert mit VC[357]	215	3,1			
Krafft (2006)[358], ohne VC finanziert	837	1,9			

342 Vgl. Lutz Krafft, a.a.O., 2006, S. 224-225.

343 Vgl. Peter Berndts, Dirk-Michael Harmsen: Technologieorientierte Unternehmensgründungen in Zusammenarbeit mit staatlichen Forschungseinrichtungen. Im Auftrag des Bundesministeriums für Forschung u. Technologie (BMFT), Köln, 1985, S. 61.

344 Vgl. Edward B. Roberts, a.a.O.,1991, S. 64.

345 Vgl. Rainer Knigge, Ulrich Petschow, a.a.O.,1986, S. 55.

346 Vgl. Robert H. Keeley, Robert W. Kapp, James T. Rothe, a.a.O., 1996, 6, S. 6.

347 Vgl. Marianne Kulicke, a.a.O., 1987, S. 107.

348 Vgl. Robert H. Keeley, Robert W. Kapp, James T. Rothe, a.a.O., 1996, 6, S. 6.

349 Vgl. Arnold Picot, Ulf-Dieter Laub, Dietram Schneider, a.a.O., 1989, S. 98.

350 Vgl. Michael D. Ensley, Keith M. Hmieleski: A comparative study of new venture top management team composition, dynamics and performance between university-based and independent start-ups, in: Research policy, Amsterdam [u. a.], Elsevier, Bd. 34.2005, 7, S. 1100.

351 Vgl. Marianne Kulicke, a.a.O., 1993, S. 33.

352 Vgl. West, Page: Collective Cognition: When Entrepreneurial Teams, Nit Individuals, Make Decisions. In: Entrepreneurship Theory and Practice, Januar 2007, S. 91.

353 Vgl. Heike Seeger: Ex-Post-Bewertung der Technologie- und Gründerzentren durch die erfolgreich ausgezogenen Unternehmen und Analyse der einzel- und regionalwirtschaftlichen Effekte. Münster, 1997, S. 119.

354 Vgl. David H. Hsu: Experienced entrepreneurial founders, organizational capital, and venture capital funding. In: Research Policy, 36, 2007, S: 730.

355 Vgl. Uschi Backes-Gellner, Alwine Mohnen; Arndt Werner, a.a.O., .o.J., S. 20.

356 Vgl. Monica A. Zimmerman: The Influence of Top Management Team Heterogeneity on the Capital Raised through an Initial Public Offering. Entrepreneurship Theory and Practice, Mai 2008, S. 403.

357 Vgl. Lutz Krafft, a.a.O., 2006, S. 224.

358 Vgl. ebd., S. 224.

Deutschland	N	ø Team-größe	USA	N	ø Team-größe
Dautzenberg/ Reger (2010)[359]	95	2,6			
Zolin et al. (2011)[360]	214	3,14			
Gewichteter Durchschnitt		**1,9**	**Gewichteter Durchschnitt**		**2,9**

Tabelle 14: Durchschnittliche Gründerteamgrößen – eine Zusammenstellung deutscher und US-amerikanischer Studien[361]

3.3.1.2 Teamgröße als Erfolgsfaktor

Während einige Studienergebnisse einen positiven Zusammenhang zwischen der Teamgröße und dem unternehmerischen Erfolg nachweisen[362], gehen Kulicke und Brüderl et al. davon aus, dass hier kein Zusammenhang vorliegt[363]. Brüderl et al. konstatieren, dass mit steigender Zahl der Geschäftspartner auch die Wahrscheinlichkeit eines Konflikts (überwiegend persönliche Konflikte über den Arbeitseinsatz) steigt.[364] Sie beschreiben, dass eine positive Wirkung zwischen der Humankapitalausstattung eines Unternehmers und dem Erfolg besteht.[365] Allerdings ist kritisch anzumerken, dass sie sich mit dieser These auf die Neugründung von Kleinunternehmen beziehen, die für High-Tech Unternehmen keine Anwendung finden können. Lechler/Gemünden führen an, dass die unterschiedlichen Ergebnisse auch zum Beispiel in der unbewussten Besetzung nach Fähigkeiten und Merkmalen potenzieller Teammitglieder liegen kann oder andere Einflüsse den positiven Effekt der Teammerkmale überlagern können.[366] Backes-Gellner et al. untersuchen 484 Gründer und konnten feststellen, dass es wegen der Wirkungen auf den Arbeitseinsatz der Teamgründer (Trittbrettfahrer-Problematik aber auch leistungsförderlicher Gruppendruck-Effekt) eine optimale Gruppengröße für Teamgründungen gibt.[367] Der Untersuchung zufolge liegt ein umgekehrt U-förmiger Zusammenhang mit einer

---

359 Vgl. Kirsti Dautzenberg, Guido Reger, a.a.O., 2010, S. 14. Die Daten wurden 1999 erhoben.

360 Vgl. Zolin, Roxeanne, Andreas Kuckertz, Teemu Kautonen: Human resource flexbility and strong ties in entreporeneurial teams. In: Journal of Business Research, 64, 2011, S. 1100.

361 Thomas Mellewigt, Julia F. Späth, a.a.O., 2005, S. 153. Vgl. Lutz Krafft, a.a.O., 2006, S. 224-225.

362 Vgl. Kathleen M. Eisenhardt, Claudia Bird Schoonhoven: Organizational Growth: Linking Founding Team, Strategy, Environment, and Growth among U.S. Semiconductor Ventures, 1978-1988. In: Administrative Science Quarterly, 35, 1990, S. 523; vgl. Rolf Sternberg, Christine Tamásy: Success Factors for Young, Innovative Firms. Working Paper No. 99-02, Universität zu Köln, Februar, 1999, S.13-14.

363 Vgl. Marianne Kulicke, a.a.O., 1987, S. 269; vgl. Joseph Brüderl, Peter Preisendörfer, Rolf Ziegler, a.a.O., 1996, S. 193-194.

364 Vgl. Joseph Brüderl, Peter Preisendörfer, Rolf Ziegler, a.a.O., 1996, S. 192; vgl. hierzu auch Kapitel 5.1.

365 Vgl. Joseph Brüderl, Peter Preisendörfer, Rolf Ziegler, a.a.O., 1996, S. 51.

366 Vgl. Thomas Lechler, Hans G. Gemünden, a.a.O., 2003, S. 41.

367 Die Studie umfasst 319 Einzelgründer, 93 Zweierteams, 40 Dreierteams, 24 Viererteams und 8 Fünfer- oder mehr-Teams. Vgl. Uschi Backes-Gellner, Alwine Mohnen; Arndt Werner: Team Size and Effort Start-up teams – Another Consequence of Free-Riding and Peer Pressure in Partnerships. März, 2006, http://ssrn.com/abstract=518443 or http://dx.doi.org/10.2139/ssrn.518443, gefunden am 10.12.2012, S. 2, 18, 23, 30.

optimalen Größe für Gründungsteams bei drei Mitgliedern vor.[368] Wenn US-amerikanische Teams größer als deutsche Gründerteams sind, könnte dies darauf hinweisen, warum sie erfolgreicher sind. In der Studie wird die Teamgröße länderspezifisch erhoben, um zunächst Unterschiede aufzudecken und die Erfolgswirkung zu untersuchen.

In der Literatur wird davon ausgegangen, dass US-amerikanische Teams größer sind als deutsche Teams.[369] Diese Annahme wird mit folgender Hypothese untersucht:

H_{2a}: *US-amerikanische Gründerteams sind größer als deutsche Gründerteams.*

3.3.2 Fachliche Qualifikation

Da die Bedeutung des Wortes „Kompetenzen" in verschiedenen wissenschaftlichen Disziplinen teilweise kontrovers diskutiert wird, soll zunächst bestimmt werden, wie die Begrifflichkeit im Sinne der eigenen Studie eingesetzt wird. Die fachliche Qualifikation bzw. Ausrichtung wird im Folgenden als fachliche Kompetenz bezeichnet. Die folgenden beiden Kapitel beziehen sich auf die fachliche Kompetenz im Team und deren Erfolgswirkung.

3.3.2.1 Fachliche Kompetenz im Gründerteam

Szyperski/Nathusius beschreiben neben den vier personenbezogenen Determinanten des Gründungserfolgs „Handlungsfreiräume, Leistungsfähigkeit, Leistungsbereitschaft und Gründungsmotive" das Merkmal „Leistungsqualifikation".[370] Zu der aus der Ausbildung und Erfahrung des/der Gründers/-in resultierenden Leistungsqualifikation zählen sie die technische und kaufmännische Qualifikation, die gründungsspezifische Qualifikation, die Führungsqualifikation und die Branchenqualifikation.[371] Die technische Qualifikation tritt insbesondere bei innovativen Gründungen häufig auf.[372] Hingegen wird die kaufmännische Qualifikation durch „gründungswillige Personen zu gering gewichtet".[373] Picot et al. haben schon 1989 festgestellt, dass „es offensichtlich für sehr erfolgreiche Unternehmensgründungen wichtig ist, eine Teamgründung mit möglichst unterschiedlich ausgeprägten unternehmerischen Stärken vorzunehmen".[374] Ein Gutachten im Auftrag des Bundesministeriums für Wirtschaft ergab, dass „in der Praxis meist Techniker gemeinsam mit Technikern [69,2%] und Kaufleute gemeinsam mit Kaufleuten [65,9%] gründen.[375] Steinkühler stellt fest, dass komplementäre Qualifikationen bei

---

[368] Vgl. ebd., S. 2, 18, 23, 30.
[369] Vgl. Thomas Mellewigt, Julia F. Späth, a.a.O., 2005, S. 153.
[370] Norbert Szyperski, Klaus Nathusius, a.a.O., 1977, S. 39.
[371] Ebd., S. 39-40.
[372] Ebd., S. 39-40.
[373] Ebd., S. 39-40.
[374] Arnold Picot, Ulf-Dieter Laub, Dietram Schneider, a.a.O., 1989, S. 105.
[375] Axel Schmidt, Joachim Gläser, Holger Reinemann, Gunter Kayser, Werner Freund, Axel Schrinner: Erfolgsfaktor Qualifikation: Unternehmerische Aus- und Weiterbildung in Deutschland. Institut für Mittelstandsökonomie an der Universität Trier e.V. (InMit); Institut für Mittelstandsforschung (ifm): Münster, 1998, S. 64, 67.

Teamgründungen nur in 20% der Fälle vorkommen.[376] Kulicke hat die Fachrichtung der Ausbildung bei High-Tech Gründungsunternehmen untersucht und konnte feststellen, dass in 88,5% der Fälle eine technische oder naturwissenschaftliche Ausbildung vorlag, in nur 7,9% der Fälle hatte ein Teammitglied eine kaufmännische oder wirtschaftswissenschaftliche Ausbildung.[377] Bei den Teamgründungen sind in 63,6% der Fälle rein technisch-naturwissenschaftliche Teams vorzufinden, lediglich 25% der Teams waren komplementär.[378] Berndts/Harmsen kamen zu dem Ergebnis, dass „nur in 19% der Unternehmen [...] [Gründer], die neben Erfahrungen im Bereich der Forschung und/oder Entwicklung auch kaufmännische Erfahrungen“ besaßen.[379] Wippler vergleicht die Zusammensetzung der Gründerteams in den USA mit denen in Deutschland und kommt zu dem Ergebnis, dass Teamgründungen „in Deutschland tendenziell weniger ausgeglichen sind als in den Vereinigten Staaten.[380] In den USA erfolgt „eine Ergänzung der technologischen Wissensbasis um kaufmännische Kenntnisse“.[381] „Im Gegensatz zu Deutschland wird in den USA somit auch von Investorenseite auf die „Vollständigkeit“ von Gründerteams geachtet.“[382] In den US-amerikanischen Gründerteams wird mehr Wert auf die Umsetzung komplementärer Teams gelegt als in Deutschland.[383] In beiden Ländern überwiegt der Anteil der technisch-naturwissenschaftlichen Ausbildungen. Während in den USA 26-58% der Gründer eine kaufmännische Ausbildung vorweisen können, liegt der Anteil in Deutschland zwischen 10 und 28%.[384]

Salomo/Brinkmann entwickeln, aufbauend auf einer Literaturanalyse den Ansatz, dass zentrale Fachkompetenzen, wie Marketing-, kaufmännische- und Technologiemanagement-Kompetenz im Gründerteam vertreten sein sollten.[385] In Tabelle 15 werden die inhaltlichen Dimensionen der Fachkompetenzen von Führungsteams junger Unternehmen dargestellt. Salomo/Brinkmann teilen die drei Fachbereiche Kaufmann/-frau, Marketing (-management) und Technologiemanagement in die drei Dimensionen Objektebene (beschreibt den Adressaten der Fachkompetenz), Normative Ebene (beschreibt das grundsätzliche Verständnis der Rele-

[376] Ralf-Hendrik Steinkühler: Technologiezentren und Erfolg von Unternehmensgründungen. Diss., Wiesbaden, 1994.
[377] Vgl. Marianne Kulicke, a.a.O., 1987, S. 131.
[378] Vgl. ebd., S. 132.
[379] Peter Berndts, Dirk-Michael Harmsen: Technologieorientierte Unternehmensgründungen in Zusammenarbeit mit staatlichen Forschungseinrichtungen. Im Auftrag des Bundesministeriums für Forschung u. Technologie (BMFT), Köln, 1985, S. 62.
[380] Armgard Wippler, a.a.O., 1998, S. 115.
[381] Armgard Wippler, a.a.O., 1998, S. 115; vgl. Edward B. Roberts, a.a.O., 1991, S. 348. Siehe hierzu auch Kapitel 4.
[382] Armgard Wippler, a.a.O., 1998, S. 117.
[383] Vgl. ebd., S. 117.
[384] Ebd., S. 107.
[385] Sören Salomo, Jan Brinckmann: Managementkompetenz in jungen Unternehmen. In: Hans G. Gemünden, Sören Salomo, Thilo Müller (Hrsg.): Entrepreneurial Excellence: Unternehmertum, unternehmerische Kompetenz und Wachstum junger Unternehmen, Wiesbaden, 2005, S. 68.

vanz und Priorität bestimmter Fachkompetenzen) und Handlungsebene (unterscheidet Aktivitäten der Analyse, Planung, Realisation und Kontrolle) ein.[386] Die Marketingmanagement- und die Technologiemanagement-Kompetenz haben eine besondere Bedeutung in technologiebasierten Unternehmen.[387] Junge Unternehmen agieren „häufig in dynamischen Märkten, die ein marktnahes und marketingorientiertes Management erfordern".[388] Brinckmann et al. bezeichnen die Technologiemanagementkompetenz als die „Fähigkeit[,] Managementaufgaben im technologischen Bereich auszuführen".[389] Sie konzeptionalisieren das Technologiemanagement anhand prozessbezogener Basisaktivitäten, wie zum Beispiel die „Entwicklung von Technologien, die Sicherung der technologischen Position, die Nutzung der Technologien und das Controlling von technologieorientierten Prozessen".[390]

---

386 Ebd., S. 68.

387 Vgl. Jan Brinckmann, Sören Salomo, Hans G. Gemünden: Managementkompetenz in jungen Technologieunternehmen. In: Ann-Kristin Achleitner, Heinz Klandt, Lambert T. Koch, Kai-Ingo Voigt (Hrsg.): Jahrbuch Entrepreneurship 2003/04: Gründungsforschung und Gründungsmanagement. Berlin, 2004, S. 21.

388 Ebd., S. 21.

389 Ebd., S. 21-22.

390 Ebd., S. 22. Für weiterführende Informationen zur „Financial Management Competence" vgl. Jan Brinckmann, Sören Salomo, Hans G. Gemünden: Financial Management Competence of Founding Teams and Growth of New Technology-Based Firms. In: Entrepreneurship Theory and Practice, März, 2011, S. 217-243.

		Fachkompetenzen		
		Kaufmann/-frau	**Marketing (-management)**	**Technologiemanagement**
Objekt-Ebene		Finanzen	Kunden	Technologie
			Wettbewerber	
			Umfeld	
Normative Ebene	Grundsätzliches Verständnis/ Priorität/ Relevanz	Bedeutung der Wirtschaftlichkeit zur Existenzsicherung	Marketing als Maxime	Technologiemanagement als zentrale Aufgabe begriffen
			Markt als zentraler Werttreiber	Technologie im Technologiemanagement als Werttreiber
			Marktorientierung als Philosophie	
Handlungsebene	Analyse	Finanzmarktanalyse	Marktkenntnis	Technologiekenntnis
		Finanzierungsbedarfs-/ Liquiditätsanalyse	Marketingaufklärung (Früherkennung, Prognose, Bewertung inkl. Folgeabschätzung)	
		Investitionsanalyse		Technologieaufklärung (Früherkennung, Prognose, Bewertung inkl. Folgeabschätzung)
		Ertragsanalyse		
	Planung	Konzeption eines Finanzzielsystems	Ableitung eines Marketingzielsystems	Ableitung eines Technologiezielsystems
		Ableitung einer Finanzstrategie	Existenz einer Marketing-Strategie	Existenz einer Technologie-Strategie
		Abgleich/ Anpassung mit Unternehmensstrategie	Abgleich/Anpassung mit Unternehmensstrategie	Abgleich/ Anpassung mit Unternehmensstrategie
	Realisation	Situative Liquiditätssicherung	Information dissemination	Technologiebeschaffung (extern/intern)
		Haltung und Einsatz der Liquiditätsreserve	Responsiveness (z. B. Marketinginstrumente: Pricing, Produkt-/ Servicegestaltung, Distribution, Kommunikation)	Technologiesicherung (IP-Management, Speicherung)
		Finanzierung		Technologienutzung/ -implementierung
		Strukturelle Liquiditätssicherung		Integration u. Koordination mit anderen Fachbereichen
		Liquiditätspolitik im Krisenfall		Technologiebeschaffung
	Kontrolle	Die Effektivität und Effizienz der jeweiligen fachbezogenen Aktivitäten		

Tabelle 15: Inhaltliche Dimension von Fachkompetenzen eines Gründerteams[391]

[391] Sören Salomo, Jan Brinckmann, a.a.O., 2005, S. 68.

3.3.2.2 Fachliche Kompetenz eines Gründerteams als Erfolgsfaktor

Homogenität und Heterogenität sind ein viel diskutiertes Thema im Bereich der Gründerteams. Schmidt et al. sind der Meinung, dass „die Zusammensetzung des Gründerteams [...] die Erfolgsaussichten neu gegründeter Unternehmen beeinflusst".[392] Vesper verweist auf die Komplementarität als Erfolgsfaktor für Teamgründungen, so sollte ein Team die Kompetenzen „*sales, production, technology, finance und accounting*" abdecken.[393] Barbero et al. konnten feststellen, dass die Kompetenzen Marketing und Finanzen positiv mit der Marktexpansion korrelieren.[394] Auch Picot et al. kommen zu dem Ergebnis, dass die Marketing-Kompetenz einen wichtigen Einfluss auf den Erfolg hat.[395] Eine Kombination der Ideenfindung und der Produktvermarktung wirkte sich dabei am positivsten aus.[396] Dowling/Drumm sind der Meinung, dass „gerade Neugründungen in schnell wachsenden Technologiebranchen in ihren Teams auch die nötigen Managementkompetenzen im kaufmännischen Bereich aufbauen" sollten.[397] Nach Schefczyk/Dietrich hingegen „haben weder eine kaufmännisch/betriebswirtschaftliche noch eine naturwissenschaftlich/technische Ausbildung einen signifikanten Einfluss auf den Erfolg".[398] Es „konnten [...] lediglich schwache, aber zumindest positive und zum Teil signifikante Zusammenhänge zwischen einem höheren Bildungsniveau der Gründer in Form einer akademischen Ausbildung und deren Unternehmenserfolg aufgezeigt werden".[399] Gemünden kommt zu dem Schluss, dass mit steigender fachlicher Heterogenität, das heißt, dass „sowohl Ingenieure und Techniker als auch Kaufleute im Gründerteam vertreten" sind, zwar die Entscheidungsqualität wächst, aber auch das Konfliktpotenzial, so dass die „Kooperationsbereitschaft und die Entscheidungsqualität ab einem gewissen Maß an Heterogenität wieder sinken".[400] Gurdon/Samsom untersuchen in einer Langzeitstudie High Tech Unternehmen dahingehend, warum einige überlebt haben (64,7%) und andere nicht (35,3%).[401] Sie konnten eine effektive Kombination des Managementteams und den Zugang zu Kapital als Erfolgsfaktoren feststellen.[402] 81,8% der Unternehmen, denen in 2001 bewusst war, dass ein professionelles Managementteam erfolgswirksam ist, gehörten 2010 nicht zu den gescheiterten Unternehmen.[403]

---

392 Arne Schmidt, Simon Heinrichs, Achim Walter, a.a.O., 2011, S.696.
393 Karl Vesper, a.a.O., 1990, S. 48.
394 Vgl. José L. Barbero, José C. Casillas, Howard D. Feldman: Managerial capabilities and paths to growth as determinants of high-growth small and medium-sized enterprises. In: International Small Business Journal, 29 (6), 2011, S. 671– 694, S. 685.
395 Vgl. Arnold Picot, Ulf-Dieter Laub, Dietram Schneider, a.a.O., 1989, S. 103.
396 Arnold Picot, Ulf-Dieter Laub, Dietram Schneider, a.a.O., 1989, S. 103. Für weiterführende Informationen zum sinnvollen Grad der Heterogenität der Fachkompetenzen vgl. Daniel Henneke, Christian Lüthje: Interdisciplinary Heterogeneity as a Catalyst for Product Innovativeness of Entrepreneurial Teams. In: Blackwell Publishing, Band 16, Nr. 2, 2007, S. 121-131.
397 Michael J. Dowling, Hans Jürgen Drumm (Hrsg.): Gründungsmanagement: vom erfolgreichen Unternehmensstart zu dauerhaftem Wachstum - mit 3 Tabellen. Berlin (u. a.), 2003, S.30.
398 Michael Schefczyk, Robert Dietrich, a.a.O., 2005, S. 21.
399 Ebd., S. 21.
400 Hans G. Gemünden, a.a.O., 2004, S. 110.
401 Vgl. Michael A. Gurdon, Karel J. Samsom: A longitudinal study of success and failure among scientist-started ventures. In: Technovation, Nr. 30, 2010, S. 207-208.
402 Ebd., S. 207, 209-210.
403 Vgl. ebd., S. 210.

Die Gründer der erfolgreichen Unternehmen glauben, dass „the quality of the science in tandem with the business capabilities of the management team together explained the success of their ventures“.[404]

Zusammenfassend zeigen die Studien unterschiedliche Ergebnisse auf. Während der größere Teil der Forscher der Meinung ist, dass ein positiver Zusammenhang besteht, gehen einige davon aus, dass der Zusammenhang auch negativ sein kann. Dieser Zusammenhang wird in Kapitel 8 empirisch untersucht. Zunächst wird jedoch analysiert, ob sich Gründerteams hinsichtlich ihrer Fachkompetenz oder der Position im Team unterscheiden.

Es bestehen Unterschiede zwischen deutschen und US-amerikanischen Gründerteams hinsichtlich

H_{2b}: *der Fachkompetenz.*

H_{2c}: *der Position im Unternehmen.*

3.3.3 Branchenerfahrung

In diesem Kapitel wird zunächst auf die Branchenerfahrung im Gründerteam und anschließend auf die Erfolgswirkung der Branchenerfahrung eingegangen.

3.3.3.1 Branchenerfahrung im Gründerteam

Kulicke konnte in ihrer Studie nachweisen, dass in 68% der Teamgründungen alle Teammitglieder Industrieerfahrung besaßen, während in weiteren 25% der Fälle zumindest eine Gründerperson über Industrieerfahrung verfügte.[405] Szyperski/Nathusius beschreiben schon 1977, dass “spezifische Probleme [...] [einer] neuen, bisher unbekannten Branche systematisch unterschätzt werden“.[406] Für einen Gründungserfolg sollten die Gründer über eine „spezielle Branchenqualifikation“ verfügen.[407]

3.3.3.2 Branchenerfahrung eines Gründerteams als Erfolgsfaktor

Die empirischen Untersuchungen zeigen unterschiedliche Wirkungen von Branchenerfahrung auf den Erfolg. So untersuchten Shrader/Siegel 189 High-Tech Unternehmen über einen Zeitraum von 10 Jahren und konnten feststellen, dass zwischen der Branchenerfahrung und dem unternehmerischen Erfolg ein unerwartet negativer Zusammenhang besteht.[408] Die meisten

---

[404] Ebd., S. 207, 212.
[405] Vgl. Marianne Kulicke, a.a.O., 1987, S. 132.
[406] Norbert Szyperski, Klaus Nathusius, a.a.O., 1977, S.41.
[407] Ebd., 1977, S.40.
[408] Vgl. Rod Shrader, Donald S. Siegel: Assessing the Relationship between Human Capital and Firm Performance: Evidence from Technology-Based New Ventures. In: Entrepreneurship Theory and Practice, Band 31, Nr. 6, 2007, S. 902.

anderen Studien fanden den erwarteten positiven Zusammenhang zwischen der Branchenerfahrung und dem Unternehmenserfolg.[409]

Beispielsweise kann Gemünden einen positiven Einfluss der Branchenerfahrung auf den Erfolg nachweisen.[410] Ebenso konnten auch Brüderl et al. in einer Untersuchung mit 1.849 erfolgreichen und gescheiterten Unternehmern nachweisen, dass „von den drei Indikatoren des spezifischen Humankapitals (Branchen-, Selbständigkeits- und Vorgesetztenerfahrung) [...] allein die Branchenerfahrung [...] [des/der Gründers/-in] signifikante Effekte auf die betrieblichen Überlebenschancen, auf die Wahrscheinlichkeit eines Beschäftigungszuwachses und auf die Wahrscheinlichkeit einer Umsatzsteigerung [zeigte]".[411] Sie unterteilen die Gründer in drei Gruppen (keine Branchenerfahrung, Branchenerfahrung nur in früheren beruflichen Tätigkeiten und Branchenerfahrung in der Tätigkeit unmittelbar vor der Betriebsgründung), um zu überprüfen, ob der Abschreibungseffekt auf Humankapital (nach der Humankapitaltheorie) zum Tragen kommt.[412] Schefczyk geht davon aus, "dass sich insbesondere die Erfolgsfaktoren Branchenerfahrung, Berufs-/Geschäftsführungserfahrung und Bildung [als belastbar] erwiesen [haben]".[413] Brüder et al. können nachweisen, dass Gründer mit Branchenerfahrung eine 11% höhere Wahrscheinlichkeit des Überlebens ihrer Betriebe aufweisen als Gründer ohne Branchenerfahrung.[414] Eine weiter zurückliegende Branchenerfahrung wirkt sich aber nicht genauso positiv aus wie die, die unmittelbar vor der Gründung erfahren werden konnte.[415] Sie beziehen sich mit ihrem Ergebnis auf die Humankapitaltheorie, die dieses Ergebnis unterstützt.[416] Gemünden geht davon aus, „dass die Gründerteams mit großer Branchenerfahrung mit einer besseren Ressourcenausstattung starten [...] und vor allem mehr und bessere Kundenbeziehungen als Startkapital in ihre Gründung einbringen konnten."[417] Lechler/Gemünden haben in ihrer Untersuchung festgestellt, dass die heterogene Branchenerfahrung im Team im Vergleich zur Homogenen positiver auf den Erfolg wirkt.[418] Dowling/Drumm konnten belegen, dass sowohl in Deutschland als auch in den USA junge Gründer ohne Branchenerfahrung weniger erfolgreich sind.[419]

[409] Vgl. Hans G. Gemünden, a.a.O., 2004, S. 100; vgl. Josef Brüderl, Peter Preisendörfer; Rolf Ziegler, a.a.O., 2007, S. 127; vgl. Thomas Lechler, Hans G. Gemünden, a.a.O., 2003, S.134; vgl. Michael J. Dowling, Hans Jürgen Drumm, a.a.O., 2003, S.30.
[410] Vgl. Hans G. Gemünden, a.a.O., 2004, S. 100.
[411] Josef Brüderl, Peter Preisendörfer; Rolf Ziegler, a.a.O., 2007, S. 117.
[412] Vgl. ebd., S. 127.
[413] Michael Schefczyk, a.a.O., 2003, S. 76.
[414] Josef Brüderl, Peter Preisendörfer; Rolf Ziegler, a.a.O., 2007, S. 128.
[415] Vgl. ebd., S. 128.
[416] Vgl. ebd., S. 128.
[417] Hans G. Gemünden, a.a.O., 2004, S. 100.
[418] Vgl. Thomas Lechler, Hans G. Gemünden, a.a.O., 2003, S. 134.
[419] Michael J. Dowling, Hans Jürgen Drumm, a.a.O., 2003, S.30.

Die hier dargestellten Studien zeigen unterschiedliche Ergebnisse auf. Aus diesem Grund werden die Unterschiede zwischen deutschen und US-amerikanischen Unternehmen erneut untersucht.

H_{2d}: *Es bestehen Unterschiede zwischen deutschen und US-amerikanischen Gründerteams hinsichtlich der Branchenerfahrung.*

3.3.4 Soziodemographische Kennziffern

Als grundlegende und einfach zu ermittelnde Variablen werden soziodemographische Merkmale, wie das Lebensalter, der familiäre Hintergrund, die Konfession, die Nationalität oder das Geschlecht von Gründungsteam-Mitgliedern in fast jeder Studie erhoben.[420] Demnach sind „Menschen, die erfolgreiche Unternehmen gründen, [...] oft in ihren 30ern, männlich, weiß (bzw. Inländer) und kommen öfter aus Familien mit entsprechenden Traditionen."[421] Übereilt wäre hier der Umkehrschluss, dass diese Gruppe auch tatsächlich erfolgreicher gründet.[422] Chowdhury untersucht Daten von 174 Unternehmensgründern aus 79 Teams und kommt zu dem Ergebnis, dass die demographische Diversität keinen Einfluss auf die Bildung eines effektiven Gründerteams besitzt.[423] In der vorliegenden Studie wird auf Grund des Forschungsstandes lediglich das Alter der Gründer als soziodemographischer Faktor erhoben.

H_{2e}: *Es bestehen Unterschiede zwischen deutschen und US-amerikanischen Gründerteams hinsichtlich des Alters.*

3.3.5 Unternehmerische Kompetenz

Dieses Thema soll kurz erörtert werden, da die theoretische Übersicht ansonsten eine Lücke aufweist. Da es sich bei der eigenen Studie um eine monopersonale Erhebungsmethode handelt, kann die unternehmerische Kompetenz der einzelnen Teammitglieder nicht erhoben werden.

3.3.5.1 Unternehmerische Kompetenz im Gründerteam

Szyperski/Nathusius unterscheiden drei unternehmerische Kompetenzen als Determinanten für den Gründungserfolg. Die gründungsspezifische Qualifikation „wird [...] den Gründungs-

---

420 Liv Kirsten Jacobsen: Erfolgsfaktoren bei der Unternehmensgründung: Entrepreneurship in Theorie und Praxis, In: Gabler Edition Wissenschaft, Wiesbaden, 2006, S. 43-48.

421 Liv Kirsten Jacobsen, a.a.O., 2006, S. 48.

422 Vgl. ebd., S. 48.

423 Vgl. Sanjib Chowdhury: Demographic diversity for building an effective entrepreneurial team: is it important? In: Journal of Business Venturing, 20, 2005, S. 727, 739.

vorgang erleichtern können“ und die Führungsqualifikation des/der Gründers/-in hilft, „Unsicherheiten und das Fehlen eingelaufener Verhaltensmuster durch umsichtige Führungsmaßnahmen“ auszugleichen.[424] Als dritte Determinante wird die Leistungsbereitschaft aufgeführt, zu der Szyperski/Nathusius die bei Gründerpersonen häufig stark ausgeprägte Vitalität, die Kontaktfähigkeit und bestimmte charakterliche Eigenheiten, wie z. B. Genauigkeit, Zuverlässigkeit, Aufrichtigkeit und Verantwortungs-bewusstsein zählen.[425] Der Organisationspsychologe Miner geht davon aus, dass es die vier prototypische Persönlichkeitstypen „personal achiever“, „real manager“, „expert idea generator“ und die „empathic supersalesperson“ gibt, die auf ein positives unternehmerisches Erfolgspotential schließen lassen.[426] Miner stellt fest, dass die Wahrscheinlichkeit einer Selbstständigkeit im Anschluss an ein Studium steigt, wenn sich die Befragten in einem oder mehrere Typen wiederfanden.[427] In einer Untersuchung von Müller/Gappisch können die vier Eigenschaftstypen eines „distanzierten Leistungstypus“, „risikofreudigen Managertypus“, „ideenreichen Akquisitionstypus“ und „rationalen Aktivitätstypus“ identifiziert werden.[428] Gemünden konnte allerdings lediglich zwischen der Leistungsmotivation und der Erfolgswirkung einen positiven Zusammenhang nachweisen.[429]

3.3.5.2 Unternehmerische Kompetenz als Erfolgsfaktor

Eine Untersuchung von Teal/Hofer umfasst 126 New Ventures mit schnellem Wachstum.[430] Während ein moderates Level vorheriger Gründungserfahrung den Erfolg positiv beeinflusst, hatte ein hohes Level an Gründungserfahrung einen negativen Einfluss auf den Erfolg, wohl weil es bereits von vielen erfolglosen Gründungen zeugt.[431] Eine schwache Signifikanz fand sich zudem für eine gemeinsame Zusammenarbeit vor dem Gründungsprojekt, denn haben Teams diese Erfahrung nicht, dann haben sie einen geringeren Erfolg als die Teams, die über diese Erfahrung verfügen.[432]

[424] Norbert Szyperski, Klaus Nathusius, a.a.O., 1977, S.40.
[425] Ebd., S. 40, 45-46.
[426] John B. Miner: A Psychological Typology of Successful Entrepreneurs. Westport, Conn., 1997, S. 21, vgl. John B. Miner: Evidence for Existence of a Set of Personality Types, defined by Psychological Tests, that predict Entrepreneurial Success. In: Frontiers of Entrepreneurship Research. 1996, S. 63.
[427] Vgl. John B. Miner: Testing a Psychological Typology of Entrepreneurship Using Business Founders. In: The Journal of Applied Behavioral Science, 36, 2000, S. 43.
[428] Günter Fred Müller, Cathrin Gappisch, a.a.O., 2002, S. 314-315; vgl. auch Müller, Günter Fred; Gappisch, Cathrin: Müssen Gründer einen bestimmten Eigenschaftstypus besitzen, um in der Selbstständigkeit bestehen zu können? In: Heinz Klandt, Herrmann Weihe: Gründungsforschungs-Forum 2001: Dokumentation des 5. G-Forums, Lüneburg, 4./5. Oktober 2001. FGF Entrepreneurship-Research Monographien, Band 32, Lohmar Köln, 2002, S. 307-308.
[429] Hans G. Gemünden, a.a.O., 2004, S. 99-100.
[430] Vgl. Elisabeth J. Teal, Charles W. Hofer: The determinants of new venture success: strategy, industry structure, and the founding entrepreneurial team, in: The journal of private equity, New York, NY, Bd. 6.2003, 4, S. 41.
[431] Ebd., S. 45.
[432] Vgl. ebd., S. 45.

Sørensen/Phillips können einen negativen Effekt zwischen der Firmengröße des vorherigen Arbeitgebers vor der Unternehmensgründung und der Gründungskompetenz feststellen.[433] Sie begründen diesen Effekt damit, dass für Angestellte in kleineren Firmen die Möglichkeit besteht, mehr über die Technologie und den Markt sowie das Managen von kleinen Firmen zu lernen.[434] Gemünden konnte einen positiven Zusammenhang zwischen Management- und Selbstständigkeitserfahrung und dem Erfolg nachweisen.[435] Kulicke stellt in ihrer Studie heraus, dass in nur 4,5% der Teamgründungen eine heterogene Unternehmenserfahrung vorliegt.[436] Birley/Stockley kommen nach einer Literaturanalyse zu dem Ergebnis, dass vor allem die Ausgewogenheit und Vollständigkeit der Gründungserfahrung des Teams für die Erfolgswirkung entscheidend ist.[437] Die Analysen kommen damit überwiegend zu dem Ergebnis, dass ein positiver Zusammenhang zwischen der unternehmerischen Kompetenz und dem Erfolg besteht.

In der vorliegenden Studie werden die kritischen Erfolgsfaktoren eines Gründerteams analysiert. So werden die Unterschiede in der Teamgröße länderspezifisch untersucht. Als soziodemographische Kennziffer wird nur das Alter erfasst, da andere Merkmale bisher keine wertvolle wissenschaftliche Aussage geben konnten. Zudem werden die fachlichen Kompetenzen sowie die Positionen im Team und die Branchenerfahrung erfasst und hinsichtlich ihrer Erfolgswirkung untersucht.

3.4 Bildung von Gründerteams

In diesem Kapitel werden nachfolgend zunächst der Forschungsstand zu den Phasen einer Teambildung untersucht und anschließend die Motive für das Teambuilding diskutiert.

3.4.1 Phasen der Teambildung

Die Bildung eines Gründerteams ist nicht als Moment sondern als Prozess aufzufassen. Die unterschiedlichen Phasen der Teambildung sind in der Literatur nicht hinreichend ausgeführt. Viele Entrepreneurship-Forscher greifen auf das allgemeine und damit nicht auf Gründerteams

---

[433] Vgl. Jesper B. Sørensen, Damon J. Phillips: Competence and commitment: employer size and entrepreneurial endurance. In: Industrial and Corporate Change, Band 20, Number 5, 2011, S. 1277, 1279 (frühere Versionen wurden an der Harvard Business School, der London Business School und der Aarhus School of Business veröffentlicht. S. 1301).

[434] Vgl. Jesper B. Sørensen, Damon J. Phillips 2011, S. 1282.

[435] Vgl. Hans G. Gemünden, a.a.O., 2004, S. 100.

[436] Vgl. Marianne Kulicke, a.a.O., 1987, S. 132.

[437] Vgl. Sue Birley, Simon Stockley, a.a.O., 2000, S. 300. Für weiterführende Informationen zu „Entrepreneurial Experience" vgl. auch Michael H. Morris, Donald F. Kuratko, Minet Schindehutte, April J. Spivack: Framing the Entrepreneurial Experience. In: Entrepreneurship Theory and Practice, Band 36, Nr. 1, 2012, S. 11-40; vgl. Deepak Sardana, Don Scott-Kemmis: Who Learns What?—A Study Based on Entrepreneurs from Biotechnology New Ventures. In: Journal of Small Business Management, 48 (3), 2010, S. 441–468.

spezifizierte Teamphasen-Modell von Tuckman[438] zurück. Hierbei durchlaufen die Teams die vier Phasen „Forming“, „Storming“, „Norming“ und „Performing“. 1977 wurde das Modell von Tuckman/Jensen um die Phase Adjourning erweitert.[439] Auch das Modell von Rechtien ist für allgemeingültige Teamformationen entwickelt worden.[440] Er unterteilt den Phasenprozess in die Stufen „Fremdheit“, „Orientierung“, „Vertrautheit“, „Konformität“ und „Auflösung“.[441]

Es finden sich allerdings auch Modelle, die auf die Phasen der Gründerteam-Bildung spezifiziert wurden. Vyakarnam et al. teilen die Teambildung in die zwei Phasen *partially formed* (Einführungsphase) und *fully formed* (Entwicklungsphase) ein.[442] Cooney geht davon aus, dass entweder eine Idee ein Team zusammenführt und somit ein Gründungsprojekt auslöst oder ein Event ein Team dazu anregt, eine Idee zu entwickeln.[443] In der weiteren Entwicklung der Idee wird in beiden Fällen das Team geformt und weiter gefestigt.[444] Kamm/Nurick beschreiben ebenfalls zwei Stufen der Teambildung.[445] Während das Team in der ersten Stufe Überlegungen zum Geschäftsmodell und den erforderlichen Ressourcen anstellen, besteht die zweite Stufe aus der Ausführung der Entscheidungen, wie z. B. der Frage, wer die erforderlichen Ressourcen einbringen kann, welche Anreize gesetzt werden müssen, um mehr Partner für das Projekt zu gewinnen und wie das Team zusammengehalten wird.[446]

Nathusius betrachtet für den Teambildungsprozess ein weiteres Kriterium. Nach ihm lässt sich die Bildung des Gründerteams „nach unterschiedlichen genetischen Phasen von Unternehmungen klassifizieren. Dabei wird der Zeitpunkt, zu dem die Partnerschaft geschlossen wird, als Zuordnungskriterium benutzt. Es ergeben sich folgende Partnerschaftstypen:

- Gründungs-Partnerschaft
- Wachstums-Partnerschaft
- Krisen-Partnerschaft
- Projekt-Partnerschaft“[447].

[438] Vgl. Bruce W. Tuckman: Developmental sequence in small groups. Psychological Bulletin, 63, 1965, S. 396.
[439] Vgl. Bruce W. Tuckman, Mary Ann C. Jensen: Stages of Small-Group Development Revisited. In: Group & Organization Studies (pre-1986); Dezember; 2, (4), 1977, S. 419-427.
[440] Vgl. Rechtien, Wolfgang: Gruppendynamik. In Ann Elisabeth Auhagen, Hans Werner Bierhoff: Angewandte Sozialpsychologie: Das Praxishandbuch. Weinheim, 2003, S. 110.
[441] Vgl. ebd., S. 110.
[442] Vgl. Shailendra Vyakarnam, Robin Jacobs, Jari Handelberg, a.a.O., 1999, S. 159.
[443] Vgl. Thomas M. Cooney, a.a.O., 2005, S. 232-233.
[444] Vgl. ebd., S. 233.
[445] Vgl. Judith B. Kamm, Aaron J. Nurick: The Stages of Team Venture Formation: A Decision-making Model. In: Entrepreneurship Theory and Practice, 17(2), 1993, S. 17.
[446] Judith B. Kamm, Aaron J. Nurick, a.a.O., 1993, S. 17. Siehe auch: Judith B. Kamm, Jeffrey C. Shuman; John A. Seeger; Aaron J. Nurick (1990) ‘Entrepreneurial Teams in New Venture Creation: A Research Agenda’, Entrepreneurship Theory and Practice, 14(4), 1990, S. 14.
[447] Klaus Nathusius, a.a.O., 1994, S. 25.

Nach Nathusius werden nur die Gründungs-, Wachstums- und Krisen-Partnerschaft als dauerhafte Partnerschaften definiert.[448] Für die Genetik von Unternehmer-Partnerschaften vermutet er mit Hilfe von Erfahrungen aus der Praxis, dass die Anzahl der Teammitglieder in der Gründungs-Phase geringer ist als zu späteren Zeitpunkten, diese mit der Wachstumsphase steigt, wobei hier Teammitglieder auch ersetzt werden können und in der Krisen-Phase vollständige Partnerwechsel durchgeführt werden.[449]

Im folgenden Kapitel werden die Motive, die zu Teambildungsmechanismen führen, analysiert, um die Unterschiede zwischen deutschen und US-amerikanischen Teams zu untersuchen.

3.4.2 Motive für die Teambildung im Gründungskontext

In diesem Kapitel werden zunächst die interne und anschließend die externe Betrachtungsweise der Teambildung eingenommen. Hinds et al. gehen davon aus, dass es zur Unsicherheitsreduzierung drei Mechanismen gibt, die die Entscheidung zur Teambildung beeinflussen: „homophily", „reputation for competence" und „familiarity".[450] Bei der Begründung zum „homophily"-Ansatz wird davon ausgegangen, dass sich Menschen mit gleichen Charakteren zusammenfinden, die Auswahl aber auch nach der Komplementierung der Kompetenzen vorgenommen wird.[451] Auch Aldrich et al. beschreiben die Gestaltung des Teams nach Gemeinsamkeiten und nicht nach Unterschiedlichkeit und fanden in ihrer Studie heraus, dass Teams nach dem Grundsatz der „homophily" zusammengesetzt sind.[452] Auch Klandt stellt fest, dass bei der Teambildung nur selten auf Heterogenitätsmaße geachtet wird: die „überwiegende Zahl von Gründerteams im technologischen Bereich [besteht] aus 2-3 Personen, die eine ähnliche Ausbildung und Erfahrung haben, die sich daher bereits vorher gut kennen (aus Familie, Studium, Beruf etc.), oftmals sogar eng befreundet sind."[453]

Der zweite Ansatz „reputation for competence" beschreibt die Begründung für die Auswahl der Zusammenarbeit in der anforderungsspezifischen Auswahl der hilfreichen Kompetenzen, die für die Bewältigung des Projekts notwendig sind.[454] Aldrich et al. konnten empirische Evidenz

[448] Vgl. ebd., 1994, S.25.
[449] Vgl. ebd., S. 25-26.
[450] Vgl. Pamela J. Hinds, Kathleen M. Carley, David Krackhardt, Douglas R. Wholey: Choosing work group members: Balancing similarity, competence, and familiarity. In: Organizational Behavior and Human Decision Processes, 81(2), 2000, S. 228.
[451] Vgl. ebd., S. 229.
[452] Vgl. Howard E. Aldrich, Nancy M. Carter, Martin Ruef, a.a.O., 2004 S. 308.
[453] Heinz Klandt, a.a.O., 2006, S. 28.
[454] Vgl. Pamela J. Hinds, Kathleen M. Carley, David Krackhardt, Douglas R. Wholey, a.a.O., 2000, S. 230.

dafür finden, dass in den Teams, in denen eine größere Vielfalt an Fachkompetenzen besteht, eine signifikant höhere Anzahl an fremden Personen vorhanden ist.[455]

Der dritte Ansatz „familiarity" beschreibt die Erfahrung der vorherigen gemeinsamen Zusammenarbeit, insbesondere, wenn die Zusammenarbeit in einem erfolgreichen Output resultierte.[456] So konnte nachgewiesen werden, dass Vertrauen ein entscheidender Grund für die Suche nach Teammitgliedern ist und somit stärker gewichtet wird als die Fachkompetenz.[457]

Die beschriebenen Motive zu Teambildungs-Mechanismen zielen auf eine interne Betrachtungsweise ab. In der Literatur wird auch ein externer Betrachtungswinkel diskutiert. Das Team-Building und das Team-Designing werden als zwei sich ergänzende Erklärungsansätze der Teameffektivität angesehen.[458] Buller/Bell beschreiben das Team-Building als Eingriff in die Teamprozesse, die mit Hilfe gezielter Interventionen durchgeführt werden.[459] Das Team-Designing beschreibt den Ansatz, dass Teams „als Ganzes [...] in wesentlichen Merkmalen (z.B. Fähigkeiten, Ziele, Größe, Ressourcen etc.) so gestaltet werden, daß eine möglichste gute Zusammenarbeit an einer gemeinsamen Aufgabe gewährleistet ist."[460] Das Team-Designing wird von Högl als Prozess gesehen, in dem Merkmale in einem Teamprozess angepasst werden können und nicht nur zu Beginn, wie es beim Team-Building beschrieben ist.[461] Es wird hier nicht mit direkten Interventionen auf das bestehende Team eingewirkt sondern z. B. die Teamziele verändert.[462]

Zusammenfassend kann die Teambildung für die vorliegende Studie in zwei Kategorien unterteilt werden. Vertrauens-basiert findet die Teambildung statt, wenn sich die Gründer vor der Gründung kannten, da sie z.B. verwandt oder befreundet sind; zusammen studiert oder andere Erfahrungen in der Zusammenarbeit haben. Bei der Ressourcen-orientierten Teambildung werden hingegen Teammitglieder aktiv gesucht, die eine bestimmte fachliche Kompetenz, Kontakte oder Kapital einbringen können. So lernen sich Gründer über Stellenanzeigen, Onlineplattformen oder auf Veranstaltungen mit Gründungskontext kennen oder haben Hilfe von Beratern, Coaches, Personaldienstleistern oder Finanzinstitutionen erhalten. Die beiden An-

---

[455] Vgl. Howard E. Aldrich, Nancy M. Carter, Martin Ruef, a.a.O., 2004, S. 308. Vgl. auch Martin Ruef, Howard E. Aldrich, Nancy M. Carter: The Structure of Founding Teams: Homophily, Strong Ties, and Isolation among U.S. Entrepreneurs. In: American Sociological Review, Band 68, 2003, S. 195-222.

[456] Vgl. Pamela J. Hinds, Kathleen M. Carley, David Krackhardt, Douglas R. Wholey, a.a.O., 2000, S. 231.

[457] Vgl. Howard E. Aldrich, Nancy M. Carter, Martin Ruef, a.a.O., 2004, S. 308.

[458] Vgl. Martin Högl: Teamarbeit in innovativen Projekten: Einflußgrößen und Wirkungen. Diss., Karlsruhe, 1998, S. 70.

[459] Vgl. Paul F. Buller, Cecil H. Bell: Effects of team building and goal setting on productivity: A field experiment; Academy of Management Journal; Band 29, No. 2; 1986, S. 305-328, hier: S. 305-306, S. 323

[460] Martin Högl, a.a.O., 1998, S. 71.

[461] Vgl. ebd., S. 71.

[462] Vgl. ebd., S. 71.

sätze werden in dieser Studie im Zusammenhang der Teamveränderungen ebenfalls angewendet. Für die vorliegende Studie wird die Teambildung als Teamfindungsprozess interpretiert, während die Managementgenese den Prozess der Teamveränderung beschreibt.

Es wird untersucht ob sich US-amerikanische Teams eher Ressourcen-orientiert gründen, wohingegen deutsche Teams eher eine Vertrauens-basierte Teambildung durchlaufen.

H_{3a}: *Deutsche Teams setzen sich Vertrauens-basierter zusammen als US-amerikanische Teams.*

H_{3b}: *US-amerikanische Teams setzen sich Ressourcen-orientierter zusammen als deutsche Teams.*

Auch hier wird der Erfolgszusammenhang gemessen. So wird untersucht, ob US-amerikanische Unternehmen erfolgreicher sind, weil die Teambildung Ressourcen-orientiert stattfindet.

US-amerikanische Unternehmen sind erfolgreicher,

H_{3c}: *weil die Teambildung Ressourcen-orientiert stattfindet.*

H_{3d}: *weil die Teambildung weniger Vertrauens-basiert stattfindet.*

Der Teamzusammenhalt wird als Indiz dafür gesehen, wie sehr sich die Gründerteams beider Länder auf die Einflussnahme von VCG einlassen. Es wird davon ausgegangen, dass deutsche Unternehmen im Vergleich zu US-amerikanischen Unternehmen mehr VC-Finanzierungsrunden nicht haben stattfinden lassen, weil die VCG das Team verändern wollte. Deutsche Unternehmen lassen den Einfluss von VCG, so wird vermutet, weniger zu als US-amerikanische Unternehmen.

H_{4a}: *Deutsche Unternehmen haben im Vergleich zu US-amerikanischen Unternehmen häufiger Finanzierungsrunden nicht stattfinden lassen, da die VCG das Team verändern wollte.*

Für den Fall, dass sich die vorangegangenen beiden Hypothesen bestätigen, bleibt zu klären, ob der Teamzusammenhalt dafür verantwortlich ist, dass US-amerikanische Unternehmen erfolgreicher sind.

H_{4b}: *US-amerikanische Unternehmen sind erfolgreicher, weil sie das Eingreifen in die Managementgenese seitens der VCG eher zulassen als deutsche Unternehmen.*

4 Theoretische und länderspezifische Grundlagen von Venture Capital Gesellschaften als Einflussnehmer auf die Managementgenese

In Kapitel 4 wird der Forschungsstand der Einflussnahme der VCG auf die Managementgenese zusammengeführt. Zunächst wird die Begrifflichkeit erläutert.

4.1 Managementgenese

Nachfolgend werden zunächst eine Definition der Managementgenese und anschließend empirische Studien zu diesem Sachverhalt vorgestellt.

4.1.1 Begriffsbestimmung

Ein Gründer- oder Managementteam kann im Zeitablauf des Unternehmenszyklus eine Genese erfahren. Teamveränderungen können sowohl Teamzuwächse als auch Teamreduzierungen beinhalten. Zudem können auch Teamqualifizierungen der Managementgenese zugeordnet werden.

Nach Forbes et al. bestehen zwei generelle Erklärungen für einen Teamzuwachs in Gründerteams: „resource-seeking“ und „interpersonal attraction“.[463] Auch Stockley und Ucbasaran et al. unterstützen den Ressourcen-orientierten Ansatz und gehen davon aus, dass der Teamzuwachs durch das Ergänzen von Fachkompetenzen begründet wird.[464] Während beim Ressourcen-orientierten Ansatz das Gründerteam nach dem Erkennen einer Ressourcen-Lücke nach einer geeigneten Person sucht, die diese schließt, werden bei dem Ansatz der „interpersonal attraction“ Personen in das Team eingeladen, die bereits dem Team bekannt sind, ohne dabei Rücksicht auf ein bestehendes Ressourcen-Defizit zu nehmen.[465] Nach Forbes et al. wird die Entscheidung eines Teamzuwachses manchmal auch durch Investoren ausgelöst und kann somit gegen die Wünsche des bestehenden Teams vollzogen werden.[466]

Vyakarnam et al. stellen das ursprüngliche Gründerteam als das „inner team“ und später hinzugekommene Mitglieder als das „outer team“ dar.[467] Die Verschmelzung der beiden Teams hängt davon ab, ob das „inner team“ dazu bereit ist.[468] Vyakarnam et al. beschäftigen sich aber nicht nur mit der Fragestellung, wie sich Teams formen, sondern gehen auch der Frage nach, nach welchen Merkmalen weitere Teammitglieder ausgesucht werden.[469] Folgende Faktoren

[463] Vgl. Daniel P. Forbes, Patricia S. Borchert, Mary E. Zellmer-Bruhn, Harry J. Sapienza: Entrepreneurial Team Formation: An Exploration of New Member Addition, in: Entrepreneurship Theory and Practice, Band 30 Nr. 2, März 2006, S. 225.

[464] Vgl. Simon Stockley, a.a.O., 1997, S. 208; vgl. Deniz Ucbasaran, Andy Lockett, Mike Wright, Paul Westhead, a.a.O., 2003, S. 107.

[465] Vgl. Daniel P. Forbes, Patricia S. Borchert, Mary E. Zellmer-Bruhn, Harry J. Sapienza, a.a.O., 2006, S. 232.

[466] Vgl. ebd., S. 232.

[467] Vgl. Shailendra Vyakarnam, Robin Jacobs, Jari Handelberg, a.a.O., 1999, S. 159.

[468] Vgl. ebd., S. 160.

[469] Vgl. ebd., S. 160.

konnten festgestellt werden: experience of growth, ability to fit the culture, market/personal credibility, financial input, family/friends, technical competence, particular expertise, personal contacts, headhunting strangers, previous business together.[470] Bei diesen Faktoren werden also sowohl Vertrauens-basierte als auch Ressourcen-orientierte Ansätze verfolgt.

4.1.2 Empirische Studien zur Managementgenese

Wippler legt in ihrer Studie vor, dass in US-amerikanischen Gründerteams oftmals eine Ergänzung der technologischen Fachkompetenz um eine kaufmännische Kompetenz stattfindet.[471] Auch Knigge/Petschow bestätigen, dass „die meisten technologieorientierten Unternehmensgründungen [...] von Ingenieuren und Naturwissenschaftlern ohne Beteiligung von Kaufleuten durchgeführt“ und solche später ergänzt werden.[472] So zählten in einer Untersuchung von Kulicke in 63,6% von 44 Teamgründungen „ausschließlich technisch-naturwissenschaftlich ausgebildete Personen“ zum Team.[473] In 25% der Teams gab es die Kombination „Techniker (Naturwissenschaftler) und Kaufmann“.[474] Roberts kam in seiner Studie zu dem Schluss, dass bei erfolgreichen High-Tech Gründungen zwei Drittel der Gründer (CEO´s) ausscheiden.[475] Die neu eingesetzten CEO´s haben meist einen Marketing Background im Vergleich zu den Gründer-CEO´s, die einen technischen Background besaßen.[476] In seiner Stichprobe wurde das ursprüngliche Managementteam vom Investor meist um die Marketingkompetenz ergänzt.[477] Ucbasaran et al. haben eine historische Aufstellung mehrerer Studien vorgenommen und festgehalten, dass der Anteil der Unternehmen, in denen in den ersten Lebensjahren der Unternehmen ein Teammitglied ausgeschieden ist, zwischen 63% und annähernd 100% liegt.[478] Boeker/Karichalil konnten nachweisen, dass das Ausscheiden eines Gründerteammitglieds positiv mit dem Mitarbeiterwachstum korreliert.[479] Während Wippler bei den US-amerikanischen Studien zeigen konnte, dass bei Teamgründungen zumeist Ergänzungen vorgenommen werden, stellt sie fest, dass Gemeinschaftsgründungen in Deutschland hinsichtlich der Fachkompetenz tendenziell weniger ausgeglichen sind als in den USA.[480]

In einer Analyse hat Wicher 17 Studien in Bezug auf Trennungsmotive der Teamgründer untersucht, jedoch wurde hier in nur einer Studie auf den externen Einfluss durch den Investor

[470] Ebd., S. 160.
[471] Vgl. Armgard Wippler, a.a.O., 1998, S. 116.
[472] Rainer Knigge, Ulrich Petschow, a.a.O.,1986, Berlin, S. 58.
[473] Marianne Kulicke, a.a.O., 1987, S. 132.
[474] Ebd., S. 132.
[475] Vgl. Edward B. Roberts, a.a.O., 1991, S. 336, 348.
[476] Vgl. ebd., S. 336.
[477] Vgl. ebd., S. 348.
[478] Vgl. Deniz Ucbasaran, Andy Lockett, Mike Wright, Paul Westhead, a.a.O., 2003, S. 108.
[479] Vgl. Warren Boeker, Rushi Karichalil: Entrepreneurial Transitions: Factors Influencing Founder Departure. In: Academy of Management, Band 46, Nr. 3, 2002, S. 823.
[480] Vgl. Armgard Wippler, a.a.O., 1998, S. 116.

auf das Team eingegangen.[481] Die Erfassung von Investorenmotiven für Teamveränderungen wird auch in der eigenen Studie eine Herausforderung darstellen, da die Investoren sich verschiedener Trennungsmotive bedienen können, ohne dass den Gründern immer klar werden muss, wer eine Teamreduzierung ursprünglich ausgelöst hat.

Für die vorliegende Studie beschreibt die Managementgenese des Gründerteams den Teamentwicklungsprozess ab dem Zeitpunkt der Gründung. Es werden sowohl die Managementteam-Zugänge als auch die Managementteam-Reduzierungen über drei Finanzierungsrunden zwischen der Gründung und dem fünften Lebensjahr eines jungen High Tech Unternehmens erhoben.

4.2 Einflussnahme von Venture Capital Gesellschaften

Nachfolgend wird der derzeitige Forschungsstand zu den Entscheidungskriterien und der Einflussnahme der VCG auf die Managementgenese erörtert.

4.2.1 Entscheidungskriterien von VCG

Gompers et al. analysierten über 40.000 Venture Capital Investment-Entscheidungen der letzten zwei Jahrzehnte und kommen zu dem Ergebnis, dass die kritischen Erfolgsfaktoren auf das Human Kapital zurückzuführen sind.[482] Zacharakis/Meyer gehen davon aus, dass VCG über einen einheitlichen Entscheidungsprozess verfügen, aber nicht immer verstehen, wie sie ihre Entscheidungen fällen.[483] Nach Nathusius können die „Entscheidungskriterien von VC Gesellschaften [...] an erwerbswirtschaftlichen Zielen und/oder an förderpolitischen Zielen oder auch an strategischen Zielen der Muttergesellschaft (im Fall von industriellen oder Finanz-institutionellen Captive Fonds) orientiert sein".[484] Er geht davon aus, dass „erwerbswirtschaftlich ausgerichtete VC Gesellschaften [...] einzig den aus der Beteiligung für sie zu erwartenden Kapitalgewinn in den Mittelpunkt ihrer Prüfungs- und Entscheidungsprozesse [stellen]".[485] Als Entscheidungskriterien nennt Nathusius Kernkriterien („Management, Markt, Produkte und Technologie, Unternehmensprozesse, Rendite") und ergänzende Kriterien („Internationales Potenzial, Überzeugender USP (Unique Selling Proposition), Absicherung durch Schutzrechte, Bereitschaft zur Partnerschaft, Akzeptanz der Rechte der VC Geber, Verträglichkeit mit dem Beteiligungs-Portfolio, Attraktive Exitkanäle").[486] Schefczyk stellt sechs häufig

---

[481] Vgl. Hans Wicher: Innovative Teamgründungen: Entwicklung, Bedeutung, Probleme. Betriebswirtschaftslehre, 7, Ammersbek bei Hamburg, 1992, S. 83.

[482] Vgl. Paul A. Gompers, Anna Kovner, Joshua Lerner, David Scharfstein: Venture capital investment cycles: the impact of public markets. In: National Bureau of Economic Research, 11385, Cambridge, Mass., 2005, S. 20.

[483] Vgl. Andrew L. Zacharakis, G. Dale Meyer: A lack of insight: do venture capitalists really understand their own decision process? in: Journal of Business Venturing, Band 13, Nr. 1, Januar 1998, S. 58.

[484] Klaus Nathusius, a.a.O., 2001b, S. 81.

[485] Ebd., S. 81.

[486] Ebd., S. 81.

genannte Kriterien zusammen, die die Investionsanforderungen an potentielle Portfoliounternehmen beschreiben.[487] Hierzu zählen die Managementkompetenz, das Marktpotential, die Produktdifferenzierung, die Wettbewerbsposition, der Geschäftsplan und der Zeithorizont.[488] Das Kriterium der Managementkompetenz bezieht sich auf die Unternehmensführung und auf wichtige Einzeldisziplinen, wie vor allem das Marketing, die Technik, die Produktion oder die Finanzen.[489] Nach Kulicke/Wupperfeld wenden „die meisten Beteiligungskapitalgeber ein zweistufiges Verfahren an".[490] Bei der Grobanalyse nimmt das Bewertungskriterium „Managementdefizite" 15% des „K.O.-Kriteriums" ein.[491] Bei der Feinanalyse messen fast alle Beteiligungskapitalgeber der Gründerpersönlichkeit die größte Bedeutung zu.[492] „Zentral sind vor allem Fähigkeiten (z. B. Management) oder Eigenschaften (z. B. Ehrlichkeit, Belastbarkeit) und weniger formale Qualifikationen."[493] Hierbei erfolgt die Bewertung auf dem persönlichen Eindruck und der subjektiven Einschätzung der Beteiligungsmanager.[494] Dem Faktor Gründer werden bei der Feinanalyse die Bewertungskriterien „persönlicher Eindruck, Managementfähigkeit, Kooperationsfähigkeit, Marktorientierung, Ehrlichkeit, Zuverlässigkeit/Seriösität, persönliche Risikobereitschaft, Lernfähigkeit, sonstige Wachstumsziele, Berufserfahrung, Branchenkenntnis, Überzeugungsfähigkeit, Ausdrucksfähigkeit, angemessener Lebensstil, Belastbarkeit, Ausbildung [und] sonstiges" -in dieser Rangfolge - zugeordnet.[495] Bei Röcken gaben 96% der befragten VCG als Kriterium für Beteiligungsentscheidungen das Gründer- und Managementteam an.[496] Hsu untersucht 149 JTU und kommt zu dem Ergebnis, dass die Gründungserfahrung eines Gründerteams positiv auf die Wahrscheinlichkeit einer VC-Finanzierung wirkt.[497] Franke et al. fanden, dass "venture capitalists tend to favor teams that are similar to themselves in type of training and professional experience."[498] Dautzenberg/Reger können in einer Untersuchung (N=799) feststellen, dass die Anforderungen an das Gründerteam in 26% der Fälle (am häufigsten vorkommende Kategorie) für eine Ablehnung eines Investments durch den VC verantwortlich war.[499] Ein weiteres der wichtigsten Kriterien für eine Ablehnung

---

487 Vgl. Michael Schefczyk, a.a.O., 2004, S. 43.
488 Ebd., S. 43.
489 Ebd., S. 43.
490 Marianne Kulicke, Udo Wupperfeld, a.a.O., 1996, S. 74.
491 Vgl. ebd., S. 76.
492 Ebd., S. 77.
493 Ebd., S. 77.
494 Ebd., S. 77.
495 Ebd., S. 78.
496 Bernd Röcken: Erfahrungen des gründungsbegleitenden Programms „Partner für Unternehmensgründer (PUG)" in der Region Berlin-Brandenburg. In: Franz Pleschak (Hrsg.): Gründungsunterstützung - Konzepte, Ergebnisse und Erfahrungen: 6. ISI-Workshop am 14./15. September 2000, gemeinsam mit dem Business Development Center Sachsen. Karlruhe, 2000, S. 63.
497 Vgl. David H. Hsu, a.a.O., 2007, S. 722.
498 Nikolaus Franke, Marc Gruber, Dietmar Harhoff, Joachim Henkel, a.a.O., 2006, S. 802. Siehe auch Nikolaus Franke, Marc Gruber, Dietmar Harhoff, Joachim Henkel: Venture Capitalists´ Evaluations of Start-Up Teams: Trade-Offs, Knock-Out Criteria, and the Impact of VC Experience. In: Entrepreneurship Theory and Practice, Mai, 2008, S. 459-483.
499 Vgl. Kirsti Dautzenberg, Guido Reger: Evaluation of entrepreneurial teams: early-stage investment decisions in new technology-based firms. In: Int. J. Entrepreneurial Venturing, Band 2, Nr. 1, 2010, S. 13.

ist das Management Know-how.[500] Franke et al. können nachweisen, dass die Branchenerfahrung der wichtigste Bewertungsaspekt seitens der VCG darstellt.[501] Helwing führt in fünf aufeinanderfolgenden Jahren eine empirische Studie (N=359 Gesellschaften) durch und stellt fest, dass in erfolgreichen PU die „Suche und Zusammenstellung des Managementteams [...] ausgeprägter ist als bei den [...] [PU] mit geringen Renditen".[502]

Wippler findet heraus, dass im Gegensatz zu Deutschland „in den USA [...] auch von Investorenseite auf die „Vollständigkeit" von Gründerteams geachtet" wird.[503] In Deutschland finden sich die Anforderungen der US-amerikanischen Investoren, Qualifikationsdefizite zu kompensieren, kaum.[504]

Clarysse/Moray geben an, dass die Variable „business experience" des Gründerteams eine der wichtigsten Entscheidungskriterien für das Investment ist, weswegen gerade in High-Tech Unternehmen die Finanzierung oftmals daran scheitert, dass kein erfahrener Manager Bestandteil des Teams ist.[505] Nachdem die Produktentwicklungsphase abgeschlossen ist und das Unternehmen in die Markteinführungsphase eintritt, kommt es häufig zum „management turnover", bei dem ein von außen ins Team geholter CEO sowohl die technische Seite des Produktes oder der Dienstleistung verstehen, als auch die Fähigkeit besitzen muss, das Unternehmen aus kaufmännischer Sicht weiterzuentwickeln.[506] Dadurch ergibt sich die Schwierigkeit, dass der CEO von dem Gründerteam akzeptiert werden muss, denn die Akzeptanz der Entwickler für den fremden CEO, der nun aber die Leitung übernommen hat, ist gering.[507] Clarysse/Moray geben an, dass Gründer entweder selbst als CEO tätig werden möchten oder sich aus dem operativen Geschäft zurückziehen, um weiter forschen zu können.[508] Da VCG der Qualität des Gründerteams einen hohen Stellenwert beimessen, entscheiden sich diese häufig gegen homogene Gründerteams (z. B. ausschließlich zusammengesetzt aus Ingenieuren).[509] Entweder suchen sie in solchen Situationen selber nach einem geeigneten CEO und wirken somit auf die Teamkonstellation ein, bevor sie investieren oder sie investieren gar nicht.[510]

---

[500] Vgl. ebd., S. 13.
[501] Vgl. Nikolaus Franke, Marc Gruber, Joachim Henkel, Karin Hoisl: Die Bewertung von Gründerteams durch Venture-Capital-Geber: Ein empirische Analyse. Die Betriebswirtschaft (DBW), 2004, 64/6, S. 651-670, S. 651.
[502] Bert Helwing, a.a.O., 2008, S. 145.
[503] Armgard Wippler, a.a.O., 1998, S. 117.
[504] Vgl. ebd., S. 116.
[505] Vgl. Bart Clarysse, Nathalie Moray: A process study of entrepreneurial team formation: the case of a research-based spin-off. In: Journal of Business Venturing, Band 19, Nr. 1, Januar 2004, S. 55.
[506] Vgl. ebd., S. 56.
[507] Vgl. ebd., S. 56.
[508] Vgl. ebd., S. 56.
[509] Vgl. ebd., S. 77.
[510] Ebd. S. 77.

Patzelt kann einen positiven Zusammenhang zwischen Gründungserfahrung des CEO und der Höhe der VC-Finanzierungssumme nachweisen.[511] Zudem beeinflusst die Managementerfahrung des CEO von großen Teams die VC Finanzierung positiv, während sie bei kleinen Teams einen negativen Einfluss auf die VC Finanzierung ausübt.[512]

In der eigenen Studie wird der Einfluss der VCG auf das Gründerteam untersucht. Bei dieser Forschungsfrage ist auch der Zusammenhang zwischen der Finanzierungssumme und der Managementgenese Gegenstand der Studie. Im folgenden Kapitel wird die Einflussnahme der VCG auf das Gründer-/Managementteam untersucht.

4.2.2 Einflussnahme auf die Gründerteamkonstellation

Ein besonderes Augenmerk bei der eigenen Studie liegt auf dem Einwirken von VCG auf die Konstellationen von Gründerteams. Die VCG bevorzugen nicht nur Teamgründungen gegenüber Einzelgründungen sondern die Managementkompetenz des Gründungsteams ist für VCG der wichtigste Erfolgsfaktor bei Unternehmensgründungen.[513] Demnach erscheint die Einflussnahme auf die Gründerteamkonstellation aus Sicht der VCG als ein richtiger und notwendiger Schritt für eine erfolgreiche Venture Capital Investition.

Nach Betsch et al. liegen die Schwerpunkte der Intervention in der frühen Phase der Unternehmensgründung insbesondere in der Vervollständigung des Gründerteams.[514] Wie in Kapitel 3.3.1 erläutert, weisen die Studien von Keeley/Knapp und Krafft darauf hin, dass die Gründerteams von Venture Capital finanzierten Unternehmen größer sind als in nicht mit VC finanzierten Unternehmen.[515] Keeley/Roure stellen in ihrer Untersuchung von mit Venture Capital finanzierten US-amerikanischen Unternehmen fest, dass die Teams hauptsächlich aus einem Geschäftsführer, einem technischen Leiter und gewöhnlich einem Marketingmanager bestehen und im Verlauf um die Kompetenzen Operating und Finanzen erweitert werden.[516] Mellewigt vergleicht deutsche und US-amerikanische Gründerteams hinsichtlich des Einsatzes, der

---

[511] Vgl. Holger Patzelt: CEO human capital, top management teams, and the acquisition of venture capital in new technology ventures: An empirical analysis. In: Journal of Engineering and Technology Management, 27, 2010, S. 141.

[512] Vgl. ebd., S. 142.

[513] Vgl. Edward B. Roberts, a.a.O., 1991, S. 343; vgl. Heinz Klandt, Heinz, a.a.O., 2006, S. 27; vgl. Klaus Nathusius: Finanzierungsinstrumente für unterschiedliche Gründungsmodelle. In: Klaus Nathusius, Heinz Klandt, Dietrich Seibt: Beiträge zur Unternehmungsgründung: gewidmet Prof. Dr. Dr. h. c. Norbert Szyperski anlässlich seines 70. Geburtstages. Lohmar (u. a.), 2001c, S. 70; vgl. Bernd Röcken, a.a.O., 2000, S. 63; vgl. Marianne Kulicke, Udo Wupperfeld, a.a.O., 1996, S. 78; vgl. Heinz Klandt, a.a.O., S. 27; vgl. Lanny Herron, Richard B. Robinson Jr.: A structural model of the effects of entrepreneurial characteristics on venture performance, in: Journal of Business Venturing, Band 8, Nr. 3, Mai 1993, S. 281.

[514] Vgl. Oskar Betsch, Alexander P. Groh; Kay Schmidt: Gründungs- und Wachstumsfinanzierung innovativer Unternehmen. München (u. a.), 2000, S. 132.

[515] Vgl. Robert H. Keeley, Robert W. Knapp, a.a.O., 1994, S. 96; Lutz Krafft, a.a.O., 2006, S. 224-225.

[516] Vgl. Robert H. Keeley, Juan B. Roure: Management, Strategy, and Industry Structure as Influences on the Success of new Firms: a Structural Model. In: Management Science, Band 36, Nr. 10, Oktober, 1990, S.1264.

Größe und der Vollständigkeit und kommt zu dem Schluss, dass „in Deutschland Teamgründungen primär aus Naturwissenschaftlern und Technikern bestehen“[517]. In den USA „zeigen die Befunde übereinstimmend, daß die technologische Wissensbasis überwiegend um kaufmännische Kenntnisse ergänzt wird“[518]. Mellewigt kommt zu dem Schluss, dass die Ursache „für den Einsatz, die Größe und die Ausgewogenheit des Gründerteams in den USA [...] häufig der Druck der Kapitalgeber [ist], die ihre Zusage häufig von der Ausgewogenheit des Gründerteams abhängig machen. Bei deutschen Kapitalbeteiligungsgesellschaften war in der Vergangenheit diese Anforderung von untergeordneter Bedeutung.“[519] Keeley/Knapp vergleichen Start-ups aus Colorado und teilen diese nach bestimmten Kriterien in 9 *High Performers* ($2 Mio Umsatz in den ersten fünf Jahren, Wachstum größer als 100% pro Jahr), 15 Nicht-*High Performer* und in 15 Unternehmen, die mit Venture Capital finanziert wurden, ein.[520] Während die Gründer der *High Performer* unterschiedliche Werdegänge in Bezug auf die Ausbildung, Geschäfts- und Branchenerfahrung hatten, waren die mit Venture Capital finanzierten Unternehmen in Bezug auf ihren Werdegang in hohem Maße qualifiziert.[521] Die mit Venture Capital finanzierten Unternehmen wiesen zu über 75 % Gründerteams auf, die über Industrie- und Managementerfahrungen verfügten.[522] Boeker/Wiltbank haben festgestellt, dass in Unternehmen, die mit Venture Capital finanziert werden, die Wahrscheinlichkeit eines Wechsels im Managementteam wächst; während die Unternehmen, in denen mehrheitlich die Gründer die Anteile halten, die Wahrscheinlichkeit eines Wechsels reduziert ist.[523]

Heger/Tykvová untersuchten 47.000 deutsche High-Tech Start-ups, von denen 670 mit VC finanziert worden sind und konnten ebenfalls aufzeigen, dass die Involvierung einer VCG die Wahrscheinlichkeit erhöht, dass ein Wechsel in dem anfänglichen Gründerteam stattfindet.[524] Zu Beginn der Unternehmensgründung sind die fachlichen Qualifikationen der Gründer zumeist technisch-orientiert, erst nach der Produktentwicklung wird für den wirtschaftlichen Erfolg ein Führungsteam benötigt, das mehreren Anforderungen entspricht.[525] Verglichen mit Unternehmen, die nicht Venture Capital finanziert sind, ist es bei Venture Capital-finanzierten Unternehmen wahrscheinlicher, dass das Team um einen CEO ergänzt wird.[526] Ein Wechsel

---

[517] Thomas Mellewigt: Einsatz, Größe und Vollständigkeit von Teamgründungen – Ergebnisse der deutschen und amerikanischen Gründungsforschung. In: Heinz Klandt, Klaus Nathusius, Josef Mugler, A. Heinrike Heil (Hrsg.): Gründungsforschungs-Forum 2000: Dokumentation des 4. G-Forums Wien, 5./6. Oktober 2000, S. 199.

[518] Ebd., S. 199.

[519] Ebd., S. 199.

[520] Vgl. Robert H. Keeley, Robert Knapp, a.a.O., 1994, S. 88.

[521] Ebd., o. S.

[522] Ebd., 14, S. 97.

[523] Vgl. Warren Boeker, Robert Wiltbank: New Venture Evolution and Managerial Capabilities. In: Organization Science, Band 16, Nr. 2, März-April, 2005, S. 130.

[524] Die Daten basieren auf dem ZEW-Foundation Panel. Vgl. Diana Heger, Tereza Tykvová: You can't make an omelette without breaking eggs: the impact of venture capitalists on executive turnover. In: Discussion paper, ZEW, 07-003, 2007, S. 3, 7, 28.

[525] Vgl. ebd., S. 1.

[526] Vgl. Thomas F. Hellmann, Manju Puri: Venture Capital and the Professionalization of Start-Up Firms: Empirical Evidence. Journal of Finance, 57, 1, 2002, S. 170.

im anfänglichen Managementteam fand in 58,7% der mit Venture Capital finanzierten Unternehmen statt, aber nur in 35,2% der Firmen, die nicht mit Venture Capital finanziert wurden.[527] Auch Hellmann/Puri stellen fest, dass bei VC-finanzierten Unternehmen die Wahrscheinlichkeit des Wechsels des/der geschäftsführenden Gründers/-in größer ist.[528] Gründer verbleiben nur in ca. 40% der Fälle im Unternehmen.[529]

Schefczyk konnte in einer Untersuchung nachweisen, dass ein geringer Beteiligungserfolg zu einer hohen Managerfluktuation bei PU führt.[530] Allerdings konnte dieser Zusammenhang in einer späteren Untersuchung nicht repliziert werden.[531] Schefczyk/Gerpott untersuchen 104 deutsche Portfoliounternehmen und konnten feststellen, dass die Managerqualifikationen (z. B. Erfahrung in der fachlichen Kompetenz, Branchenerfahrung) signifikant mit dem Unternehmenserfolg korrelieren.[532] In der Mehrheit der Studien, die den Zusammenhang zwischen der Fluktuation der Teammitglieder und dem Unternehmenserfolg untersucht haben, wurde ein negativer Zusammenhang nachgewiesen.[533] Sie gehen davon aus, dass Management-Fluktuationen von VCG ausgelöst werden, sobald deren Erfolgserwartungen nicht erfüllt werden.[534] 58% der Teamveränderungen wurden demnach durch die VCG gesteuert.[535] Engel kann nachweisen, dass bei 13,8% der Beteiligungsfälle eine Änderung in der Managementstruktur unmittelbar vor bzw. zum Zeitpunkt des Beteiligungsbeginns vorliegt.[536] Gestiegene Umsätze und die Anzahl der Sitze der VCG im Vorstand haben einen negativen Einfluss auf die Teamreduzierungen.[537] Beckman et al. untersuchen junge High-Tech Unternehmen im Silicon Valley und können nachweisen, dass der Teamzuwachs und der Gründerausstieg die Wahrscheinlichkeit eines IPOs erhöhen, während der Ausstieg eines Managers des späteren Top Management Teams einen negativen Einfluss auf einen IPO ausüben.[538]

Mit den folgenden Hypothesen wird gezielt analysiert, ob VCG Einfluss auf die Managementteam-Veränderungen nehmen. Spezifiziert wird auch der Einfluss auf die Managementteam-Zugänge und die Managementteam-Reduzierungen betrachtet. Es wird zudem

---

[527] Vgl. Diana Heger, Tereza Tykvová, a.a.O., S. 3.
[528] Vgl. Thomas F. Hellmann, Manju Puri, a.a.O., 2002, S. 190, 194.
[529] Vgl. ebd., S.184.
[530] Vgl. Michael Schefczyk, a.a.O., 2004, S. 242, 248 und 354.
[531] Vgl. ebd., S. 242, 248 und 354.
[532] Vgl. Michael Schefczyk, Torsten J. Gerpott: Qualifications and turnover of managers and venture capital-financed firm performance: An empirical study of german venture capital-investments, in: Journal of Business Venturing, Band 16, Nr. 2, März 2001, S. 145.
[533] Vgl. ebd., S. 149.
[534] Vgl. ebd., S. 146, 158.
[535] Vgl. ebd., S. 158.
[536] Vgl. Dirk Engel, .a.a.O., S. 208.
[537] Vgl. James, O. Fiet, Lowell, W. Busenitz, Douglas D. Moesel, Jay B. Barney: Complementary Theoretical Perspectives on the Dismissal of New Venture Team Members. In: Journal of Business Venturing, 12, 1997, S. 351, 353, 361.
[538] Vgl. Christine, M. Beckman, Diane Burton, Charles O´Reilly: Early teams: The impact of team demography on VC financing and going public. In: Journal of Business Venturing, 22, 2007, S. 147, 155, 165-167.

analysiert, ob US-amerikanische Unternehmen erfolgreicher sind, wenn VCG die MTV und im Speziellen die MTZ und die MTR bestimmen.

US-amerikanische VCG wirken stärker auf

H_{5a}: Managementteam-Veränderungen (MTV) ein als deutsche VCG.

H_{5b}: Managementteam-Zugänge (MTZ) ein als deutsche VCG.

H_{5c}: Managementteam-Reduzierungen (MTR) ein als deutsche VCG.

US-amerikanische Unternehmen sind erfolgreicher als deutsche Unternehmen,

H_{5d}: wenn VCG Managementteam-Veränderungen (MTV) bestimmen.

H_{5e}: wenn VCG Managementteam-Zugänge (MTZ) bestimmen.

H_{5f}: wenn VCG Managementteam-Reduzierungen (MTR) bestimmen.

5 Expertenbefragung/Pretest

Mit Hilfe Leitfaden-gestützter Experteninterviews[539] wurden Venture Capitalists (N=12), die sowohl in deutsche als auch in US-amerikanische JTU investiert haben, hinsichtlich des Unterschieds zwischen deutschen und US-amerikanischen Investments befragt. Diese Interviews, die im Rahmen der Super Return International Conference 2010 geführt werden konnten, dauerten im Schnitt 7-10 Minuten. Den Experten wurden in gleicher Reihenfolge fünf Fragen gestellt. Die Gespräche wurden teils in englischer, teils in deutscher Sprache geführt, aufgezeichnet und für die Auswertung transkribiert. Im Anschluss daran wurde ein Fragebogen für die Hauptstudie entworfen, der von weiteren Experten aus der Praxis und aus der Wissenschaft (N=6) in persönlichen und telefonischen Gesprächen (Dauer ca. 1,5 - 2 Stunden) modifiziert wurde. Die erste Befragung der Experten wurde durchgeführt, um die Hypothesen einem Pre-Test zu unterziehen. Im Anschluss daran wurde ein Fragebogen für die Studie entworfen, der von drei Experten aus der Praxis und drei Experten aus der Wissenschaft in persönlichen und telefonischen Gesprächen diskutiert wurde.

5.1 Leitfadengestützte Experteninterviews

Die im Rahmen der Super Return International Conference 2010[540] geführten Interviews wurden mit Experten geführt, die über mindestens 10 Jahre Branchenerfahrung verfügen und sowohl im deutschen als auch im US-amerikanischen Markt investiert haben (Tabelle 16).

Lfd. Nr.	Gender	Position	Branchenerfahrung in Jahren
1.	männlich	Managing Director	20-25
2.	männlich	Managing Partner	20-25
3.	männlich	Portfolio Manager	10-15
4.	männlich	Managing Director & Co-Founder	20-25
5.	männlich	Partner	25-27
6.	männlich	Managing Partner & Co-Founder	15-20
7.	weiblich	Investment Manager	10-15
8.	männlich	Chief Global Business Executive	20-25
9.	männlich	Senior Vice President	20-25
10.	männlich	Partner	10-15
11.	männlich	Business Development Manager	10-15
12.	männlich	Managing Partner	20-25

Tabelle 16: Experten für die Leitfadengestützten Experteninterviews

539 Siehe Anlage.

540 Datum: 09.02.2010 – 10.02.2010.

5.1.1 Auswertung

In der ersten Frage wurde erhoben, wie stark der Einfluss des Teams auf den unternehmerischen Erfolg sei. Hier bestätigten alle Gesprächspartner die Bedeutsamkeit des Teams (Tabelle 17).

Frage 1	Expertenmeinung (Auszüge)
„Wie stark ist der Team-Einfluss auf den unternehmerischen Erfolg?"	• *„Sehr stark."* • *„Teameffekt ist sehr wichtig."* • *„Enorm."* • *„Es gibt nichts Wichtigeres."* • *„It´s the most important thing."* • *„Naja, der ist ziemlich hoch."*

Tabelle 17: Stärke des Team-Einflusses auf den unternehmerischen Erfolg (Expertenmeinung)

Die zweite Frage zielt auf das Ausmaß des Einwirkens der Beteiligungsfinanziers auf die Gründerteamkonstellationen ab. Hier waren die Äußerungen unterschiedlich, vor allem auch deshalb, weil in der Frage mit Absicht nicht konkret nach Unterschieden in Deutschland und den USA gefragt wurde. Alle Interviewpartner waren der Meinung, dass Einfluss auf die Teamkonstellation genommen wird (Tabelle 18).

Frage 2	Expertenmeinung (Auszüge)
„In welchem Ausmaß wirken Beteiligungsfinanziers auf die Gründerteamkonstellation ein?"	• *„[Bei den] [...] Konstellationen, die ich gesehen habe, hat der Finanzier nicht nennenswert ins Team eingegriffen."* • *„In Deutschland wirken sie sich nicht besonders stark aus."* • *„Vor der Beteiligung muss man sehen, was da ist. Wenn das so eine Gruppe ist, die sich aus dem Studium kennt, was wir sehr häufig haben, dann kann man die nur bedingt [...] auseinanderdividieren. Man erkennt dann aber teilweise schon, wer mit wachsendem Unternehmen seiner Rolle nicht mehr gerecht werden kann und vielleicht zur Seite rollen muss oder rausgehen wird. [...] Ich sag mal so nach drei Jahren, da kannst Du eigentlich die Uhr nach stellen, musst Du das Team auswechseln."* • *Ja, klar, das ist für uns das Wichtigste, dass wir das richtige Team haben."*

Tabelle 18: Ausmaß des Einwirkens der Beteiligungsgesellschaft auf die Gründerteamkonstellation (Expertenmeinung)

Nach diesen einführenden Fragen ist nun der Unterschied zwischen den Investments in US-amerikanische und in deutsche Teams erfragt worden. Hier waren sich die Experten einig, dass ein erheblicher Unterschied besteht. Es wird davon gesprochen, dass die Deutschen

Technologie-getrieben und die US-Amerikaner Kommerziell-getrieben sind. Es wird auch immer wieder das „Alphatier" erwähnt. Gemeint ist damit, dass in den USA um diese Person ein Team gebaut wird, während in Deutschland in „fertige Teams" investiert wird. Es wurde zudem geäußert, dass US-amerikanische VCG stärker involviert sind und die Teams stärker redimensionieren als deutsche VCG (Tabelle 19).

Frage 3	Expertenmeinung (Auszüge)
„Wie sehen die Unterschiede zwischen den Investments in US- amerikanischen und deutschen Teams aus?"	• *„Zwei völlig verschiedene Welten. Die deutschen sind sehr Technologie-getrieben. Die Amerikaner sehr Kommerziell-getrieben. [...] In den USA ist die Kultur der Senior Entrepreneurs weiter verbreitet. Hier haben wir teilweise Hochschulausgründungen [...] mit eher unerfahrenen Leuten, während [man sich] in den USA [...] leichter tut, erfahrene Leute mit in die Gründungssituation hinein zu bekommen. Serial Entrepreneurs, Senior Experts aus der Industrie, das funktioniert. Hier in Deutschland hat das nicht so die Tradition. Deshalb haben wir tendenziell größere Schwierigkeiten wirklich gute Gründerteams zu finden."* • *„Der deutsche Finanzier will eigentlich ein fertiges Team haben, das er finanziert. In Amerika, [...] ist es eher so, dass es ein Alphatier gibt und das baut das [Team] zusammen."* • *„Diese Methode "Wir bauen mal ne Firma", die gibt es in Deutschland noch relativ wenig. In Deutschland sind Firmen emotionale Angelegenheiten, die man auch am liebsten sein ganzes Leben behalten möchte. In Amerika gibt es die Serial Entrepreneurs, die bauen eine Firma und dann fünf Jahre später bauen sie eine nächste und die nächste und eine nächste. Dass ist das, was die können."* • *„Der amerikanische Finanzinvestor ist viel intensiver [...] involviert [...] [und] hat normalerweise Mehrheitsanteil[e]; im Gegensatz zu der europäischen Variante, wo man Minderheitsanteile hat und die Entrepreneurs mal machen lässt. Und das hat natürlich Einfluss auf die Konstellation. Ich habe die amerikanischen VC´s sehr viel brutaler erlebt beim Aussortieren und redimensionieren der Managementteams."*

Tabelle 19: Unterschiede der Investments in US-amerikanische und deutsche Teams (Expertenmeinung)

Die Frage vier wurde verwendet, um eine Tendenzaussage zu erhalten, ob sich Teams eher Vertrauens-basiert oder eher Ressourcen-orientiert zusammenfinden. Zum Teil wurde diese Hypothese in den vorangegangenen Äußerungen bereits angesprochen. Die Mehrheit der Befragten meint, dass sich die Teams sich in Deutschland eher Vertrauens-basiert finden. Ob sich die Teams in den USA Ressourcen-orientiert zusammensetzen, konnte weniger deutlich bestätigt werden (Tabelle 20).

Frage 4	**Expertenmeinung (Auszüge)**
„Würden Sie sagen, dass sich die Teams in Deutschland eher vertrauensbasiert und in den USA eher ressourcenorientiert zusammenfinden?“	• *„Also in Deutschland: das Vertrauens-basierte kann ich auf jeden Fall bejahen. Wie das in den USA ist, intuitiv würde ich dem zustimmen, aber einen Beleg dafür habe ich nicht.“* • *„Deshalb ist es natürlich in Deutschland die logische Konsequenz, dass [sich Teams] Vertrauens-basiert und in USA […] wahrscheinlich dann eher Ressourcen-orientiert [zusammenfinden]. Diese These, würde ich sagen, hört sich für mich plausibel an.“* • *„In gewisser Weise schon, auch wenn das in Deutschland auch erfolgt, dann nicht in dem gleichen Ausmaß.“* • *„Ja, wobei, wenn die Lücke im Team ist und es klar adressiert ist […] schließen wir diese Lücke […]. Aber wenn die Bereitschaft dafür nicht da ist, dann würden wir es nicht tun.“*

Tabelle 20: Vertrauens-basierte Teamfindung in Deutschland vs. Ressourcen-orientierte Teamfindung in den USA (Expertenmeinung)

Bei der letzten Frage wurden die Experten gebeten, eine Einschätzung abzugeben, welches Vorgehen, die Vertrauens-basierte oder die Ressourcen-orientierte Teambildung, erfolgsversprechender ist. Hierbei wurde deutlich, dass die Experten geschlossen der Meinung waren, dass der Vertrauens-basierte Ansatz vor allem bei technologieorientierten Gründungen nicht funktioniert (Tabelle 21).

Frage 5	Expertenmeinung (Auszüge)
„Wie ist Ihre Erfahrung bezüglich des Eingreifens in die Teamkonstellation in Bezug auf den Erfolg? – Vertrauens-basiert vs. Ressourcen-orientiert: Funktionieren von VC-Gebern zusammengeführte Teams?"	• *„Die Phase der Unternehmensgründung ist entscheidend. Family and Friends haben keine Chance ab einer gewissen Geldmenge/Marktreife!"* • *„Familiy and Friends funktioniert überhaupt nicht! Nur in Mittelständischen Unternehmen (Produktion, Dienstleistung). In High Tech Unternehmen geht das gar nicht. Dort funktioniert nur der Ressourcen-orientierte Ansatz."* • *„Sie brauchen eigentlich beides. [...] Ich würde aber trotzdem versuchen, erstmal vom Ressourcen-orientierten Ansatz zu kommen, und mir die Frage zu stellen, hat das Unternehmen alle, also ein komplettes Gründerteam. Sind alle Funktionen besetzt und gut besetzt. Das ist eigentlich die Voraussetzung. Wenn die sich dann untereinander auch noch kennen und verstehen, ist es wunderbar. Wenn die ein Stück zusammen ein Historie haben und man das Gefühl hat, die haben auch einen kritischen Umgang miteinander, das wäre das Idealbild."*

Tabelle 21: Erfolgswirkungen des Einflusses der VCG auf die Teambildung (Expertenmeinung)

5.1.2 Zusammenfassung

Zusammenfassend zeigen die Aussagen eine Tendenz dahingehend, dass Unterschiede zwischen dem Einfluss der amerikanischen und deutschen VCG auf den Teambildungsprozess bestehen. Die Experten sind der Ansicht, dass sich die Teams in Deutschland eher vertrauensbasiert zusammenfinden. Sie gehen davon aus, dass in Deutschland überwiegend in das fertige Team investiert wird, während in den USA um das „Alpha-Tier" ein Team gebaut wird. Des Weiteren wird angenommen, dass deutsche Investoren weniger Einfluss auf die Teamkonstellation nehmen als US-amerikanische VCGs. Die Experten kommen abschließend überein, dass der Ressourcen-orientierte Ansatz erfolgsversprechender ist.

5.2 Experteninterviews[541] zur Überprüfung des Fragebogens

Der in der Onlineumfrage verwendete Fragebogen wurde von drei Experten aus der Wissenschaft und drei Experten aus der Wirtschaft hinsichtlich der Übertragbarkeit des theoretisch abgeleiteten Forschungsmodells auf die Praxis modifiziert (Tabelle 22). Des Weiteren wurden bei den Expertengesprächen mit Vertretern von Beteiligungsgesellschaften mit Hilfe eines strukturierten Leitfadens Meinungen und Erfahrungen zum Forschungsgegenstand eingeholt.

[541] Für weiterführende Informationen zum Thema Expertengespräche vgl. Urs Jäger, Sven Reinecke: Expertengespräch. In: Carsten Baumgarth, Martin Eisend, Heiner Evanschitzky (Hrsg.): Empirische Mastertechniken: Eine anwendungsorientierte Einführung für Marketing- und Managementforschung. Wiesbaden, 2009, S. 29-76; vgl. Gläser, Jochen und Laudel, Grit: Experteninterviews und qualitative Inhaltsanalyse. Wiesbaden, 2010, S. 197-260.

In einem dem Interview vorangegangen Briefing wurden den Experten Informationen[542] zur Verfügung gestellt. Zunächst wurden allgemeine Fragen zur Person[543], und zur Beteiligungsgesellschaft[544] gestellt. Anschließend wurden Informationen zu den betreuten Portfoliounternehmen erhoben. Der ausführliche Leitfaden zum Interview ist im Anhang aufgeführt. Im folgenden Kapitel wird eine Zusammenfassung der Ansichten der Experten wiedergegeben.

lfd. Nr.	Experte	Gender	Position	Branchen-erfahrung in Jahren
1.	Wirtschaft	männlich	Geschäftsführer	23
2.	Wirtschaft	männlich	Investment Director	10
3.	Wirtschaft	männlich	Investment Manager	23
4.	Wissenschaft	weiblich	Privatdozentin	10
5.	Wissenschaft	männlich	Honorarprofessor	30
6.	Wissenschaft	männlich	Lehrstuhlinhaber	11

Tabelle 22: Experten zur Überprüfung des Fragebogens

5.2.1 Auswertung

Bei der Frage, welche Determinanten den Erfolg bestimmten, nannten alle Experten, zum Teil neben anderen Faktoren, das Team. Der Faktor „Team" spielt bei der Investitionsentscheidung eine entscheidende Rolle. *„Das Team muss einfach performant sein." „Wenn das Team nicht vernünftig ist, machen wir es nicht."*

Es werden Kriterien, wie die fachliche Kompetenz, die Branchenerfahrung, das Alter, das Netzwerk, Werte und die Heterogenität im Team zur Bewertung eingesetzt. Das Bauchgefühl sei laut Aussage der Experten auch ein Kriterium, das nicht zu unterschätzen sei.

Die Experten sehen erhebliche Unterschiede zwischen deutschen und US-amerikanischen Teams. Während sich die deutschen Unternehmer eher auf den nationalen Markt beschränken, seien die US-amerikanischen Unternehmer eher auf den globalen Markt ausgerichtet. *„Die Deutschen sehen nur den deutschen Markt. Vielleicht noch den DACH-Markt. Die inter-*

542 Die Experten wurden darüber informiert, um welches Thema es geht, wer hinter der Befragung steht, warum er ausgewählt wurde, was mit den Informationen geschieht, die gesammelt werden, wie, wo und wann das Interview stattfinden wird und wie lange es dauern wird. Raueiser, Thomas: Syndizierungsstrategien von Business Angels: eine fallstudiengestützte Analyse. FGF – Entrepreneurship – Research Monographien, Band 60, Lohmar (u. a.), 2007, S. 254.

543 Allgemeine Fragen zur Person betreffen folgende Informationen: berufliche Position, berufliche Qualifikation, Anzahl der Beteiligungsunternehmen, Branchenerfahrung, Erfahrung in den Funktionsbereichen.

544 Allgemeine Fragen zur Beteiligungsgesellschaft sind: „Seit wann ist Ihre Gesellschaft aktiv?" „Ist Ihre Gesellschaft auch im Ausland vertreten?" „Wie hoch ist der Anteil an deutschen und an US-amerikanischen Beteiligungen?"

nationale Kompetenz fällt schwer. Sie sind risikoavers. [...] Warum meinen deutsche Unternehmen, dass sie nach Peanuts-Beträgen fragen müssen? Wir reden von Millionen! Das zeugt von Unerfahrenheit, wenn sie sagen: „Wir brauchen 300.000 €." Das sind doch Mickey Mouse Beträge. Think big! Hier fehlt die Internationalität."

Des Weiteren verfügen US-amerikanische Gründer über eine höhere kommunikative Kompetenz und eine höhere Kundenorientierung. In Deutschland würde zudem häufig das Alpha-Tier fehlen. Für die Situation des Scheiterns bestehen kulturelle Unterschiede. *„In den USA bekommt man einen Orden für eine Insolvenz. In Deutschland steht man in der gleichen Situation als Versager dar."*

Die Beteiligungsfinanziers achten zu Beginn der Finanzierung auf die Vollständigkeit im Team, das daraufhin zunächst komplementiert wird, falls es nicht vollständig ist. Die Teamumstellungen finden allerdings nicht zwingend zu Beginn der Finanzierung sondern eher im Laufe des Investments statt. Stimmt die Performance nicht, werden Teammitglieder ausgetauscht. Bei der Suche der/s Geschäftsführerin/-s werden die restlichen Teammitglieder häufig nicht einbezogen. *„Wir bringen das Geld mit zur Party und die wollen die Musik bestimmen?!"*

Die Beantwortung der Frage, ob Vertrauens-basierte oder Ressourcen-orientierte Teams erfolgreicher sind, war eindeutig. Die Experten sind der Meinung, dass bei Vertrauens-basierten Teams die Emotionalität (Emotionsebene) die für eine erfolgreiche Unternehmensgründung notwendige Rationalität (Sachebene) negativ beeinträchtigt. Zudem würden Zuständigkeiten nicht akzeptiert. Die Beteiligungsgesellschaft geht ein Risiko ein, da freundschaftliche Beziehungen zerbrechen können. Professionell zusammengestellte Teams würden besser funktionieren.

5.2.2 Zusammenfassung

Die Vollständigkeit des Teams ist obligatorisch für eine Investmententscheidung. Der Einfluss der Beteiligungsgesellschaften auf das Team findet satt, sobald die vereinbarten Ziele nicht erreicht werden. Es bestehen Unterschiede zwischen deutschen und US-amerikanischen Teams. Die Experten sind der Ansicht, dass ein Ressourcen-orientiertes Team besser performt als ein Vertrauens-basiertes Team.

6 Branchenanalyse in Deutschland

6.1 Daten und Methode der Branchenanalyse in Deutschland

Es wurde eine Dokumentenanalyse durchgeführt, bei der alle im Venture Capital Yearbook aufgeführten deutschen Venture Capital Investments der Jahre 2004 bis 2010 (N=1.734)[545] auf Teamveränderungen untersucht wurden. Die Analyse der Branchen beabsichtigt mit Hilfe der Lebenszyklusbetrachtung zum einen, die Unterschiede in der Dauer bis zur ersten externen Finanzierung durch VCG zwischen den verschiedenen Unternehmensbranchen aufzuzeigen. Zum anderen wird die Managementgenese von Venture Capital finanzierten Unternehmen untersucht. Hierbei wurden die Unternehmen, die mehr als einmal in diesem Zeitraum aufgeführt wurden und somit mehrere VC-Finanzierungen erfahren haben, herausgefiltert. Anschließend wurden die Angaben zum Managementteam miteinander verglichen. Aus der Zusammensetzung der Managementteammitglieder wurde die Managementgenese errechnet. Kritisch anzumerken ist hier, dass die Angaben im Venture Capital Yearbook nicht zu diesem Zweck der Auswertung erhoben worden sind. Es kann so durchaus sein, dass die Angaben in verschiedenen Jahren von unterschiedlichen Mitgliedern des Unternehmens getätigt worden sind und sie sich schon deshalb unterschieden. Für die vorliegende Untersuchung wird allerdings angenommen, dass sich die Zusammensetzung der Teammitglieder verändert hat, sobald Unterschiede in den Angaben festgestellt werden konnten. Die Managementteam-Veränderungen (MTV) und somit spezifiziert betrachtet auch die Managementteam-Zugänge (MTZ) und die Managementteam-Reduzierungen (MTR) wurden so ausgezählt. Auf Grund der großen Datenmenge konnte eine Aufteilung nach Branchen vorgenommen werden. Des Weiteren wurde die Dauer bis zur ersten externen Finanzierung mit Venture Capital branchenspezifisch analysiert. Hierbei wurde die Zeitspanne vom angegebenen Gründungsdatum bis zur Finanzierung gemessen. Die Finanzierungssumme wurde als Einflussfaktor der VCG auf die MTV gewertet. In einer Feinanalyse wurde zudem der Einfluss der Finanzierungssumme auf die MTR und auf die MTZ analysiert. Hierbei konnte die Wahrscheinlichkeit eines Einflusses der VCG auf die MTR von vier Branchen näher betrachtet werden, weil sie angemessen vertreten waren. Im Vordergrund dieser Branchenanalyse steht die Finanzierungssumme als Einflussfaktor von VCG auf die MTV. Mit der anschließenden Studie zum Ländervergleich zwischen Deutschland und den USA wird diese Analyse weitergeführt, in dem der Einfluss der VCG direkt gemessen wird.

[545] Vgl. Majunke Consulting, a.a.O., 2010/2011; Majunke Consulting, a.a.O., 2009; vgl. Majunke Consulting, a.a.O., 2008; vgl. Majunke Consulting, a.a.O., 2007; vgl. Majunke Consulting, a.a.O., 2006; vgl. Majunke Consulting, a.a.O., 2005; vgl. Majunke Consulting, a.a.O., 2004.

6.2 Ergebnisse der Branchenanalyse

Nachfolgend werden die Strukturdaten der Analyse vorgestellt. Hierzu wurde zunächst der Zeitraum von der Gründung bis zur ersten externen Finanzierung durch VC gemessen. Im Anschluss wurde die Managementgenese in diesen VC finanzierten Unternehmen branchenabhängig analysiert. Zuletzt wurde der Zusammenhang zwischen der Finanzierungssumme und der Managementgenese untersucht.

6.2.1 Dauer von der Gründung bis zur ersten externen Finanzierung mit Venture Capital

In einem ersten Schritt wird die Zeitspanne zwischen der Gründung und der ersten externen Finanzierung durch Venture Capital branchenspezifisch analysiert. In Abbildung 6 wird die Verteilung der Differenzen der Zeitdauer (in Monaten) von der Gründung bis zur ersten externen Finanzierung durch VC dargestellt. Es zeigt sich, dass ein Großteil der Unternehmen in den ersten 20 Monaten eine externe VC-Finanzierung erhält. Die restlichen Unternehmen verteilen sich breit gestreut auf der Monatsachse. Die Verteilung kann somit als rechtsschief bezeichnet werden. Die mittlere Dauer bis zur ersten VC-Finanzierung nach Gründung beträgt 22,38 Monate (Standardabweichung=28,29 Monate).

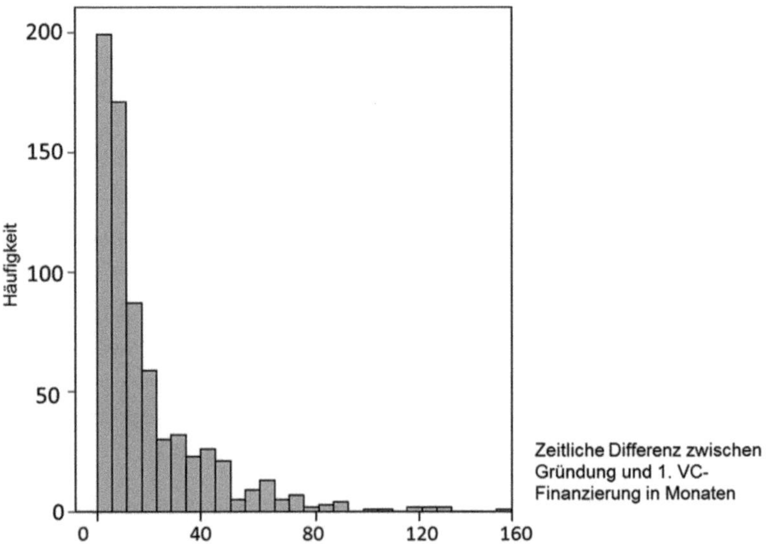

Abbildung 6: Zeitraum von der Gründung bis zur ersten Finanzierungsrunde in Monaten (Branchenanalyse)

In der Branchenbetrachtung (UV) wird deutlich, dass signifikante Unterschiede in der Dauer (AV) von der Gründung bis zur ersten externen Finanzierungsrunde mit Venture Capital (Rangvarianzanalyse nach Kruskall-Wallis: N=752, $Chi^2_{(9)}$=16,73, p=.053)[546] festgestellt werden können. In der Branche „Internet“ beispielsweise dauert es ab der Gründung im Schnitt 17,43 Monate, in der Branche „Sensoren/Laser“ hingegen 36,18 Monate bis zur ersten Finanzierung durch Venture Capital (Tabelle 23). Dass die Branchen „Neue Medien“ und „Internet“ zu den Branchen gehören, die relativ schnell eine VC-Finanzierung erhalten, überrascht nicht, jedoch ist nicht ersichtlich, warum auch die Branche „Nanotechnologie“ in relativ kurzer Zeit nach der Gründung eine VC-Finanzierung erhält. Dieser Zusammenhang sollte in einer weiteren Forschungsarbeit überprüft und analysiert werden. In Branchen mit langen Entwicklungszeiten ist es einsehbar, dass die VC-Gesellschaften ein Interesse daran haben, erst kurz vor Produktfertigstellung zu investieren. So gehört zum Beispiel die Branche „Life Sciences“ mit 26,6 Monaten zu den Branchen mit der längsten Dauer zwischen Gründung und erster externer Finanzierung durch VC.

Rang	**Branche**	**(N)**	**Dauer in Monaten**[547]
1	Neue Medien	16	16,14
2	Nanotechnologie	10	17,08
3	Internet	264	17,43
4	Kommunikationstechnologien	82	19,26
5	Cleantech	38	21,03
6	Sonstiges	63	24,79
7	Elektrotechnik/Elektronik	16	26,34
8	Life Sciences	150	26,60
9	Software & IT	96	29,53
10	Sensoren/Laser	17	36,18
	Gesamt	752	22,38

Tabelle 23: Zeit von der Gründung bis zur ersten Finanzierung in Monaten (Mittelwert, gerundet) (Branchenanalyse)

[546] Da die Verteilung rechtsschief ist, muss ein nonparametrischer Test verwendet werden. Hier wird die Rangvarianzanalyse (Kruskall Wallis) eingesetzt, da zehn Gruppen zu verglichen sind. Sie ist die Erweiterung des U-Tests auf k≥ 2 Gruppen (hier geht es um 10 Branchen) und stellt somit eine parameterfreie Alternative zur einfachen VA für unabhängige Stichproben dar.

[547] Mit der Kruskall-Wallis Rangvarianzanalyse wird festgestellt, dass es hier signifikante Unterschiede gibt. Von der Durchführung eines Post-hoc-Tests wurde abgesehen, da viele nonparametrische paarweise Mittelwertvergleiche zur Alpha-Fehler-Kumulation führen.

6.2.2 Managementgenese in Venture Capital finanzierten Unternehmen – eine Branchenbetrachtung

Um eine Veränderung in der Gründerteamzusammensetzung festzustellen, wurden nur diejenigen Unternehmen (N=340) in Betracht gezogen, die mehr als eine Finanzierung durchlaufen haben und deren Team jeweils dokumentiert war. Aus der Zusammensetzung der Managementteammitglieder wurde die Managementgenese erfasst. Kritisch anzumerken ist hier, dass die Angaben hierzu nicht zu diesem Zweck erhoben worden sind. Es kann so durchaus sein, dass die Angaben über die Runden von unterschiedlichen Mitgliedern des Unternehmens getätigt worden sind und sie sich deshalb unterschieden. Für die vorliegende Untersuchung wird allerdings angenommen, dass sich die Zusammensetzung der Teammitglieder verändert hat, sobald Unterschiede in den Angaben festgestellt werden konnten. So fanden in 43% (in 146 von 340) der Unternehmen zwischen den Finanzierungsrunden mindestens eine Managementteam-Veränderung statt. Sowohl bei den Teamzugängen als auch bei den Teamreduzierungen bestehen signifikante Unterschiede zwischen den Branchen ($Chi^2_{(9)}$=27.01, p=.001)[548]. In 35% der Unternehmen findet mindestens ein Teamzugang und in 29% der Unternehmen mindestens eine Teamreduzierung statt, beide sind Branchen-abhängig verteilt (MTZ ($Chi^2_{(9)}$=24.53, p=.004; MTR ($Chi^2_{(9)}$=31,49, p=.001)). In Tabelle 24 sind die Teamveränderungen in den Unternehmen zum einen nach Branchen und zum anderen nach der Art der Teamveränderung (Zugänge und Reduzierungen) spezifiziert. Die Teamveränderungen zeigen in der Branchenbetrachtung interessante Ergebnisse, denn auch hier bestehen erhebliche Unterschiede zwischen den Branchen. Während nur in einer von zehn Nanotechnologieunternehmen Teamveränderungen, in diesem Fall eine Teamreduzierung, stattgefunden hat, betrug die Rate der Teamveränderung in der Life Sciences Branche 58,2%. Teamzugänge kamen mit 46,9% und Teamreduzierungen mit 45,9% etwa gleich häufig vor. Bei den Internet Unternehmen beträgt die Teamveränderungs-Quote mittlere 32,3%.

[548] Es wurde eine 10 x 2 Kontingenztabelle mit chi^2-Test getestet.

	Gültige N	mindestens eine Team-veränderung im Unternehmen	mindestens ein Team-zugang im Unternehmen	mindestens eine Team-reduzierung im Unternehmen
Nanotechnologie	10	10%	0%	10%
Sonstiges	10	20%	20%	0%
Software & IT	40	30%	25%	20%
Internet	99	32%	26%	17%
Elektrotechnik/Elektronik	6	33%	17%	17%
Cleantech	19	47%	37%	47%
Kommunikationstechnologien	42	50%	40%	29%
Sensoren/Laser	7	57%	57%	29%
Life Sciences	98	58%	47%	46%
Neue Medien	9	67%	67%	22%
Gesamt	**340**	**43%**	**35%**	**29%**

Tabelle 24: Teamveränderungen in den Unternehmen nach Branche (Branchenanalyse)

6.2.3 Finanzierungssumme – eine Branchenbetrachtung

Bevor der Einfluss der Finanzierungssumme als Einflussnehmer auf die Managementgenese untersucht werden kann, werden zunächst die Finanzierungssummen erfasst. Es konnte ein Mittelwert von 9.120.085 € (N=749, Standardabweichung=23.099.791) festgestellt werden. Der Wert der Standardabweichung lässt darauf schließen, dass nicht davon ausgegangen werden kann, dass die meisten Unternehmen eine Finanzierungssumme von annähernd 10 Mio € erhalten. Nachdem die Ausreißer[549] identifiziert worden und aus der Mittelwertbetrachtung herausgenommen worden sind, ergab sich eine mittlere Finanzierungssumme von 1.169.553 € (N=401, Standardabweichung=805.483) (Abbildung 7). Allerdings ist kritisch anzumerken, dass es sich doch um eine beachtliche Anzahl von Fällen handelt, die somit ausgeschlossen werden (N=348). Aus diesem Grund wird im weiteren Verlauf auf das Vernachlässigen der Ausreißer verzichtet.

[549] Die Boxplotanalyse ergab, dass alle Unternehmen, die eine Finanzierungssumme von über 3.100.000€ erhalten haben, als Ausreißer zu betrachten sind.

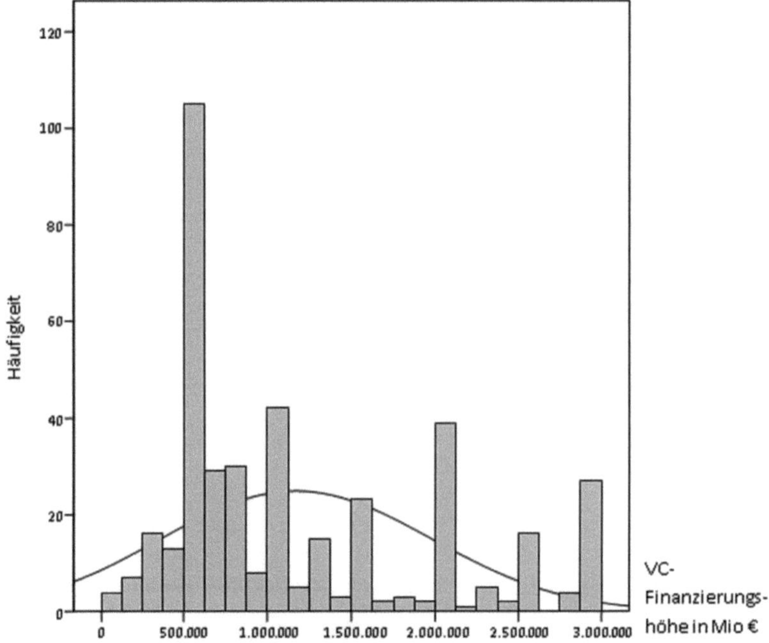

Abbildung 7: VC-Finanzierungssumme (Branchenanalyse)

Von Interesse ist, welche Unterschiede in der Höhe der Finanzierungssumme zwischen den Branchen bestehen. Die durchschnittlichen Finanzierungssummen unterscheiden sich über die Branchen (Rangvarianzanalyse zeigt Signifikanz $Chi^2_{(9)}$=60,87; p<.0001)[550] (Tabelle 25). So liegt die durchschnittliche Finanzierungssumme in der Branche „Sensoren/Laser" bei 2,6 Mio €, während die VCG in die Cleantech-Unternehmen im Schnitt 13,85 Mio € investieren. Auch die Life Sciences Unternehmen, die vorher durch die hohe Quote der Teamveränderungen aufgefallen sind, erhalten mit 12,4 Mio € eine im Vergleich hohe Finanzierungssumme.

[550] Die Verteilung der Finanzierungssummen ist rechtsschief. Es wird die Rangvarianzanalyse nach Kruskall-Wallis als nonparametrischer Test verwendet.

	Branche	(N)	Ø Finanzierungssumme der ersten externen VC-Finanzierung in Mio €[551]
1	Sensoren/Laser	27	2,67
2	Sonstiges	49	3,38
3	Neue Medien	7	3,64
4	Elektrotechnik/Elektronik	21	4,71
5	Nanotechnologie	18	5,11
6	Kommunikationstechnologien	97	5,22
7	Software & IT	89	6,00
8	Internet	98	10,28
9	Life Sciences	288	12,37
10	Cleantech	55	13,85
	Gesamt	749	9,12

Tabelle 25: Durchschnittliche Finanzierungssumme der ersten externen Finanzierung durch VC nach Branchen (Branchenanalyse)

6.2.4 Zusammenhang zwischen der Teamveränderung und der Finanzierungssumme

Zunächst wird der Zusammenhang zwischen der Finanzierungssumme und der Teamreduzierung über die zehn Branchen und im Anschluss innerhalb der zehn Branchen untersucht. In einem weiteren Schritt wurde der Zusammenhang zwischen der Finanzierungssumme und den Teamveränderungen zunächst über die zehn Branchen berechnet (Tabelle 26). Hier kann kein Zusammenhang zwischen der Dauer und der Finanzierungssumme festgestellt werden. Zudem besteht kein signifikanter Einfluss der Finanzierungssumme auf die Teamveränderung oder den Teamzugang. Aber es zeigt sich ein starker signifikanter Zusammenhang zwischen der Teamreduzierung und der Finanzierungssumme. In den Branchen, in denen hohe Finanzierungssummen investiert werden, ist die Wahrscheinlichkeit größer, dass Teamreduzierungen vorkommen (N=10, r=,71; p=.02). Dieses interessante Ergebnis wird in der eigenen Studie überprüft. Zudem werden die US-amerikanischen Fälle den Deutschen vergleichend gegenübergestellt und analysiert.

---

[551] Wegen der Alpha-Fehler-Kumulation wurde von vielen nonparametrischen paarweisen Mittelwertvergleichen abgesehen.

	Dauer	Teamveränderung	Teamzugang	Teamreduzierung
Finanzierungssumme	-.23	.21	.07	.71*

*p_{2s} <0,05. n=10 Branchen. Dauer = Zeitraum von der Gründung bis zur ersten externen FR durch VC.

Tabelle 26: Korrelation: Teamveränderung und Finanzierungssumme in Mio € über 10 Branchen (Branchenanalyse)

6.2.5 Zusammenhang zwischen der Teamreduzierung und der Finanzierungssumme – eine Branchenbetrachtung

Im vorangegangenen Kapitel konnte festgestellt werden, dass ein signifikanter Zusammenhang zwischen der Teamreduzierung und der Finanzierungssumme besteht. Im Folgenden wird dieser Zusammenhang vertiefend analysiert, in dem die Ergebnisse nach Branchen spezifiziert betrachtet werden (Abbildung 8). Es wird deutlich, dass Unternehmen der Cleantech und Life Sciences Branche zum einen im Vergleich hohe Finanzierungssummen aufweisen und zum anderen aber auch eine hohe Wahrscheinlichkeit für Teamreduzierungen aufzeigen. Die Branche Kommunikationstechnologien hingegen weist im Verhältnis zur Finanzierungssumme eine relativ hohe Teamreduzierungswahrscheinlichkeit auf. In der Internetbranche stellt sich dieser Zusammenhang umgekehrt dar. Hier ist die Wahrscheinlichkeit einer Teamreduzierung im Verhältnis zu der Finanzierungssumme relativ niedrig.

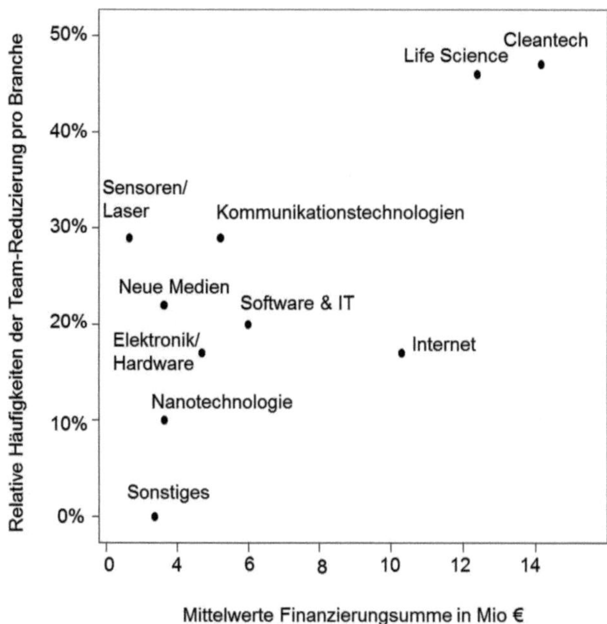

Abbildung 8: Zusammenhang des Anteils an Unternehmen mit Teamreduzierung und der Finanzierungssumme pro Branche (Branchenanalyse)

Um ein detailliertes Ergebnis zu erhalten, wurden im Folgenden die vier Branchen Life Sciences, Kommunikationstechnologien, Internet und Software/IT weiter untersucht, weil in diesen Branchen die Finanzierung und die Team-Veränderungen für je mehr als 20 Unternehmen dokumentiert sind (Tabelle 27). Pro Unternehmen liegen hier Binärdaten vor (ob eine Teamveränderung stattgefunden hat, 1, oder ob keine stattgefunden hat. 0). Ebenso wurde mit den Teamzugängen und den Teamreduzierungen verfahren. Innerhalb der Branchen findet sich ein signifikanter Zusammenhang zwischen der Finanzierungssumme und der Teamreduzierung bei den Branchen Life Sciences und Software/IT.

	Dauer	Team-Veränderung (ja/nein)	Team -Zugang (ja/nein)	Team-Reduzierung (ja/nein)
Life Sciences	.08	.23	.11	.42*
KomTech	.18	.28	.17	.18
Internet	.07	.03	.03	-.09
Software/IT	.07	.41*	.41*	.41*

*** p_{2s} <.10**

Tabelle 27: Rangkorrelationen Rho von Teamveränderungen und Finanzierungssumme innerhalb der größeren Branchen: Life Sciences, Kommunikationstechnologien (KomTech), Internet, Software/IT (Branchenanalyse)

6.3 Schlussfolgerung und Diskussion der Branchenanalyse in Deutschland

Als Fazit dieser Branchenanalyse kann festgestellt werden, dass die Dauer bis zur ersten externen Finanzierung durch VC und die Teamveränderungen Branchen-abhängig sind. Die Teamveränderungen insgesamt und die Teamzugänge speziell zeigen keinen signifikanten Zusammenhang mit der Finanzierungssumme pro Branche. Der Zusammenhang zwischen der durchschnittlichen Finanzierungssumme und dem Anteil an Teamreduzierungen ist hingegen signifikant. In den Branchen, in denen hohe Finanzierungssummen investiert werden, ist die Wahrscheinlichkeit größer, dass Teamreduzierungen vorkommen (n=10, r=,71; p=.02). Dieser Zusammenhang besteht nicht nur über die Branchen sondern auch innerhalb der Branchen. Kritisch anzumerken ist, dass die Finanzierungssumme in dieser Analyse als Indikator für den Einfluss von VCG eingesetzt worden ist. In der nachfolgend vorgestellten Studie werden Gründerteams direkt nach dem Grund der Managementgenese befragt, so dass der VCG-Einfluss direkter untersucht werden kann. Zudem wird ein Ländervergleich zwischen deutschen und US-amerikanischen Unternehmen vorgenommen.

7 Empirische Hauptstudie in Deutschland und den USA – Untersuchungsdesign und Datenbasis

7.1 Methodik der empirischen Studie zum Ländervergleich

Für die auf einer Onlineumfrage basierenden Hauptuntersuchung (N=370) konnten die Daten von 154 deutschen Unternehmen und 216 US-amerikanischen Unternehmen ausgewertet werden, die in den Jahren 2004 bis 2011 eine Venture Capital Investition erhalten hatten. Die Basispopulation für die deutschen Unternehmen wurde in der Branchenanalyse mit Hilfe der Venture Capital Yearbooks[552] von der Majunke Consulting erhoben (s. Kap. 6). Als US-amerikanische Basispopulation wurden alle Unternehmen angenommen, die auf der Free Tech Company Database Platform Crunch Base[553] aufgeführt wurden. Nach der Kontaktdaten-Überprüfung konnten in Deutschland 926 von 1.227 dokumentierten Unternehmen und in den USA 3.179 von 4.987 dokumentierten Unternehmen zu der standardisierten Onlineumfrage eingeladen werden. Mittels einer Onlineumfrage[554] konnte die Anonymität, auf die an mehreren Stellen hingewiesen wurde, gewährleistet werden, welche auf Grund der sensiblen unternehmensinternen Daten sehr wichtig ist. Obwohl die Daten nicht zugeordnet werden konnten, war es zumindest möglich, nachzuvollziehen, wer den Fragebogen noch nicht begonnen oder wer ihn unterbrochen hatte. Somit konnten Nacherfassungen erfolgen. Mit diesem Verfahren wurde in einem Zeitraum von sieben Monaten eine verhältnismäßig große Stichprobe erreicht (siehe Kap. 7.2). Der Fragebogen wurde pro Unternehmen von einer Person ausgefüllt. Bei dieser monopersonalen Erhebungsmethode wurden die Gründer oder auch andere Mitglieder der Geschäftsführung ausgewählt. Bei einer bestehenden Auswahlmöglichkeit wurden die Gründer präferiert, da hier davon ausgegangen werden kann, dass sie alle benötigten Informationen zur Verfügung haben. Bestand dann weiterhin eine Auswahlmöglichkeit, wurde die Person, die für die Finanzen zuständig ist, eingeladen, da hier vermutet werden kann, dass die Informationen durch die stetige Berichterstattung an die VCG am leichtesten präsent sind. Da eine Person zum Beispiel zu den Fachkompetenzen, der Branchenerfahrung oder auch zu dem Alter anderer Managementteammitglieder befragt worden ist, wurden hier Kategorien zur Auswahl gegeben. Dieser Datenverlust wurde bewusst hingenommen, um das Risiko des Abbruchs der Umfrage zu verringern.

Die Unternehmen wurden stets nach den ersten fünf Geschäftsjahren nach der Gründung gefragt, um zu gewährleisten, dass nur junge Unternehmen an der Studie teilnehmen. Bei den

[552] Vgl. Majunke Consulting, a.a.O., 2010/11; vgl. Majunke Consulting, a.a.O., 2009; vgl. Majunke Consulting, a.a.O., 2008; vgl. Majunke Consulting, a.a.O., 2007; vgl. Majunke Consulting, a.a.O., 2006; vgl. Majunke Consulting, a.a.O., 2005; vgl. Majunke Consulting, a.a.O., 2004.

[553] Vgl. Free Tech Company Database: http://www.crunchbase.com.

[554] Die Onlineumfrage wurde mit Hilfe der Software EFS Survey (UNIPARK) der Firma Globalpark AG durchgeführt und mit SPSS ausgewertet.

Strukturdaten wurden die Unternehmen beider Länder miteinander verglichen. Auch die Unterschiede in Finanzierungsrunden und Finanzierungssummen wurde untersucht. Um die Finanzierungssummen vergleichen zu können, wurden zunächst die $-Angaben mit den Wechselkursen aus den jeweiligen Jahren in € umgerechnet. Wie in der Branchenanalyse (s. Kap. 6) wurde auch in der Hauptstudie die Dauer bis zur ersten externen VC-Finanzierung ausgewertet, wobei auch hier der angegebene Gründungszeitpunkt herangezogen wurde.

Empirisch ausgewertet wurden länderspezifische Unterschiede hinsichtlich der Erfolgsmaße, des Gründerteams, der Teambildung, des Teamzusammenhalts im Gründerteam, der Managementgenese eines Gründerteams, der VCG als Einflussnehmerin auf die Managementgenese und des Einflussfaktors Finanzierungssumme auf die Managementgenese. Die Argumentationslinie der Studie folgt dem Modell nach Baron/Kenny.[555] Über die Kapitel hinweg wird zunächst ermittelt, ob ein Länderunterschied im Erfolg besteht. In einem zweiten Schritt wird analysiert, ob sich der Einfluss von VCG auf die Managementgenese zwischen den Ländern unterscheidet. Zuletzt wird in einem dritten Schritt untersucht, ob dieser Einfluss der VCG auf die Managementgenese den höheren Erfolg beeinflusst. Das methodische Vorgehen dieser einzelnen Untersuchungsgegenstände soll im Folgenden erläutert werden.

Für den Vergleich des Unternehmenserfolgs wurden die beiden quantitativen Erfolgsmaße Mitarbeiterwachstum und Umsatzwachstum und das qualitative Erfolgsmaß Subjektiver Erfolg erhoben. Während alle vorangegangenen Fragen beantwortet werden mussten, konnten die Fragen zum Unternehmenserfolg auch offen gelassen werden, um zu vermeiden, dass die Umfrage abgebrochen wird. Die Erfolgsmaße wurden stets für die ersten fünf Jahre nach Gründung erfragt. Auch bei den Umsätzen wurden die $-Angaben mit den jahresspezifischen Wechselkursen in € umgerechnet. Die Unterschiede zwischen den beiden Ländern werden mit Signifikanztests bewertet (für intervallskalierte Kriterien t-Tests, für binäre Kriterien der Chi-Quadrat-Test oder die logistische Regression). Bei der Messung der subjektiven Kriterien wurde auf die Studie von Dreier[556] Bezug genommen. Die verwendeten Items[557] wurden mit Ratings (Stimme nicht zu = 1 und stimme voll und ganz zu = 6) beantwortet. Mit Hilfe der

---

555 Vgl. Reuben M. Baron, David A. Kenny: The Moderator-Mediator Variable Distinction in Social Psychological Research: Conceptual, Strategic, and Statistical Considerations. In: Journal of Personality and Social Psychology, Band 51, Nr. 6, 1986, S. 1173-1182.

556 Vgl. Christina Dreier, a.a.O., 2001, S. 232-237.

557 Subjektive Erfolgsbewertung mit folgenden Items: Unsere Kunden sind mit den Dienstleistungen/ Produkten unseres Unternehmens sehr zufrieden. Das Unternehmen hat ein gutes Image. Das Unternehmen hat eine starke Wettbewerbsposition am Markt. Ich bin mit dem Markterfolg unseres Unternehmens voll zufrieden. Das Unternehmen hat eine exzellente technologische Wettbewerbsposition erreicht. Ich bin mit dem erreichten Innovationsgrad unserer Dienstleistungen/ Produkte zufrieden. Ich bin mit den Deckungsbeiträgen unserer Dienstleistungen/ Produkte zufrieden. Ich mit der erreichten Effizienz (Zeit und Kosten) unseres Unternehmens voll zufrieden. Ich bin mit dem finanziellen Erfolg des Unternehmens voll zufrieden. Aufgrund der wirtschaftlichen Entwicklung des Unternehmens würde ich die Unternehmensgründung wiederholen. Ich bin mit der Geschwindigkeit, mit der erstmals Gewinn erzielt wurde, voll zufrieden. Christina Dreier, a.a.O., 2001, S. 232-237.

Faktorenanalyse (inkl. Varimax-Rotation) wurden die beiden Komponenten „Image“ und subjektiver „Finanzieller Erfolg“ separiert, die dann auf länderspezifische Unterschiede verglichen werden konnten. Zudem wurde eine Reliabilitätsanalyse durchgeführt.

Bei der Erhebung der länderspezifischen Unterschiede im Gründerteam wurden die Teilnehmer gebeten, an den Gründungszeitpunkt zurück zu denken. Hierbei wurden die Teamgröße und die Kompetenzen im Gründerteam erhoben. Um Kenntnis darüber zu erlangen, wie die Teams zum Gründungszeitpunkt zusammengesetzt waren und wie sich diese Zusammensetzung über die Finanzierungsrunden verändert hat, wurden die vier Variablen Fachkompetenz (Kaufleute, Ingenieurwissenschaft/ Technik, Geistes-/ Sozialwissenschaft, Naturwissenschaft, Jura, Informatik und Sonstiges), Position im Unternehmen (CEO, CFO, CMO, CSO, CTO, CHRO und Sonstiges), Alter und Branchenerfahrung erhoben. Die Ergebnisse der beiden Länder werden mit einer logistischen Regression (Wald-Test) ausgewertet.

In der vorliegenden Studie wird davon ausgegangen, dass sich Teams Vertrauens-basiert oder Ressourcen-orientiert bilden können. Mit der Vertrauens-basierten Teambildung ist gemeint, dass sich die Teammitglieder auf Grund familiärer oder freundschaftlicher Beziehungen vertrauen oder bereits Erfahrung in der Zusammenarbeit während des Studiums sammeln konnten. Sie können auch Arbeitskollegen oder Kooperationspartner gewesen sein. Eine Ressourcen-orientierte Teambildung ist dadurch gekennzeichnet, dass bestimmte Fachkompetenzen, Kapital oder Netzwerkverbindungen benötigt werden. Diese Teammitglieder haben sich über eine Stellenanzeige/Onlineplattform gefunden, sich im Rahmen des Gründungskontextes (auf Veranstaltungen, in Gründerzentren etc.) kennengelernt, hatten Hilfe von Beratern/Coaches/Personaldienstleistern oder von Finanzinstitutionen. Hier werden die länderspezifischen Unterschiede mit der logistischen Regression (Wald-Test) untersucht.

Hat sich ein Team in seiner ersten Zusammensetzung gebildet, stellt sich die Frage nach dem Teamzusammenhalt. Als Maß hierfür werden die gescheiterten Finanzierungsrunden beider Länder ausgewertet. Die Unternehmen wurden befragt, ob bereits VC-Finanzierungsrunden gescheitert sind, weil die VCG mit dem Team nicht einverstanden war. Erschlossen wird in dem Fall, dass ein hoher Teamzusammenhalt vorliegt, wenn das Team nicht damit einverstanden war, dass Änderungen in der Teamstruktur vorgenommen werden. Andernfalls hätte die VC-Finanzierung stattgefunden. Die Ergebnisse der beiden Länder werden mit dem Chi-Quadrat-Test und mit logistischer Regression (Wald-Test) verglichen.

Die Managementgenese wird in der Hauptstudie als Teamveränderung von der Gründung bis zur dritten externen VC-Finanzierungsrunde gemessen. Es wurde stets nach einer Teamveränderung gefragt, die zum Zeitpunkt der Finanzierung oder im Jahr danach stattgefunden hat. In den Gesprächen mit VCG wurde deutlich, dass die Teamveränderungen häufiger im Zeitraum nach dem Finanzierungszeitpunkt stattfinden. Die MTV umfassen sowohl MTZ als auch MTR. Die Veränderungen hinsichtlich der Fachkompetenzen und der Position im Team wurden für beide Arten der MTV analysiert. Hierbei wurde zudem nach dem Grund der Veränderung gefragt. Eine Einteilung erfolgte in die beiden Kategorien „freiwillig" oder „von der VCG gefordert". Die Unterschiede zwischen den beiden Ländern werden mit dem Chi-Quadrat-Test auf Signifikanz überprüft.

In der Branchenanalyse (s. Kap. 6) wurde belegt, dass ein Zusammenhang zwischen der Finanzierungssumme und der Managementgenese besteht. Dieser Untersuchungsgegenstand wird auch für die erhobenen Daten länderspezifisch analysiert. Zunächst wird der Einfluss von Finanzierungssummen auf MTV im Allgemeinen untersucht. Im Anschluss folgt auch hier eine spezifische Betrachtung nach MTZ und MTR. Um herauszufinden, welches Vorgehen mit dem höchsten Mitarbeiter- oder Umsatzwachstum einhergeht, wird die multiple Regression eingesetzt.

7.2 Untersuchungsdesign

Den Hypothesen der Studie folgend ist zunächst zu zeigen, dass US-amerikanische VC-finanzierte Unternehmen erfolgreicher sind als deutsche VC-finanzierte Unternehmen (H_1). Hierbei sind die Unterschiede im Team hinsichtlich der Größe und der Kompetenzen zu untersuchen (H_2). Falls angenommen werden darf, dass US-amerikanische Unternehmen erfolgreicher sind, ist zu hinterfragen, warum deutsche Unternehmen nicht ein genauso hohes Wachstum erzielen können. Hierzu werden die Teambildung (H_3), der Teamzusammenhalt (H_4), aber vor allem der Einfluss von VCG auf die Managementgenese (H_5) untersucht. Die Hypothesen werden in Abbildung 9 graphisch dargestellt.

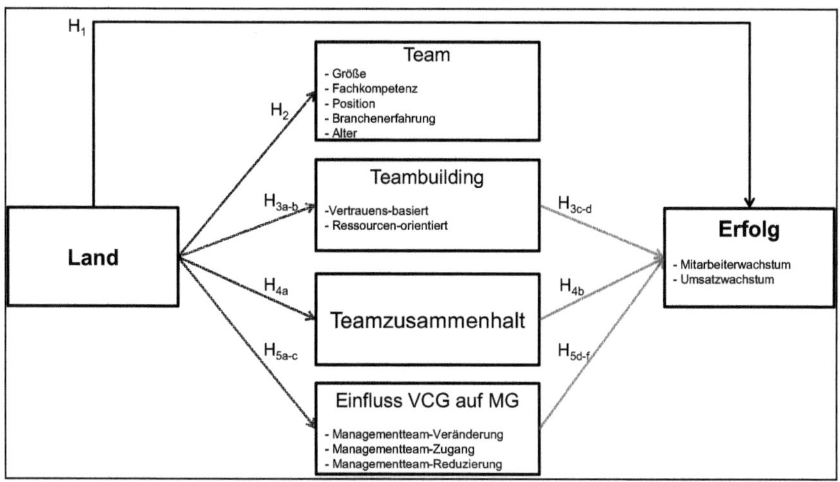

Abbildung 9: Bezugsrahmen

7.2.1 Datensample der US-amerikanischen Unternehmen

Von den 3.179 eingeladenen US-amerikanischen Unternehmen[558] konnten 34 nicht erreicht werden, so dass sich das bereinigte Gesamtsample auf 3.145 Unternehmen beläuft. Hiervon haben 216 Unternehmen an der Studie teilgenommen, was einer Nettobeteiligungsquote von 6,79% entspricht. Die Beendigungsquote lag bei 3,28% (N=103). Die mittlere Bearbeitungszeit betrug 12 min 29 sek. (Tabelle 28).

	Absolute Zahlen	Prozent
Gesamtsample (Brutto 1)	3.179	100,00%
Bereinigtes Gesamtsample (Brutto 2)	3.145	98,93%
Nettobeteiligung	216	6,79%
Beendigungsquote	103	3,28%

Tabelle 28: Datensample der US-amerikanischen Unternehmen

[558] Vgl. Free Tech Company Database: http://www.crunchbase.com/funding-rounds?page=1.

7.2.2 Datensample der deutschen Unternehmen

Von den 926 eingeladenen deutschen Unternehmen[559] konnten 39 nicht erreicht werden, so dass sich das bereinigte Gesamtsample auf 887 Unternehmen beläuft. 154 Unternehmen haben an der Studie teilgenommen. Die Nettobeteiligungsquote belief sich auf 16,63%. Die Beendigungsquote lag bei 10,60% (N=94). Die mittlere Bearbeitungszeit betrug 8 min 49 sek. (Tabelle 29).

	Absolute Zahlen	Prozent
Gesamtsample (Brutto 1)	926	100,00%
Bereinigtes Gesamtsample (Brutto 2)	887	95,79%
Nettobeteiligung	154	16,63%
Beendigungsquote	94	10,60%

Tabelle 29: Datensample der deutschen Unternehmen

Die an der Studie teilnehmenden Unternehmen (N=370) teilen sich mit 41,6% auf Deutschland (N=154) und dementsprechend mit 58,4% auf die USA (N=216) auf (Abbildung 10).

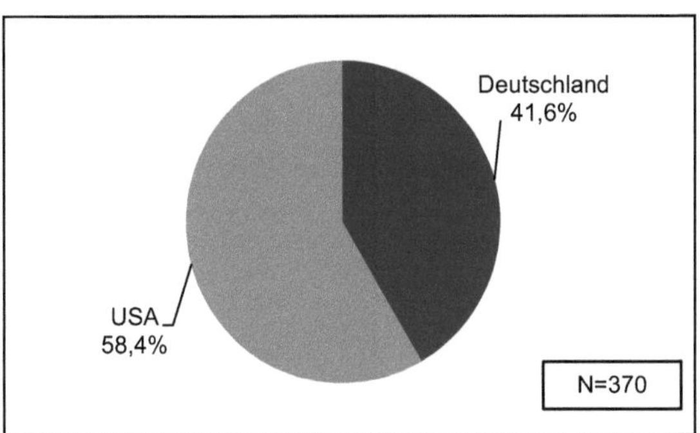

Abbildung 10: Häufigkeiten der teilnehmenden Unternehmen – eine Aufteilung nach Ländern (Ländervergleich)

7.3 Gründungszeitpunkt

Der Gründungszeitpunkt wurde erhoben, da in dieser Studie JTU analysiert werden. Die Gründungszeitpunkte der deutschen und US-amerikanischen Unternehmen sind normalverteilt (Abbildung 11). Es wird deutlich, dass beide Verteilungen vergleichbar sind ($t_{(244)}$=0,67, p_{2s}=.50; Abbildung 12). In Deutschland liegt der Mittelwert des Gründungszeitpunktes der an der Studie

[559] Vgl. Majunke Consulting, a.a.O., 2010/11; vgl. Majunke Consulting, a.a.O., 2009; vgl. Majunke Consulting, a.a.O., 2008; vgl. Majunke Consulting, a.a.O., 2007; vgl. Majunke Consulting, a.a.O., 2006; vgl. Majunke Consulting, a.a.O., 2005; vgl. Majunke Consulting, a.a.O., 2004.

teilnehmenden Unternehmen im April 2006 (N= 111, Standardabweichung 1.122 Tage), bei US-amerikanischen Unternehmen im Dezember 2005 (N=135, Standardabweichung 1.556 Tage). Die Vergleichbarkeit der Datenbasis ist für die Aussagekraft besonders bedeutend und das Ergebnis zeigt hier, dass diese gewährleistet ist.

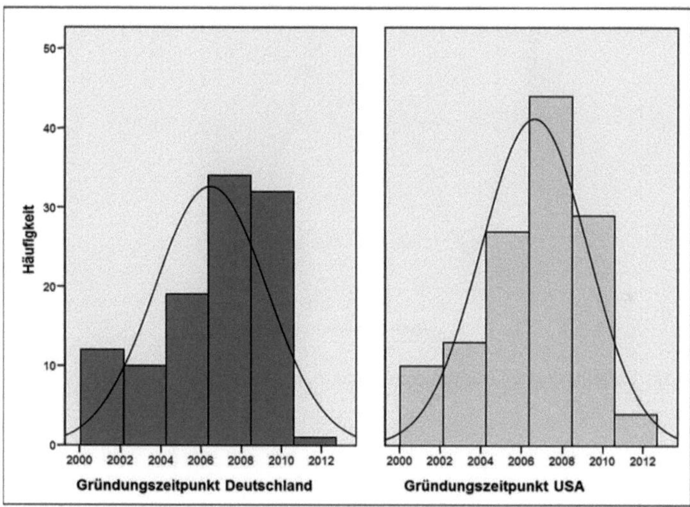

Abbildung 11: Die Verteilung der Gründungszeitpunkte deutscher und US-amerikanischer Unternehmen (Ländervergleich)

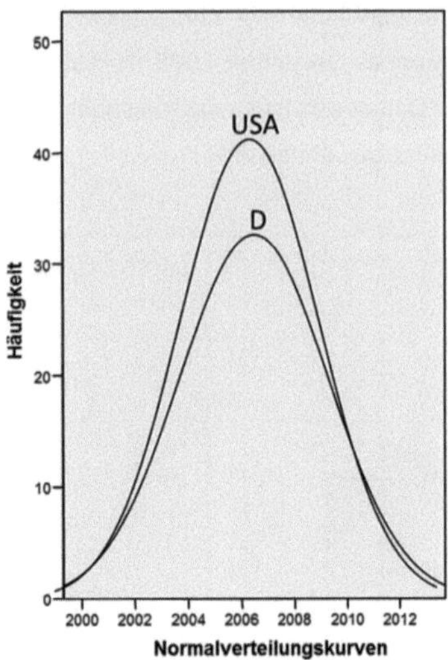

Abbildung 12: Verteilung der Gründungszeitpunkte in Deutschland und in den USA (Ländervergleich)

7.4 Finanzierungsrunden und Finanzierungssummen

Im Folgenden werden die Anzahl der Finanzierungsrunden, der Zeitraum von der Gründung bis zur ersten VC-Finanzierung und die Finanzierungssumme vergleichend gegenübergestellt.

7.4.1 Anzahl der Finanzierungsrunden

In der Studie werden die Managementteam-Veränderungen der ersten drei externen Finanzierungsrunden durch VCG nach der Gründung untersucht. In Tabelle 30 wird dokumentiert, dass US-amerikanische Unternehmen (N[560]=159) insgesamt 346 Finanzierungsrunden erlebt haben, 243 Finanzierungsrunden kommen durch die N=122 deutschen Unternehmen zustande. US-amerikanische Unternehmen durchlaufen tendenziell mehr zweite (59 vs. 51) und mehr dritte Finanzierungsrunden (64 vs. 35) als deutsche Unternehmen (Tabelle 30, $Chi^2_{(2)}$=4,279, p_{2t}=.118). Dieser Befund weist darauf hin, dass US-amerikanische Unternehmen im Vergleich zu deutschen Unternehmen über einen tendenziell schnelleren Zugang zu weiteren Venture Capital Finanzierungen verfügen.

[560] Die Anzahl hat sich hier verringert, da einige Teilnehmer die Umfrage abgebrochen haben.

			Land		Gesamt
			Deutschland	USA	
Anzahl der Finanzierungsrunden	1	Anzahl	36	36	72
		% von Land	29,5%	22,6%	25,6%
	2	Anzahl	51	59	110
		% von Land	41,8%	37,1%	39,1%
	3	Anzahl	35	64	99
		% von Land	28,7%	40,3%	35,2%
Gesamt		Anzahl	122	159	281
		% von Land	100,0%	100,0%	100,0%

Tabelle 30: Anzahl der Finanzierungsrunden pro Unternehmen in den ersten fünf Jahren (Ländervergleich)

7.4.2 Finanzierungssumme bei Venture Capital Investments

Nachfolgend wird die Finanzierungssumme dahingehend untersucht, wie sie sich bei steigenden Finanzierungsrunden verhält. Im Anschluss daran werden die Finanzierungssummen hinsichtlich der Branchenunterschiede analysiert.

Finanzierungssumme bei der ersten, zweiten und dritten Venture Capital Finanzierungsrunde

In der Branchenanalyse (s. Kap. 6) konnte ein Zusammenhang zwischen dem Einfluss der VCG auf die Managementgenese und der Finanzierungssumme hergestellt werden. Aus diesem Grund wurden auch für die Hauptstudie die Finanzierungssummen erhoben. Die Finanzierungssummen sind in US-amerikanischen Investments über alle Runden höher als bei deutschen Investments. So beträgt die mittlere Investitionssumme in der ersten Finanzierungsrunde nach Gründung in deutschen Unternehmen 2,43 Mio € (N[561] = 95, Standardabweichung = 4,80 Mio €) und in US-amerikanischen Unternehmen 4,61 Mio € (N = 120, Standardabweichung = 8,99 Mio €) (Abbildung 13). In der zweiten Finanzierungsrunde steigt die mittlere Investitionssumme in Deutschland auf 3,62 Mio € (N = 70, Standardabweichung = 7,33 Mio €) und in den USA auf 7,63 Mio € (N = 84, Standardabweichung = 8,75 Mio €). In der dritten Finanzierungsrunde hat sich der mittlere Investitionsbetrag in beiden Ländern mindestens verdoppelt. In deutsche Unternehmen investierten VCGs dann im Schnitt 6,31 Mio € (N = 28, Standardabweichung = 9,38), in US-amerikanische im Schnitt 8,73 Mio € (N = 40, Standardabweichung = 7,82).

[561] Die Frage zu den Finanzierungssummen haben noch 95 von 154 teilnehmenden deutschen Unternehmen beantwortet (94 Unternehmen haben die Umfrage beendet.) 120 von 216 teilnehmenden US-amerikanischen Unternehmen haben Angaben zu der Finanzierungssumme gegeben (103 Unternehmen haben die Umfrage beendet.)

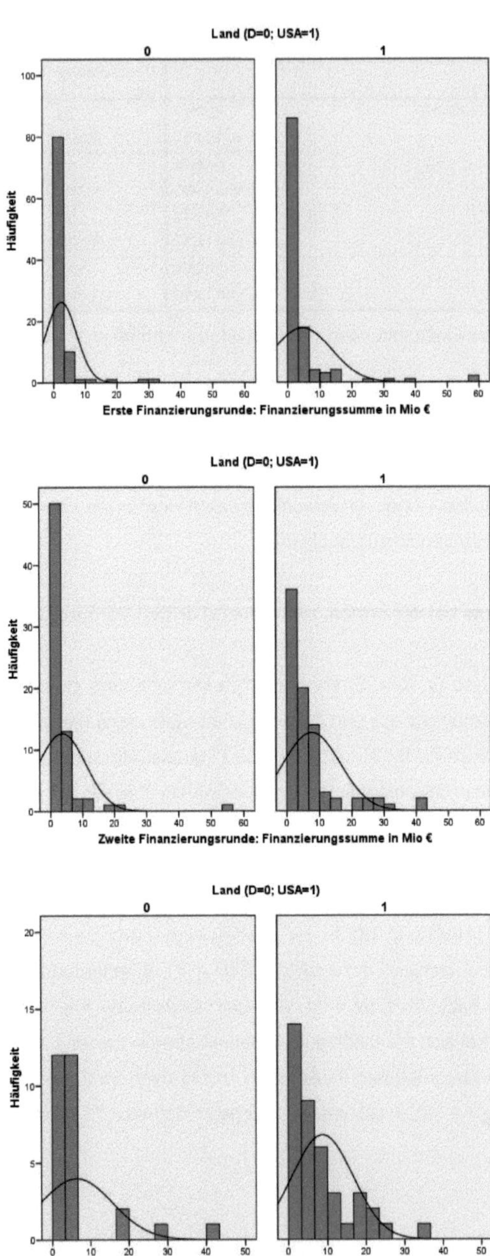

Abbildung 13: Finanzierungssumme in Mio € in der ersten, zweiten und dritten Finanzierungsrunde in deutschen (links) und US-amerikanischen Unternehmen (rechts)

In Tabelle 31 sind die Kategorien der Finanzierungssumme nach Land und Finanzierungsrunden dargestellt. Es wird deutlich, dass sich die Finanzierungssummen im Laufe der Finanzierungsrunden erhöhen und dass sich US-amerikanische Unternehmen eher in den höheren Finanzierungssummen-Kategorien befinden.

Kategorien der Finanzierungssummen (gemittelt in Mio €)		**Erste Finanzierungsrunde**		**Zweite Finanzierungsrunde**		**Dritte Finanzierungsrunde**	
		D	**USA**	**D**	**USA**	**D**	**USA**
0,25	Anzahl	30	13	10	1	3	1
	% von Land	31,58%	10,83%	14,29%	1,15%	10,71%	2,44%
1,5	Anzahl	50	48	40	13	9	1
	% von Land	52,63%	40,00%	57,14%	14,94%	32,14%	2,44%
3,75	Anzahl	5	25	11	22	7	12
	% von Land	5,26%	20,83%	15,71%	25,29%	25,00%	29,27%
6,25	Anzahl	5	17	2	15	5	7
	% von Land	5,26%	14,17%	2,86%	17,24%	17,86%	17,07%
8,75	Anzahl	1	2	2	8	0	2
	% von Land	1,05%	1,67%	2,86%	9,20%	0,00%	4,88%
>8,75	Anzahl	4	15	5	28	4	18
	% von Land	4,22%	12,50%	7,14%	32,18%	14,29%	43,90%
Gesamt	Anzahl	95	120	70	87	28	41
	% von Land	100%	100%	100%	100%	100%	100%

Tabelle 31: Finanzierungssummen der ersten, zweiten und dritten Finanzierungsrunde nach Land (Ländervergleich)

Da US-amerikanische Unternehmen auch in dieser Studie einen besseren Zugang zu VC haben und schneller höhere Summen erhalten als deutsche Unternehmen, sollten sie damit den Markt schneller erreichen und somit einen großen Wettbewerbsvorteil erzielen können.

8 Empirische Hauptstudie – Befunde aus Deutschland und den USA

8.1 Erfolgsmaße

In der Wissenschaft besteht keine Einigkeit darüber, welche Maße den Erfolg von jungen High Tech Unternehmen messen können.[562] In Kapitel 2.1.3 wurde diese Thematik ausführlich dargestellt. Für die vorliegende Studie wurden drei Erfolgsmaße ausgewählt: die beiden quantitativen Erfolgsmaße *Mitarbeiterwachstum*[563] und *Umsatzwachstum*[564] sowie das qualitative Erfolgsmaß *Subjektiver Erfolg*[565]. In den folgenden drei Kapiteln wird statistisch ausgewertet, ob US-amerikanische oder deutsche Unternehmen hinsichtlich dieser drei Erfolgsmaße erfolgreicher sind.

8.1.1 Mitarbeiterwachstum – ein quantitatives Erfolgsmaß

Bei jungen technologieorientierten Unternehmen ist das Mitarbeiterwachstum ein geeignetes Erfolgsmaß.[566] In diesem Abschnitt werden die Unterschiede im Mitarbeiterwachstum zwischen den Ländern analysiert. Die hier zugehörige Hypothese H_{1a} formuliert, dass US-amerikanische Unternehmen hinsichtlich des Mitarbeiterwachstums erfolgreicher sind als deutsche Unternehmen.

Insgesamt haben von 370 teilnehmenden Unternehmen 198 Unternehmen Angaben zu ihren Mitarbeitern bereitgestellt. Der Forschungsfrage entsprechend ist der länderspezifische Unterschied von Bedeutung. 94 der deutschen und 104 der US-amerikanischen Unternehmen haben Angaben zu den Mitarbeitern im ersten Geschäftsjahr zur Verfügung gestellt. Im zweiten Geschäftsjahr nannten noch 91 deutsche und 97 US-amerikanische Unternehmen Angaben zu den Mitarbeitern. Im dritten Geschäftsjahr bezifferten 82 deutsche und 86 US-amerikanische Unternehmen die Mitarbeiter. Im vierten Geschäftsjahr nach Gründung waren es noch 60 deutsche und 68 US-amerikanische Unternehmen, die Angaben bereitstellten. In Deutschland konnten 48 und in den USA noch 54 der Unternehmen Daten zum fünften Geschäftsjahr nach der Gründung angeben. Zwischen deutschen und US-amerikanischen Unternehmen besteht demnach kein Unterschied in der Häufigkeit der Angabe der Mitarbeiterzahlen über die fünf Jahre nach Gründung.

Interessant ist nun, wie sich das Mitarbeiterwachstum beider Länder über die fünf Geschäftsjahre nach Gründung entwickelt hat (Abbildung 14). Im ersten Geschäftsjahr haben deutsche

---

[562] Vgl. Kai-Ingo Voigt, Alexander Brem; Jeannine Sütterlin, a.a.O., 2008, S. 288.

[563] Vgl. Kai-Ingo Voigt, Alexander Brem; Jeannine Sütterlin, a.a.O., 2008, S. 289; vgl. Detlef Müller-Böling, Heinz Klandt, a.a.O., 1993, S. 154; vgl. Christina Dreier, a.a.O., 2001, S. 123; vgl. Marianne Kulicke, a.a.O., 1993, S. 142.

[564] Vgl. Detlef Müller-Böling, Heinz Klandt, a.a.O., 1993, S. 154; vgl. Christina Dreier, a.a.O., 2001, S. 123; vgl. Kai-Ingo Voigt, Alexander Brem, Jeannine Sütterlin, a.a.O., 2008, S. 288-289; vgl. Marianne Kulicke, a.a.O., 1993, S. 142.

[565] Vgl. Marianne Kulicke, a.a.O., 1993, S. 143; vgl. Christina Dreier, a.a.O., 2001, S. 232-237.

[566] Vgl. Kai-Ingo Voigt, Alexander Brem; Jeannine Sütterlin, a.a.O., 2008, S. 288.

Unternehmen im Schnitt 13,8 Mitarbeiter (N=94) und US-amerikanische Unternehmen 13,2 Mitarbeiter (N=104). Auch im zweiten Jahr unterscheiden sich die Mitarbeiterzahlen beider Länder kaum. In Deutschland liegt der Durchschnitt bei 18,0 (N=91) und in den USA bei 19,6 Mitarbeitern (N=97). Im dritten Jahr nach der Gründung allerdings haben US-amerikanische Unternehmen bereits 25,8 Mitarbeiter (N=86) während sich bei den deutschen Unternehmen fast kein Wachstum abzeichnet, denn hier liegt die Anzahl bei 18,3 (N=82) Mitarbeitern. Im vierten Geschäftsjahr erreichen deutsche Unternehmen noch nicht das Niveau der US-amerikanischen Unternehmen im dritten Jahr, ersteres liegt bei durchschnittlich 22,7 Mitarbeitern (N=60). US-amerikanische Unternehmen erreichen hier bereits eine durchschnittliche Mitarbeiterzahl von 30,6 Mitarbeitern (N=68). Im fünften Geschäftsjahr nach Gründung erreichen deutsche Unternehmen mit durchschnittlich 26,9 Mitarbeitern (N=48) das amerikanische Niveau des dritten Jahres. US-amerikanische Unternehmen erreichen hier eine beachtliche Mitarbeiteranzahl von durchschnittlich 40,4 Mitarbeitern (N=54). Sie verfügen über ein schnelleres Wachstum und sind, bezogen auf die durchschnittlichen Mitarbeiterzahlen, den deutschen Unternehmen knapp zwei Jahre voraus. Ob das Mitwirken von VCG der Grund für die größere Wachstumsgeschwindigkeit ist, wird in der vorliegenden Studie untersucht.

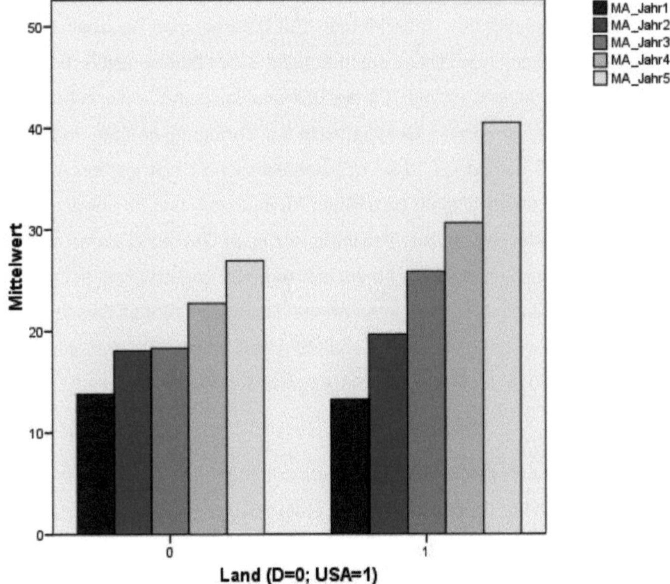

Abbildung 14: Mittelwert der Mitarbeiteranzahl in den ersten fünf Jahren Jahre nach Gründung (Ländervergleich)[567]

[567] Um zum einen die Linearität zu überprüfen und zum anderen zu untersuchen, ob es sich bei den Unternehmen mit stabilem Wachstum nicht um Unternehmen handelt, bei denen Zuwächse und

Nachdem die absoluten durchschnittlichen Mitarbeiterzahlen der Unternehmen beider Länder untersucht worden sind, ist von Interesse, wie sich das durchschnittliche Mitarbeiterwachstum pro Jahr verhält. Die Mittelwerte des Mitarbeiterzuwachses sind nach den vorangegangen Ergebnissen wie erwartet in deutschen und in US-amerikanischen Unternehmen unterschiedlich. US-amerikanische Unternehmen haben ein größeres durchschnittliches Mitarbeiterwachstum pro Jahr. So beträgt das durchschnittliche Mitarbeiterwachstum in deutschen Unternehmen 4,51 (N=91, Standardabweichung=8,78) und in US-amerikanischen Unternehmen 7,51 (N=97, Standardabweichung=13,02) Mitarbeiter pro Jahr. Der Unterschied zwischen deutschen und US-amerikanischen Unternehmen ist statistisch signifikant, so dass die Hypothese H_{1a} angenommen werden kann (mit Varianzungleichheitskorrektur $t_{(169,25)}$=1,86, p_{1t}=.032). In Abbildung 15 sind die Verteilungen der Unternehmen beider Länder vergleichend gegenübergestellt. Es zeigt sich, dass die meisten Unternehmen beider Länder einen geringen Zuwachs aufweisen und wenige Unternehmen über ein hohes Mitarbeiterwachstum verfügen. Aber auch hier wird deutlich, dass in den USA mehr Unternehmen mit höherem Wachstum agieren als in Deutschland. Wegen der rechtsschiefen und sehr spitzen Verteilung kann eine binäre Beurteilung (Mitarbeiterwachstum vs. kein Mitarbeiterwachstum) hilfreich sein. 37,4% (N=34) der deutschen Unternehmen und 48,5% (N=47) der US-amerikanischen Unternehmen verfügen über ein jährliches Mitarbeiterwachstum. Eine Rangvarianzanalyse erweist den Unterschied nicht als signifikant (Mann-Whitney U, p_{2s}=.126[568]).

Reduzierungen neutrale Werte erzeugen, wird zunächst eine (Ward-) Clusteranalyse mit den Unternehmen durchgeführt. Um die Unternehmen miteinander vergleichen zu können, wurde der Mittelwert der Differenzen des Mitarbeiterwachstums zwischen den Geschäftsjahren ermittelt. Es zeigt sich ein großes Cluster mit unterschwelligem Mitarbeiterzuwachs (N=79), ein zweites Cluster mit moderatem Mitarbeiterzuwachs (N=17 Unternehmen) und zwei weitere kleine Cluster (N=3 bzw. 2) mit großem Zuwachs.

[568] Auf Grund der Schiefe wurde ein nichtparametrisches Testverfahren zweier unabhängiger Stichproben gewählt.

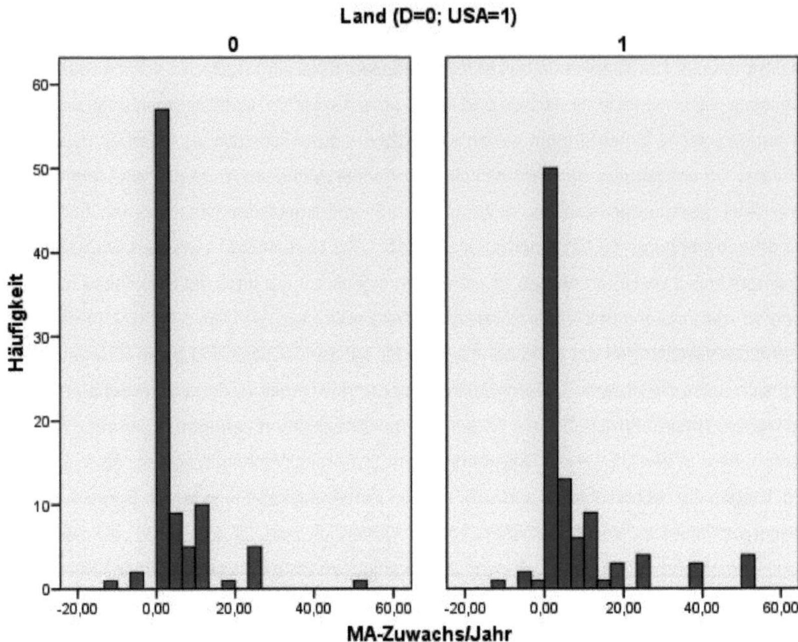

Abbildung 15: Verteilung Mitarbeiterzuwachs/Jahr (Ländervergleich)

Zusammenfassend verfügen US-amerikanische Unternehmen über ein höheres Mitarbeiterwachstum als deutsche Unternehmen (H_{1a} angenommen). Die Geschwindigkeit des Wachstums ist beeindruckend, denn US-amerikanische Unternehmen sind den deutschen Unternehmen knapp zwei Jahre voraus. Ob die US-amerikanischen Unternehmen diese Geschwindigkeit erreichen, weil VCG Einfluss auf die Managementgenese nehmen, wird in Kapitel 8.6 untersucht.

8.1.2 Umsatzzuwachs – ein quantitatives Erfolgsmaß

Ob US-amerikanische Unternehmen hinsichtlich des Umsatzwachstums erfolgreicher sind als deutsche Unternehmen ist Untersuchungsgegenstand der Hypothese H_{1b}. Unternehmen, bei denen alle fünf Geschäftsjahre erreicht wurden, beginnen mit etwas höheren Umsätzen, haben aber dennoch etwa das gleiche Umsatz-Wachstum wie Unternehmen, die das vierte oder fünfte Jahr nach Gründung zum Befragungszeitpunkt noch nicht erreicht haben (Abbildung 16). Ungeachtet noch fehlender Jahre lässt sich ein Zuwachs pro Jahr schätzen, denn die Entwicklung der verschieden alten Unternehmen ist jeweils mit linearem Anwachsen verträglich.

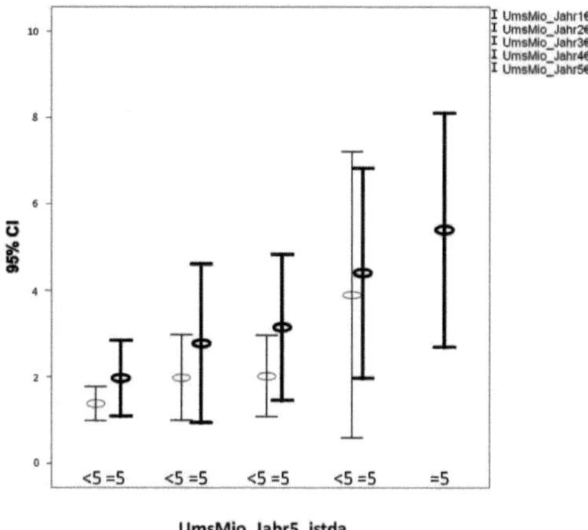

Abbildung 16: Umsatzwachstum nach Geschäftsjahren in den ersten fünf Geschäftsjahren nach Gründung (Ländervergleich)

Das durchschnittliche Umsatzwachstum pro Jahr liegt in deutschen Unternehmen bei 0,81 Mio € (N[569]=85, Standardabweichung=3,75 Mio €) und in US-amerikanischen Unternehmen bei 1,00 Mio € (N=90, Standardabweichung=3,09 Mio €), eine Rangvarianzanalyse erweist den Unterschied als signifikant (Mann-Whitney U, p_{2s}=.002[570]) (Abbildung 17).

[569] Um die Beendigungsquote zu verbessern, konnten im Gegensatz zu allen anderen Fragen die Antworten zu den Erfolgsmaßen ausgelassen werden. Die freiwilligen Angaben zum Umsatz der ersten fünf Jahre nach Gründung stellten 85 deutsche und 90 US-amerikanische Unternehmen zur Verfügung.

[570] Auf Grund der Schiefe wurde ein nichtparametrisches Testverfahren zweier unabhängiger Stichproben gewählt.

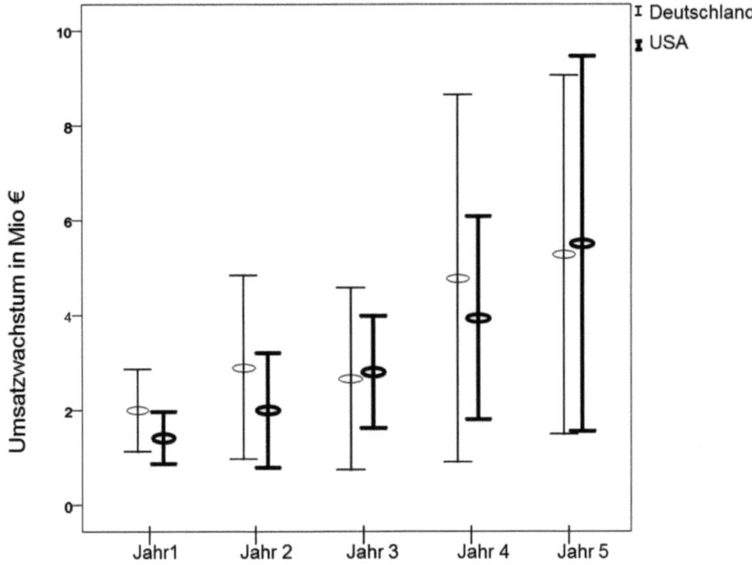

Abbildung 17: Umsatzwachstum nach Land in den ersten fünf Geschäftsjahren nach Gründung (Ländervergleich)

Obwohl die Antwortkategorien des Umsatzes[571] mit Experten besprochen wurden (s. Kap. 5), muss hier kritisch angemerkt werden, dass diese zur Feststellung des Umsatzwachstums möglicherweise zu grob gewählt wurden. Ein Wachstum innerhalb der Klassen ist durchaus möglich. Auf Grund der starken Schiefe des mit ihnen messbaren Zuwachses pro Jahr ist eine binäre Beurteilung (Umsatzzuwachs vs. kein Umsatzzuwachs) der Umsatzentwicklung wohl angemessener. Während in 37,78% der US-amerikanischen Unternehmen ein Zuwachs vorliegt, trifft dies nur auf 15,29% der deutschen Unternehmen zu. Die Hypothese H_{1b} kann auch hier angenommen werden ($Chi^2_{(1)}$= 11,25, p_{2s}<.001).

8.1.3 Subjektiver Erfolg – ein qualitatives Erfolgsmaß

Verschiedene Autoren sind sich einig, dass gerade bei JTU auch subjektive Erfolgsmaße erhoben werden sollten (vgl. Kapitel 2.1.3).[572] Ob US-amerikanische Unternehmen auch hier erfolgreicher abschneiden als deutsche Unternehmen, wird mit Hypothese H_{1c} untersucht. Für

[571] Antwortkategorien der Frage, wie hoch die Umsätze in den jeweiligen Geschäftsjahren nach der Gründung waren: Alter nicht erreicht, 0 - 2.500.000, 2.500.001 - 5.000.000, 5.000.001 - 7.500.000, 7.500.001 - 10.000.000, 10.000.001 -20.000.000, 20.000.001 - 50.000.000, 50.000.001 - 100.000.000, über 100.000.000.

[572] Vgl. Marianne Kulicke, a.a.O., 1993, S. 143; vgl. Christina Dreier, a.a.O., 2001, S. 232-237.

die Messung der subjektiven Kriterien wurden die Items von Dreier übernommen.[573] Da sie allerdings keine weiterführenden Aufstellungen angestellt hat, wurde eine Faktorenanalyse durchgeführt. Die in der Onlineumfrage an den Schluss gestellte Frage zum subjektiven Erfolg wurde von 195 Unternehmen vollständig beantwortet. Die 11 Aussagen wurden per Faktorenanalyse auf zwei Komponenten „Image“ (1) und „Finanzieller Erfolg“ (2) aufgeteilt (Tabelle 32).

Subjektive Erfolgsbewertung: Beurteilung des derzeitigen Standes des Unternehmens (Items aus Dreier[574])	**Komponente[575]**	
	„Image“ (36% var)	**„Finanzieller Erfolg“ (31% var)**
Das Unternehmen hat ein gutes Image.	,893	,073
Das Unternehmen hat eine starke Wettbewerbsposition am Markt.	,855	,162
Das Unternehmen hat eine exzellente technologische Wettbewerbsposition erreicht.	,824	,190
Unsere Kunden sind mit den Dienstleistungen/ Produkten unseres Unternehmens sehr zufrieden.	,806	,233
Ich bin mit dem erreichten Innovationsgrad unserer Dienstleistungen/ Produkte zufrieden.	,796	,277
Ich bin mit dem finanziellen Erfolg des Unternehmens voll zufrieden.	,010	,899
Ich bin mit der Geschwindigkeit, mit der erstmals Gewinn erzielt wurde, voll zufrieden.	-,014	,795
Ich bin mit dem Markterfolg unseres Unternehmens voll zufrieden.	,327	,765
Ich mit der erreichten Effizienz (Zeit und Kosten) unseres Unternehmens voll zufrieden.	,278	,650
Ich bin mit den Deckungsbeiträgen unserer Dienstleistungen/ Produkte zufrieden.	,375	,641
Aufgrund der wirtschaftlichen Entwicklung des Unternehmens würde ich die Unternehmensgründung wiederholen.	,425	,576

Tabelle 32: Aufteilung der subjektiven Erfolgsbeurteilung (Faktorenanalyse mit Varimax Rotation)

In dem Ladungsplot von Abbildung 18 lässt sich erkennen, dass die Items in dem zweidimensionalen Faktorraum zwei Variablenbündel bilden. Das Modell 1 beschreibt die orthogonalen Faktoren „Image“ ($F1_{M1}$) und „finanzieller Erfolg“ ($F2_{M1}$), wie in Tabelle 32. Das Modell 2 beschreibt auf einer Achse, wie gut sich das Unternehmen generell im Erfolg ($F1_{M2}$) einschätzt und auf einer dazu orthogonalen, ob es sich dabei eher um „finanziellen Erfolg“ oder eher um „Image“ ($F2_{M2}$) handelt.

[573] Subjektive Erfolgsbewertung: Beurteilung des derzeitigen Standes des Unternehmens (Skala: stimme nicht zu = 1 und stimme voll und ganz zu = 6), zu den Items s. Tabelle 32, Christina Dreier, a.a.O., 2001, S. 232-237.
[574] Christina Dreier, a.a.O., 2001, S. 232-237.
[575] Insgesamt werden 67,17% der Varianz der 11 Items durch die zwei Faktoren erklärt; 36% durch den ersten (Image) und 31% (Finanzieller Erfolg) durch den zweiten. Die Reliabilitätsanalyse ergab für die Komponente „Image“ ein Cronbach Alpha in Höhe von α=.91 (5 Items) und für die Komponente „Finanzieller Erfolg“ in Höhe von α =.84 (6 Items).

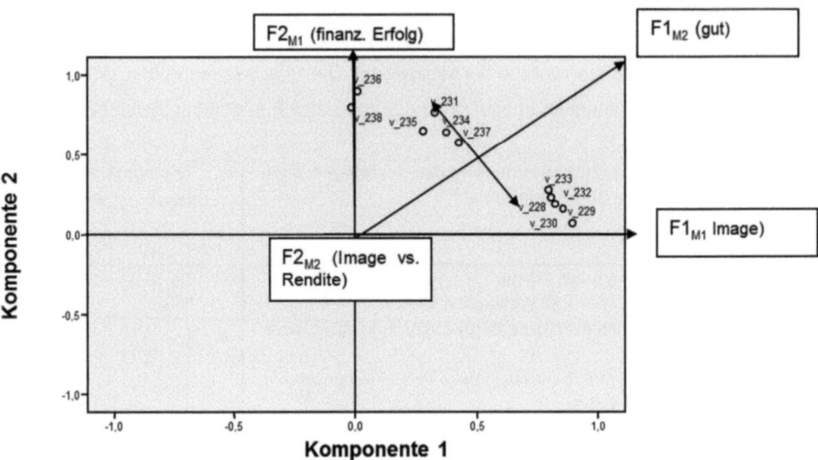

Abbildung 18: Faktorladungsplot zu Tabelle 32

In Modell 1 betrachtet (Image und finanzieller Erfolg) schätzen sich Unternehmen beider Länder (D: N[576]=92, USA: N=98) im Image noch gleich gut ein, aber US-amerikanische Unternehmen bewerten ihren „finanziellen Erfolg" besser ($t_{(188)}$=2,52, p_{1s}=.12 n.s.). Die Unternehmen in Deutschland schätzen sich im Image gut ein, nicht aber im finanziellen Erfolg, woraus, in Modell 2 betrachtet, aus dem Gegensatz Image vs. Erfolg ein negativer Wert resultiert (d~.50, $t_{(188)}$=11,72, p_{1s}=.001). Mit steigender Finanzierungsrunde schätzen sich die deutschen Unternehmen zwar im Image besser ein, jedoch sinkt ihre Einschätzung, dass es dem Unternehmen gut geht. Auf der anderen Seite bewerten US-amerikanische Unternehmer den subjektiven Erfolg hinsichtlich der finanziellen Wirkung besser (positiver Score in Abbildung 19), und diese Tendenz steigt über die Runden sogar an.

576 Es zeigt sich, dass einige Befragte Angaben zu den Mitarbeitern und zu der subjektiven Erfolgseinschätzung getätigt haben, die Fragen zum Umsatzwachstum jedoch übersprungen haben, so dass sich die Anzahl hier wieder leicht erhöht hat.

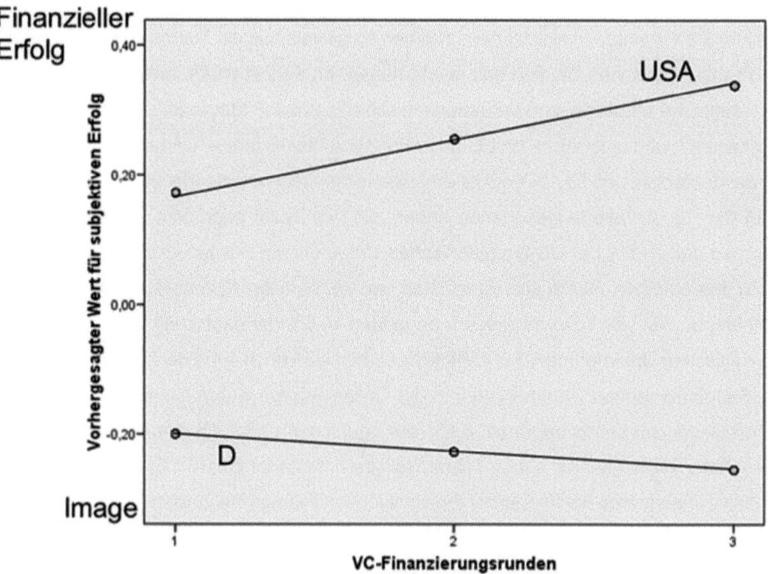

Abbildung 19: Modell 2: Image vs. finanzieller Erfolg (Ländervergleich)

8.1.4 Zwischenzusammenfassung

Es konnte gezeigt werden, dass US-amerikanische Unternehmen sowohl ein höheres Mitarbeiterwachstum (H_{1a}: angenommen) als auch ein höheres Umsatzwachstum (H_{1b}: angenommen) als deutsche Unternehmen aufweisen. In der subjektiven Einschätzung beurteilen sie ihren finanziellen Erfolg höher als deutsche Unternehmen (H_{1c}: angenommen). Von großem Forschungsinteresse ist die Frage, wie US-amerikanische Unternehmen diese Wachstumsgeschwindigkeit erreichen. In Kapitel 8.6 wird untersucht, ob der Einfluss von VCG auf die Managementgenese am Erfolgsunterschied verantwortlich sein kann.

8.2 Gründerteam zum Gründungszeitpunkt

In diesem Kapitel werden die Gründerteams in Bezug auf ihre Größe und ihre Kompetenzen zum Gründungszeitpunkt länderspezifisch gegenübergestellt.

8.2.1 Anzahl der Teammitglieder

In Kapitel 3.3.1.1 wurden verschiedene Studien vorgestellt, die die Teamgröße von deutschen und US-amerikanischen Studien untersucht haben. Im Schnitt wurde festgestellt, dass deutsche Teams 1,9 Mitglieder und US-amerikanische Teams 2,9 Mitglieder umfassen.[577] Mit der Hypothese H_{2a} wird untersucht, ob US-amerikanische Teams größer sind als deutsche Teams. 85% der deutschen und 83,1% der US-amerikanischen technologieorientierten Unternehmen, die an der Hauptstudie teilgenommen haben, sind im Team gegründet worden. 31,9% der deutschen und 34,6% der US-amerikanischen Unternehmen wurden im Zweierteam gegründet. Zu dritt starteten 30,1% aller deutschen und 24,3% aller US-amerikanischen Teams ihr Unternehmen. Mit vier Teammitgliedern begannen 10,6% der deutschen und 11,8% der US-amerikanischen Unternehmen. Fünf Mitglieder umfassten noch 4,4% der deutschen und 5,1% der US-amerikanischen Unternehmen. In der Onlineumfrage wurde die Anzahl der Gründerteammitglieder auf sechs begrenzt. 8,0% der deutschen und 7,4% der US-amerikanischen Unternehmen gaben an, mit sechs Teammitgliedern gestartet zu sein. Es wird deutlich, dass sich die Gründerteams beider Länder hinsichtlich der Teamgröße zu Beginn der Gründung in beiden Ländern kaum unterscheiden (Tabelle 33 und Abbildung 20). Die beliebtesten Kombinationen waren Zweier- und Dreierteams. Die durchschnittliche Teamgröße liegt bei den deutschen Unternehmen bei 2,81 und in den US-amerikanischen Teams bei 2,76 Mitgliedern pro Team. Da in vergangenen Studien stets die Einzelgründer in die Berechnung aufgenommen worden sind, wurden sie auch hier einbezogen.[578] Ohne die Einzelgründer liegt der Gründerteam-Durchschnitt in Deutschland bei 3,14 und in den USA bei 3,12 Teammitgliedern. Die bisherige Annahme, dass deutsche Teams im Schnitt um eine Person kleiner sind als US-amerikanische Teams, kann somit nicht bestätigt werden (vgl. Kapitel 3.3.1).[579] Vielleicht haben sich deutsche Teams im Zeitablauf vergrößert? Da Studien immer wieder darauf hingewiesen haben, dass US-amerikanische Teams größer sind, könnte mittlerweile eine Anpassung seitens der deutschen Teams stattgefunden haben.

---

[577] Vgl. Thomas Mellewigt, Julia F. Späth, a.a.O., 2005, S. 153. Siehe auch Kapitel 6.1.1.
[578] Ebd., S. 153. Siehe auch Kapitel 6.1.1.
[579] Vgl. hierzu Kapitel 6.1

Anzahl der Gründer zum Gründungs-zeitpunkt		Land	
		Deutschland	USA
1	Anzahl	17	23
	% von Land	15,00%	16,90%
2	Anzahl	36	47
	% von Land	31,90%	34,60%
3	Anzahl	34	33
	% von Land	30,10%	24,30%
4	Anzahl	12	16
	% von Land	10,60%	11,80%
5	Anzahl	5	7
	% von Land	4,40%	5,10%
6	Anzahl	9	10
	% von Land	8,00%	7,40%
Gesamt	Anzahl	113	136
	% von Land	100,00%	100,00%

Tabelle 33: Anzahl der Teammitglieder zum Gründungszeitpunkt (Ländervergleich)

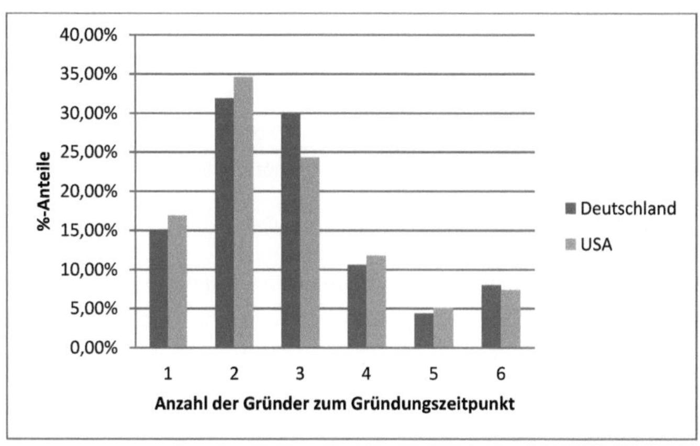

Abbildung 20: Anzahl der Teammitglieder zum Gründungszeitpunkt (Ländervergleich)

8.2.2 Kompetenzen im Gründerteam

Um Kenntnis darüber zu erlangen, wie die Teams zum Gründungszeitpunkt zusammengesetzt waren und wie sich diese Zusammensetzung über die Finanzierungsrunden verändert hat, wurden die vier Kategorien Fachkompetenz, Position im Unternehmen, Alter und Branchenerfahrung erhoben. Mit den Hypothesen H_{2b}, H_{2c}, H_{2d} und H_{2e} wird untersucht, ob Unterschiede zwischen US-amerikanischen und deutschen Teams hinsichtlich dieser vier Kategorien bestehen.

8.2.2.1 Fachkompetenzen

Die Fachkompetenzen konnten in den Kategorien Kaufleute, Ingenieurwissenschaft/ Technik, Geistes-/ Sozialwissenschaft, Naturwissenschaft, Jura, Informatik und der Kategorie Sonstiges ausgewählt werden (Tabelle 34). Wird die Kategorie Kaufleute betrachtet, ergibt sich ein auf den ersten Blick interessantes Ergebnis. In deutschen Gründerteams kommt diese Kompetenz mit 50,44% häufiger vor als in US-amerikanischen Gründerteams mit 42,6%. Allerdings ist dieser Unterschied zu gering, um signifikant zu werden. Der Anteil der Fachkompetenz Ingenieurswissenschaft/Technik beträgt in deutschen Teams 36,28% und in US-amerikanischen Teams 63,97%. Dieser Unterschied ist signifikant ($Wald_{(1)}$=5,417, p_{2s}=.02).[580] In den Geistes- und Sozialwissenschaften erreichen deutsche Gründerteams einen Anteil von 7,96% und US-amerikanischen Teams einen Anteil von 13,24%. Der Anteil der Teams mit Naturwissenschaften weist zwar keinen signifikanten Unterschied ($Wald_{(1)}$=2,235, p_{2s}=.14), aber einen Trend auf: hier liegt der Anteil deutscher Teams bei 37,17% und US-amerikanischen Teams bei nur 16,91%. Jura als Qualifikation kommt in deutschen Teams (10,62%) signifikant ($Wald_{(1)}$=2,907, p_{2s}=.09) häufiger vor als in US-amerikanischen Teams (2,21%). Auch die Informatik-Qualifikation ist in deutschen Teams (23,01%) höher als in US-amerikanischen Teams (7,35%), allerdings kann hier keine statistische Signifikanz festgestellt werden. Mitglieder mit nicht erfasster Kompetenz gab es in 13,27% der deutschen und in 13,24% der US-amerikanischen Teams.

H_{2b} soll teilweise angenommen werden, da in US-amerikanischen Teams häufiger Mitglieder mit Ingenieurs/ Technik-Qualifikation zu finden sind, in deutschen Teams hingegen Naturwissenschaften und Jura öfter im Team aufgenommen sind. Verschiedenheiten zwischen deutschen und US-amerikanischen Teams sind erkennbar.

[580] Als Kontrollvariable wird die Größe des Gründungsteams (N), bei der sich deutsche (2,81) nicht von US-amerikanischen Teams (2,76) unterscheiden, berücksichtigt.

Vorhandene Fachkompetenzen zum Gründungszeitpunkt		Land	
		D	USA
Kaufleute	N	57	58
	% Land	50,44%	42,65%
Ingenieurwissenschaft/ Technik	N	41	87
	% Land	36,28%	63,97%
Geistes-/ Sozialwissenschaft	N	9	18
	% Land	7,96%	13,24%
Naturwissenschaft	N	42	23
	% Land	37,17%	16,91%
Jura	N	12	3
	% Land	10,62%	2,21%
Informatik	N	26	10
	% Land	23,01%	7,35%
Sonstiges	N	15	18
	% Land	13,27%	13,24%

Tabelle 34: Vorhandene Fachkompetenzen im Gründerteam zum Gründungszeitpunkt (Ländervergleich)

8.2.2.2 Position im Team

In der vorliegenden Studie sind die besetzten Positionen im Gründerteam (CEO, CFO, CMO, CSO, CTO, CHRO und Sonstiges) erhoben worden (Tabelle 35). Mit der Hypothese H_{2c} wird analysiert, ob Unterschiede zwischen deutschen und US-amerikanischen Teams hinsichtlich der Positionen im Team bestehen. Die Position des CEO war sowohl in deutschen Teams (88,50%) als auch in US-amerikanischen Teams (86,03%) die am häufigsten besetzte vorkommende Position. Eigentlich sollte jedes Unternehmen über einen CEO verfügen. Jedoch kann in technologieorientierten Unternehmen die Entwicklung des Produktes mehrere Jahre in Anspruch nehmen und die Position des CEO in dieser Zeit offensichtlich in einigen Unternehmen noch unbesetzt bleiben. Die Position des CFO war in deutschen Unternehmen mit 22,12% signifikant ($Wald_{(1)}=2{,}115$, $p_{2s}=.026$)[581] häufiger besetzt als in US-amerikanischen Teams (9,56%). Die Position des CMO war in 12,39% der deutschen und in 7,35% der US-amerikanischen Teams signifikant ($Wald_{(1)}=2{,}701$, $p_{2s}=.10$) häufiger vertreten. In 13,27% der deutschen und in 11,76% der US-amerikanischen Teams war die Position des CSO zum Gründungszeitpunkt besetzt. Die Position des CTO kam in Gründerteams beider Länder relativ häufig vor. So kam diese Position in 47,79% aller deutschen und in 52,94% aller US-amerika-

[581] Als Kontrollvariable wird die Größe des Gründungsteams (N), bei der sich deutsche (2,81) nicht von US-amerikanischen Teams (2,76) unterscheiden, berücksichtigt.

nischen Unternehmen vor. Die Position des CHRO war in nur 1,77% der deutschen Unternehmen vertreten. In US-amerikanischen Teams kam diese Position zum Gründungszeitpunkt gar nicht vor. Kritisch anzumerken ist, dass offensichtlich einige Positionen fehlten, da die Kategorie Sonstige relativ hohe Werte aufweist. In deutschen Teams war diese Position in 34,51% und in US-amerikanischen Teams in 42,65% besetzt. Zusammenfassend lässt sich feststellen, dass bis auf den CFO und den CMO kaum Unterschiede bestehen. Die beiden genannten Positionen lassen sich signifikant häufiger in deutschen Teams finden. Die Hypothese H_{2c} kann teilweise angenommen werden, denn bezüglich einiger Positionen können signifikante Unterschiede festgestellt werden.

Vorhandene Positionen zum Gründungszeitpunkt		**Land**	
		D	**USA**
CEO	N	100	117
	% Land	88,50%	86,03%
CFO	N	25	13
	% Land	22,12%	9,56%
CMO	N	14	10
	% Land	12,39%	7,35%
CSO	N	15	16
	% Land	13,27%	11,76%
CTO	N	54	72
	% Land	47,79%	52,94%
CHRO	N	2	0
	% Land	1,77%	0,00%
Sonstiges	N	39	58
	% Land	34,51%	42,65%

Tabelle 35: Vorhandene Positionen im Gründerteam zum Gründungszeitpunkt (Ländervergleich)

8.2.2.3 Branchenerfahrung

Für diese Variable wurde die Branchenerfahrung (BE) in Jahren erhoben und die längste Erfahrung davon dem Unternehmen zugeordnet (Tabelle 36). Mit der Hypothese H_{2d} wird untersucht, ob Unterschiede zwischen deutschen und US-amerikanischen Unternehmen hinsichtlich der Branchenerfahrung bestehen. Über keine Branchenerfahrung zum Zeitpunkt der Gründung verfügten alle Teammitglieder von immerhin 3 der deutschen und 6 der US-amerikanischen Unternehmen, die diese Frage beantwortet hatten. Da die Verteilung der Branchenerfahrung rechtsschief ist, wird sie mit einer Rangvarianzanalyse verglichen: Das Gründungsmitglied mit maximaler Branchenerfahrung eines deutschen Teams verfügt im Schnitt über 13,43 Jahre (Standardabweichung=9,0); das mit maximaler Branchenerfahrung aus US-

Teams verfügt im Schnitt über 16,01 Jahre (Standardabweichung =9,2), der hypothesenkonforme Unterschied ist signifikant (Mann-Whitney U p_{2s} = .023). Die Hypothese H_{2d} kann angenommen werden.

Branchenerfahrung		Land	
		D	USA
Keine	N	3	6
1 – 5	N	21	9
6-10	N	21	22
11-15	N	24	29
16-20	N	18	23
21-25	N	9	19
26-30	N	6	8
31-35	N	4	8
36-40	N	2	3

Tabelle 36: Maximale Branchenerfahrung im Gründerteam zum Gründungszeitpunkt (Ländervergleich)

8.2.2.4 Alter

Der Unterschied zwischen deutschen und US-amerikanischen Unternehmen im Alter der Teammitglieder wird mit Hypothese H_{2e} untersucht. In der Kategorie unter 25 Jahre waren nur wenige Gründer in deutschen (5,31%) oder US-amerikanische Unternehmen (8,82%) Mitglied (Tabelle 37). Gründer in der Kategorie 26-35 sind in deutschen Unternehmen mit 55,75% stärker vertreten als in US-amerikanischen Unternehmen mit 47,06%. In den Kategorien 36-45 (D: 59,29%, USA: 58,82%), 46-55 (D: 26,55%, USA: 30,88%), 55-65 (D: 9,73%, USA: 12,50%) und 66-75 (D: 1,77%, USA: 0,74%) ergeben sich kaum Unterschiede. Auch das Altersmittel pro Team ist in deutschen Unternehmen mit 37,73 (Standardabweichung = 7.42) und in USA mit 38,15 (Standardabweichung = 8,19) vergleichbar, die Altersstreuung pro Team zeigt allerdings eine Tendenz zu mehr Diversität in den US-Amerikanischen Teams (mittlere within-SD = 6.0 zu 4,79 innerhalb deutscher Teams, Rangvarianzanalyse p_{2s}=.058)

Insgesamt kann die Hypothese H_{2e} nicht angenommen werden; das Alter wird aus diesem Grund für die weiteren Finanzierungsrunden nicht ausgewertet.

Alter		Land	
		D	USA
Unter 25	N	6	12
26-35	N	63	64
36-45	N	67	80
46-55	N	30	42
56-65	N	11	17
66-75	N	2	1
älter als 75	N	-	-

Tabelle 37: Alter im Gründerteam nach Land (Ländervergleich)

8.2.3 Zusammenfassung

Deutsche und US-amerikanische Teams unterschieden sich nicht wesentlich hinsichtlich der Größe. Die Hypothese H_{2a} kann nicht angenommen werden (US-amerikanische Teams= 2,76; Deutsche Teams= 2,81 Mitglieder/ Team). H_{2b} kann teilweise angenommen werden. In US-amerikanischen Teams kommt die Fachkompetenz Ingenieurwissenschaften/ Technik häufiger vor als in deutschen Teams. In deutschen Teams hingegen sind Naturwissenschaften und Jura öfter Bestandteil des Teams als in US-amerikanischen Teams. H_{2c} kann ebenfalls teilweise angenommen werden. Die Positionen des CFO und des CMO sind in deutschen Teams häufiger vertreten als in US-amerikanischen Teams. Die Hypothesen H_{2d} wird ebenfalls angenommen, die Person mit längster Branchenerfahrung in US-amerikanischen Teams hat im Schnitt 2,5 Jahre längere Erfahrung als die Person mit längster Branchenerfahrung in deutschen Teams.

Nur H_{2e} darf nicht angenommen werden, bei dem Alter der Teammitglieder bestehen keine wesentlichen Unterschiede zwischen deutschen und US-amerikanischen Teams.

8.3 Teambildung

Die Teambildung kann in Gründerteams sowohl Vertrauens-basiert als auch Ressourcen-orientiert stattfinden. Um zu analysieren, nach welchen Aspekten sich die Gründerteams gebildet haben, wurde erhoben, wie sie sich zum Gründungszeitpunkt gefunden haben. Die Vertrauens-basierte Teambildung wird durch die Aussagen „Wir kannten uns aus dem Studium.", „Wir kannten uns, weil wir Arbeitskollegen/ Kooperationspartner waren.", „Wir pflegten eine freundschaftliche Beziehung." und „Wir sind verwandt." dargestellt. Eine Ressourcen-orientierte Teambildung wird durch die Aussagen „Wir haben uns über eine Stellenanzeige/Onlineplattform gefunden.", „Wir haben uns im Rahmen des Gründungskontextes (auf Veranstaltungen, in Gründerzentren etc.) kennengelernt.", „Wir hatten Hilfe von Beratern/ Coaches/ Personaldienstleistern." und „Wir hatten Hilfe von Finanzinstitutionen." repräsentiert. In einer zweiten Frage wurden die Kriterien der Gründerteam-Bildung zum Gründungszeitpunkt erhoben. Die Aussagen „Bestimmte fachliche Kompetenzen wurden benötigt." und „Teammitglied brachte Kontakte und/ oder Kapital ein." sind Ressourcen-orientiert. Während die Aussagen „Vertrauen auf Grund familiärer oder freundschaftlicher Beziehungen." und „Erfahrung in der Zusammenarbeit." als Vertrauens-basiert gelten. Die Auswahlmöglichkeit „Sonstiges" konnte ebenfalls ausgewählt werden, falls die Informationen nicht mehr vorlagen oder keine eindeutige Zuordnung stattfinden konnte. Für die Basis der Teambildung konnten 190 (D=87, USA=103) der 370 Unternehmen ausgewertet werden.

8.3.1 Vertrauens-basierte vs. Ressourcen-orientierte Teambildung

Es wird untersucht, ob deutsche Teams eher auf Vertrauens-basierte (H_{3a}) und US-amerikanische Teams stärker auf Ressourcen-orientierte (H_{3b}) Aspekte Wert legen. Da sich Teams auch aus mehr als zwei Personen zusammensetzen können, wurden die Fragen zur Teambildung jeweils so gestellt, dass der Teilnehmer wählen konnte, ob die Antwort auf das gesamte Team oder einen Teil des Teams zutrifft. Die Teambildung konnte in 51% der Fälle (36 deutsche und 62 US-amerikanische Unternehmen) eindeutig der Ressourcen- oder Vertrauensorientierten Basis zugeordnet werden. Jedoch beantworteten 49% der Teams die Frage mit beiden Gründen, dass also sowohl Vertrauens-basierte als auch Ressourcen-orientierte Aspekte eine Rolle spielten oder weder der einen noch der anderen Teambildung zugeordnet werden konnten. Die beiden Basen sind also kaum negativ korreliert (r=-.02, n.s.)[582] (Tabelle 38), so dass beide Dimensionen unabhängig betrachtet werden müssen.

			Ressourcen-orientierte Teambildung		Gesamt
			0	1	
Deutschland	Vertrauens-basierte Teambildung	0	9	8	17
		1	28	42	70
		Gesamt	37	50	87
USA	Vertrauens-basierte Teambildung	0	13	14	27
		1	48	28	76
		Gesamt	61	42	103

Tabelle 38: Kreuztabelle: Vertrauens-basierte Teambildung und Ressourcen-orientierte Teambildung (Ländervergleich)

[582] Korrelation nach Pearson.

Deutsche Teams scheinen sich tendenziell Vertrauens-basierter zusammenzusetzen als US-amerikanische Teams. In den USA (N=103) haben sich 73,8% der Gründerteams zum Teil oder gänzlich Vertrauens-basiert zusammengesetzt, in deutschen Unternehmen (N=87) beträgt der Anteil hingegen 80,5%. Der Unterschied ist allerdings nicht signifikant (Hypothese H_{3a} wird nicht angenommen: $Chi^2_{(1)}=1{,}18$, $p_{2s}= .28$ n. s.). Die Auswertung der Frage nach dem Ressourcen-orientierten Ansatz ist hingegen überraschend. Die Teambildung haben 57,5% der deutschen (N=87) aber nur 40,8% der US-amerikanischen Unternehmen (N=103) nach Ressourcen-orientierten Gesichtspunkten durchgeführt. Dieser Unterschied ist signifikant (Hypothese H3b wird nicht angenommen: $Chi^2_{(1)}=5{,}26$, $p_{2s}=.03$). Deutsche Unternehmen setzen sich Ressourcen-orientierter zusammen als US-amerikanische Unternehmen. Es bleibt zu untersuchen, wie sich die Teambildung auf den Erfolg beider Strategien auswirkt.

8.3.2 Zusammenhang zwischen Erfolg und Teambildung

Der Zusammenhang zwischen den beiden Strategien Vertrauens-basierter und Ressourcen-orientierter Teambildung und dem Erfolg des TOU wurde mit Hilfe der Erfolgsmaße Mitarbeiterzuwachs und Umsatzzuwachs gemessen. Es wird untersucht, ob US-amerikanische Unternehmen erfolgreicher sind, wenn die Teambildung Ressourcen-orientiert oder wenn sie Vertrauens-basiert stattfindet (H_{3c} und H_{3d}). Werden die Interaktionen der Nationszugehörigkeit mit den Strategien der Teambildung in einer dreifaktoriellen logistischen Regression der binären Erfolgsmasse (jährliches Wachstum ja/nein) untersucht, so können bei dem Mitarbeiterwachstum keine Interaktionen nachgewiesen werden. Die Regression des Umsatzwachstums zeigt aber zumindest tendenzielle Effekte (Ressourcen-orientiert mal Land: $Wald_{(1)}=1{,}78$, p_{2s} =.182; Vertrauens-basiert mal Land $Wald_{(1)}=1{,}69$ p_{2s} =.194); (Tabelle 39).

	Umsatzzuwachs (binär) N[583] = 147 Unternehmen		**Mitarbeiter-zuwachs (binär)** N = 159 Unternehmen	
Prädiktor	Wald (df=1)	p_{2s}	Wald (df=1)	p_{2s}
Haupteffekte				
Land	5,882	.015	0,253	.615
Vertrauens-basierte Teambildung	0,797	.372	0,187	.666
Ressourcen-orientierte Teambildung	0,935	.334	0,074	.786
Interaktionen				
Vertrauens-basierte Teambildung x Land	1,779	.182	0,002	.969
Ressourcen-orientiertes Teambildung x Land	1,685	.194	0,914	.339

Tabelle 39: Logistische Regression von Erfolgsvariablen (Umsatzzuwachs, Mitarbeiterzuwachs) auf die Ressourcen-orientierte und Vertrauens-basierte Teambildung moderiert durch das Land

Auch wenn die Zufallswahrscheinlichkeit das Ergebnis noch belastet (p_{2s}<.20 kann immerhin als p_{1s}<.10 interpretiert werden), so zeigen die Schätzungen in Tab. 40 genau das von H_{3c} und H_{3d} erwartete Muster: Umsatzwachstum findet in deutschen Unternehmen eher bei Vertrauens-basierter und Umsatzwachstum in US-amerikanischen Unternehmen eher bei Ressourcen-orientierter Teambildung statt.

			Ressourcen-orientierte Teambildung 0	1
Deutschland	**Vertrauens-basierte Teambildung**	0	8%	4%
		1	**22%**	13%
USA	**Vertrauens-basierte Teambildung**	0	41%	**52%**
		1	30%	40%

Tabelle 40: Geschätzter Anteil von Unternehmen mit Umsatzwachstum pro Jahr bei Ressourcen-orientierter und Vertrauens-basierter Teambildung (Ländervergleich)

8.3.3 Zusammenfassung

Sowohl die deutschen (80,5%) als auch die US-amerikanischen Unternehmen (73,8%) bilden sich oft Vertrauens-basiert. Es besteht kein signifikanter Unterschied (H_{3a} wird nicht angenom-

[583] Die Anzahl weicht hier von den oben genannten Anzahl (N=190) ab, da die Angaben zu den Erfolgsmaßen freiwillig ausgefüllt werden konnten, um die Abbruchquote zu verringern.

men). Die erhebungstechnisch unkorrelierte Ressourcenorientierung ist allerdings in deutschen Teams häufiger (57,5%) als in US-amerikanische Teams (41%); dieser hypothesenkonträre Unterschied ist signifikant (H_{3b} wird nicht angenommen).

Welche Strategie bei der Teambildung erfolgsversprechender ist, konnte nicht signifikant nachgewiesen werden (Hypothesen H_{3c} und H_{3d} nicht angenommen). Allerdings wird deutlich, dass beide Strategien die Tendenz aufweisen, das Umsatzwachstum zu beeinflussen. Für deutsche Teams ist die Vertrauens-basierte, für US-amerikanische Teams die Ressourcen-orientierte Teambildung tendenziell ($p_{1s} < .10$) erfolgsversprechender.

8.4 Teamzusammenhalt im Gründerteam

Hat sich ein Team in seiner ersten Zusammensetzung gebildet, stellt sich die Frage nach dem Teamzusammenhalt. In diesem Kapitel wird analysiert, welche Unterschiede zwischen deutschen und US-amerikanischen Teams im Teamzusammenhalt bestehen und wie sie sich auf den Erfolg auswirken.

8.4.1 Gescheiterte Finanzierungsrunden als Einflussfaktor auf den Teamzusammenhalt

Um den Teamzusammenhalt messen zu können, wurden die Unternehmen befragt, ob bereits VC-Finanzierungsrunden gescheitert sind. Wenn bereits Finanzierungsrunden daran gescheitert waren, dass die VCG mit dem Team nicht einverstanden war, lässt sich erschließen, dass das Team in dem Fall nicht damit einverstanden war, dass Änderungen in der Teamstruktur vorgenommen werden. Andernfalls hätte die VC-Finanzierung stattgefunden. Auf Grund der Voruntersuchungen wird hier erwartet, dass deutsche Unternehmen eine höhere Wahrscheinlichkeit des Zusammenhalts (also der Zurückweisung von Teamveränderungen durch VCG) aufweisen als US-amerikanische Unternehmen (H_{4a}). Die Experten gehen davon aus, dass deutsche Teams mit den ihnen vertrauten Personen gründen möchten.[584] Tatsächlich haben 25,0% der deutschen Unternehmen (N=76) schon mindestens eine VC-Finanzierung scheitern lassen, während nur 11,3% der US-amerikanischen Unternehmen (N=151) diese Erfahrung durchlebt haben. Der Unterschied ist signifikant (Hypothese H_{4a} kann angenommen werden: $Chi^2_{(1)}=7{,}154$, $p_{2s}=.007$). Deutsche Gründerteams weisen bei VC-Finanzierungen einen stärkeren Teamzusammenhalt auf als US-amerikanische Gründerteams. Sie lassen die VC-Finanzierungen signifikant öfter als US-amerikanische Teams nicht zustande kommen, weil die VCG mit der Teamzusammensetzung nicht einverstanden ist.

[584] Siehe Kapitel 6.2.1.

8.4.2 Zur Erfolgswirkung des Teamzusammenhalts

Die Unterschiede im Teamzusammenhalt der Gründerteams sind zwischen beiden Ländern signifikant. Es bleibt die bedeutende Frage nach der Erfolgswirkung. Die zu untersuchende Hypothese behauptet, dass US-amerikanische Unternehmen erfolgreicher sind, weil sie das Eingreifen in die Managementgenese seitens der VCG eher zulassen als deutsche Unternehmen (H_{4b}). Hier zeigen weder das qualitative Erfolgsmaß subjektiver Erfolg noch das quantitative Erfolgsmaß Mitarbeiterwachstum den Interaktionseffekt von Teamzusammenhalt mit Land. Auch das quantitative Erfolgsmaß Umsatzwachstum (binär) kann keine Erfolgswirkung des länderspezifischen Teamzusammenhalts nachweisen ($Wald_{(1)}=0,393$; $p_{2s}=.531$). Die Hypothese H_{4b} kann nicht angenommen werden.

8.4.3 Zusammenfassung

Der Teamzusammenhalt ist bei deutschen Gründerteams signifikant höher (H_{4a} ist angenommen). Eine signifikante Erfolgswirkung konnte aber nicht festgestellt werden (H_{4b} wird nicht angenommen). Das Ergebnis zeigt, dass der Teamzusammenhalt in deutschen Unternehmen deutlich stärker ist als in US-amerikanischen Gründerteams. Leider konnte bei dieser Studie weder für das eine noch für das andere Verhalten eine Erfolgswirkung nachgewiesen werden. So kann weder bestätigt noch dementiert werden, dass sich das deutsche Verhalten negativer auf den Erfolg auswirkt als das US-amerikanische Verhalten. Diese Fragestellung sollte in einer weiteren Studie analysiert werden, da vermutet wird, dass sich doch ergibt, dass die US-amerikanischen Unternehmen mit ihrer reaktiveren Strategie eine höhere Erfolgsaussicht aufweisen.

8.5 Venture Capital Gesellschaften als Einflussnehmer auf die Managementgenese

JTU benötigen häufig externe Finanzierungsmittel um ihr Produkt oder ihre Dienstleistung zur Marktreife zu entwickeln und sich darüber hinaus im Markt zu behaupten. Sie sind im besonderen Maße auf externes Kapital angewiesen, da mit der Produkteinführung eine größere Marktbearbeitung mit Marketingmaßnahmen und Kundendienstangeboten einhergeht.[585] Mit Hilfe von VCG wird Chancenkapital zur Verfügung gestellt. Immer wieder wird auch davon berichtet, dass VCG dafür Einfluss auf die Managementgenese nehmen möchte. In der vorliegenden Studie hat sich die Vermutung bewährt, dass US-amerikanische Unternehmen erfolgreicher als deutsche sind (Kap. 8.1). Interessant ist nun die Frage, ob ein solcher Einfluss länderspezifisch ist und ob sich ein Einfluss von VCG auf die MTV auf den Erfolg auswirkt. In

[585] Vgl. Armgard Wippler, a.a.O., 1998, S. 17.

den folgenden drei Kapiteln wird die Erfolgswirkung des Einflusses der VCG auf die MTV im Allgemeinen, sowie, im Anschluss, auf die MTZ und MTR getrennt analysiert.

8.5.1 Venture Capital Gesellschaften als Einflussnehmer auf Managementteam-Veränderungen

Zunächst werden die länderspezifischen Unterschiede des Einflusses von VCG auf die MTV analysiert. Die Managementgenese wird in der vorliegenden Studie als Teamveränderung von der Gründung bis zur dritten externen Finanzierungsrunde von VC gemessen. Es wurde stets nach einer Teamveränderung gefragt, die zum Zeitpunkt der Finanzierung oder im Jahr danach stattgefunden hat. Es konnten Daten von 99 deutschen und von 121 US-amerikanischen Unternehmen ausgewertet werden. Im Anschluss daran wird die Erfolgswirkung des VCG-Einflusses untersucht.

8.5.1.1 Managementteam-Veränderungen unter dem Einfluss von Venture Capital Gesellschaften

Es wird angenommen, dass US-amerikanische VCG stärker auf die Managementgenese wirken als deutsche VCG (H_{5a}). Wird die Managementgenese im Allgemeinen betrachtet, kann ein Unterschied zwischen dem Einfluss deutscher und US-amerikanischer VCG festgestellt werden. In den teilnehmenden deutschen Unternehmen (N= 99) fanden in 59 Fällen (59,60%) Teamveränderungen statt, in den US-amerikanischen Unternehmen (N=121) lag die Teamveränderungsquote aber bei 80,99% (98 Fälle) ($Chi^2_{(1)}$= 14,396, p_{2s}=.001). In Deutschland waren allerdings 28,81% und in den USA nur 18,37% der Teamveränderungen durch die VCG verursacht (Tabelle 41). In US-amerikanischen Unternehmen ist die Quote der freiwilligen Teamveränderung (81,63%) demnach tendenziell höher als in deutschen Unternehmen (71,12%) ($Chi^2_{(1)}$= 2,320, p_{2s}=.128 n.s., Hypothese H_{5a} nicht angenommen). Bei US-amerikanischen Unternehmen finden mehr Teamveränderungen statt als in deutschen Unternehmen, jedoch wirken deutsche VCG entgegen den Erwartungen tendenziell eher stark auf die MTV als US-amerikanische VCG.

		$MTV_{freiwillig}$	$MTV_{durch\ VCG\ initiiert}$	Gesamt MTV
Deutschland (N=99)	Anzahl	42	17	59
	% von MTV	71,19%	28,81%	100,0%
USA (N=121)	Anzahl	80	18	98
	% von MTV	81,63%	18,37%	100,0%

($MTV_{freiwillig}$= mind. eine freiwillige Managementteam-Veränderung, $MTV_{durch\ VCG\ initiiert}$ = mind. eine Managementteam-Veränderung auf Wunsch der VCG)

Tabelle 41: VCG als Einflussnehmer auf die Managementteam-Veränderungen (Ländervergleich)

Das Ergebnis ist sehr interessant. Es könnte ein Hinweis darauf sein, dass sich deutsche VCG das Verhalten US-amerikanischer VCG als Handlungsform mittlerweile angeeignet haben. Da Zeitvergleiche bisher nicht empirisch untersucht worden sind, besteht allerdings auch die Möglichkeit, dass deutsche VCG immer schon auf die MTV eingewirkt haben, dies nur subjektiv anders wahrgenommen wurde. US-amerikanische Unternehmen haben eine nachgewiesene höhere Teamveränderungsquote. Kritisch anzumerken ist, dass sich der vom Managementteam wahrgenommene Einfluss auf die Managementgenese vom tatsächlichen Einfluss unterscheiden kann. VCG können eine später als freiwillig attribuierte Teamveränderung initiiert haben.

8.5.1.2 Erfolgswirkung des Einflusses von Venture Capital Gesellschaften auf die Managementgenese

Aber sind Unternehmen, die von VCG initiierte MTV erlebt haben, erfolgreicher als die Unternehmen, die diese Erfahrung nicht gemacht haben? Im Speziellen wird erwartet, dass US-amerikanische Unternehmen erfolgreicher sind, weil VCG die Managementgenese bestimmen (H_{5d}). In Tabelle 42 werden das durchschnittliche Mitarbeiterwachstum und das durchschnittliche Umsatzwachstum pro Jahr nach Herkunftsland aufgeführt. Hierbei werden Unternehmen unterschieden, die keine MTV, mindestens eine freiwillige MTV oder mindestens eine durch die VCG initiierte MTV erlebt haben. In Deutschland (N=85) haben solche Unternehmen, die freiwillige eine MTV erlebt haben sowohl das höchste jährliche Mitarbeiterwachstum (6,00 MA/Jahr) als auch das höchste Umsatzwachstum (1,35 Mio €/Jahr). Deutsche Unternehmen, die eine durch VCG erzwungene MTV erlebt haben, liegen beim Mitarbeiterwachstum (3,44 MA/Jahr) aber noch tendenziell vor den Unternehmen, die keine MTV erlebt haben (3,37 MA/Jahr). Bei dem Umsatzwachstum verhält es sich umgekehrt. Hier ist das jährliche Umsatzwachstum bei den Unternehmen höher, die keine MTV erlebt haben (0,57 Mio €/Jahr zu 0,04 Mio €/Jahr).

Aus den US-amerikanischen Unternehmen mit gültigen Angaben (N= 90) haben solche ohne MTV das höchste jährliche Mitarbeiterwachstum berichtet (8,97 MA/Jahr), gefolgt von den Unternehmen mit mind. einer freiwilligen MTV (7,37 MA/Jahr) und den Unternehmen, die von VCG initiierte MTV erlebt haben (6,10 MA/Jahr). Beim Umsatzwachstum verhält es sich allerdings so, dass Unternehmen mit einer durch VCG initiierten MTV das höchste Umsatzwachstum erfahren (1,48 Mio €/Jahr). Darauf folgen Unternehmen mit mind. einer freiwilligen MTV (0,97 Mio €/Jahr). Das niedrigste jährliche Umsatzwachstum verzeichnen Unternehmen, die keine MTV erlebt haben (0,62 Mio €).

		Mitarbeiter-zuwachs/ Jahr	**Umsatz-zuwachs in Mio €/ Jahr**	**Gültige N**[586]
		Mittelwert	Mittelwert	
Deutschland	MTV_{keine}	3,37	0,57	32
	$MTV_{freiwillig}$	6,00	1,35	37
	$MTV_{durch\ VCG\ initiiert}$	3,44	0,04	16
USA	MTV_{keine}	8,97	0,62	19
	$MTV_{freiwillig}$	7,37	0,97	54
	$MTV_{durch\ VCG\ initiiert}$	6,10	1,48	17

(Teamveränderungen: MTV_{keine} =keine Managementgenese, $MTV_{freiwillig}$= mind. eine freiwillige Managementgenese, $MTV_{durch\ VCG\ initiiert}$ =mind. eine Managementgenese auf Wunsch der VCG)

Tabelle 42: Erfolgsauswirkungen (mittleres Wachstum) der Managementgenese (Ländervergleich)

Um die Erfolgswirkungen der Einflussnahme seitens der VCG auf die MTV auch inferenzstatistisch zu prüfen, mussten die abhängigen Variablen binär (kein Zuwachs/ Zuwachs hat stattgefunden) zusammengefasst werden. Für den Mitarbeiter-Zuwachs bleiben alle Zusammenhänge im Zufallsbereich (Tabelle 43). Für den Erfolgsfaktor Umsatzzuwachs zeigen sich Signifikanzen: US-amerikanische Unternehmen, in denen die VCG auf die Managementteam-Veränderungen eingewirkt haben (N=17), sind erfolgreicher (52,94% erzielen einen Umsatzzuwachs) gegenüber solchen ohne Einwirkung (N=54, 35,19%) und gegenüber deutschen Unternehmen mit VCG-Einfluss (N=16, 6,25% mit Zuwachs; ggü. ohne Einfluss N=37, 24,32% mit Zuwachs) (H_{5d} kann angenommen werden. $Wald_{(1)}$=3,461, p_{2s}=.063).

[586] Die Anzahl der Fälle ist hier etwas geringer, als im vorangegangen Kapitel, da nur die Fälle ausgewertet werden konnten, bei denen die Erfolgsmaße vollständig ausgefüllt worden sind.

	Mitarbeiterzuwachs (binär)			Umsatzzuwachs (binär)		
	Wald	df	p_{2s}	Wald	df	p_{2s}
Haupteffekt Land	0,017	1	.895	6,129	1	.013
Haupteffekt MTV	1,125	1	.289	1,673	1	.196
Interaktion	0,179	1	.672	3,461	1	.063

Tabelle 43: Logistische Regression von Erfolgsvariablen auf die VGG-initiierten Managementtteam-Veränderung (MTV, binär)[587] moderiert durch das Land

8.5.1.3 Zusammenfassung

Bei US-amerikanischen Unternehmen finden mehr Teamveränderungen statt als in deutschen Unternehmen, jedoch wirken deutsche VCG entgegen den Erwartungen eher stärker auf die MTV als US-amerikanische VCG ($Chi^2_{(1)}$= 2,320, p_{2s}=.128 n.s., Hypothese H_{5a} nicht angenommen). Das Umsatzwachstum steigt bei den Unternehmen, die mind. eine MTV erlebt haben, eher als in den Unternehmen, die keine MTV erfahren haben. Dies gilt für beide Länder. Interessant ist, dass in deutschen Unternehmen Umsatzwachstum wahrscheinlicher ist, wenn die MTV freiwillig stattfinden. Nur in US-amerikanischen Unternehmen ist Umsatzwachstum wahrscheinlicher, wenn die MTV durch die VCG initiiert wurde ($Wald_{(1)}$=3,461, p_{2s} =.063 entspricht p_{1s} <.05). Das deutet darauf hin, dass nur die US-amerikanischen VCG ein gutes Gespür für die benötigten Human Ressourcen besitzen. Kritisch anzumerken ist hier, dass eine freiwillige MTV auch nur als nicht durch VCG initiierte MTV wahrgenommen sein könnte.

Es konnte nachgewiesen werden, dass US-amerikanische Unternehmen, die mindestens eine MTV durch VCG erfahren, ein signifikant wahrscheinlicheres Umsatzwachstum erzielen. Hypothese H_{5d} wird somit angenommen. Um differenziertere Ergebnisse zu erhalten, werden in den folgenden beiden Kapiteln die MTV nach MTZ und nach MTR differenziert analysiert.

8.5.2 Venture Capital Gesellschaften als Einflussnehmer auf Managementteam-Zugänge

Nachdem die Unterschiede des Einflusses der VCG auf die MTV im vorangegangen Kapitel analysiert wurden, werden im Folgenden die MTZ unter dem Einfluss von VCG länderspezifisch ausgewertet. Im Anschluss daran wird die Erfolgswirkung dieses Prozesses untersucht.

[587] Die binären Managementteam-Veränderungen beschreiben, ob eine MTV, beeinflusst durch VCG stattgefunden hat (=1) versus keine MTV oder eine freiwillige MTV stattgefunden hat (=0).

8.5.2.1 Managementteam-Zugänge unter dem Einfluss von Venture Capital Gesellschaften

Zunächst ist zu klären, in welchem Umfang die MTZ in Unternehmen beider Länder stattfinden und wie stark VCG Einfluss darauf nehmen. Mit Hypothese H_{5b} wird analysiert, ob US-amerikanische VCG stärkeren Einfluss auf die MTZ nehmen als deutsche VCG. In 44,44% aller deutschen (N=99) und in 71,90% der US-amerikanischen Unternehmen (N=121) hat mindestens ein MTZ stattgefunden. Der Unterschied zwischen den beiden Ländern ist signifikant ($Chi^2_{(2)}$= 17,068, p_{2s}<.001) und zeigt, dass US-amerikanische Unternehmen deutlich mehr MTZ erfahren als deutsche Unternehmen. Es stellt sich zudem die Frage nach dem Einfluss von VCG. Die durch VCG verursachte Teamzugangs-Quote beträgt in der binären Betrachtungsweise (freiwillige MTZ versus durch VCG initiierte MTZ) in deutschen Unternehmen 27,27% und in US-amerikanischen Unternehmen 28,74% ($Chi^2_{(2)}$= 0,031, p_{2s}=.861 n. s.); ist also zunächst fast gleich. Wird als Basisrate aber die Gesamtzahl der Unternehmen gesetzt, so haben in Deutschland 12,12% (N=12 von 99) aller betrachteten Unternehmen mind. einen durch die VCG initiierte MTZ erlebt (Tabelle 44). In US-amerikanischen Unternehmen hingegen haben 20,66% (N=25 von 121) der Unternehmen Einfluss auf die MTZ seitens der VCG erfahren. Dieses Ergebnis ist signifikant (Hypothese H_{5b} wird angenommen; $Chi^2_{(2)}$= 17,068, p_{2s}<.001). Somit wirken US-amerikanische VCG stärker auf die MTZ ein als deutsche VCG.

		MTZ_{keine}	$MTZ_{freiwillig}$	$MTZ_{durch\ VCG\ initiiert}$
Deutschland	Anzahl	55	32	12
(N=99)	% von Land	55,56%	32,32%	12,12%
USA	Anzahl	34	62	25
(N=121)	% von Land	28,10%	51,23%	20,66%

(MTZ_{keine} =keine Managementteam-Zugänge, $MTZ_{freiwillig}$= mind. eine freiwillige Managementteam-Zugänge, $MTZ_{durch\ VCG\ initiiert}$ =mind. ein Managementteam-Zugänge auf Wunsch der VCG)

Tabelle 44: VCG als Einflussnehmerin auf die Managementteam-Zugänge (Ländervergleich)

8.5.2.2 Managementteam-Zugänge unter dem Einfluss von Venture Capital Gesellschaften nach Fachkompetenz und Position im Team

Im Folgenden wird analysiert, um welche Fachkompetenzen Teams von VCG besonders häufig ergänzt wurden. Im Anschluss wird diese Fragestellung auch hinsichtlich der Position im Team untersucht.

8.5.2.2.1 Managementteam-Zugänge unter dem Einfluss von Venture Capital Gesellschaften nach Fachkompetenzen

Die Fachkompetenzen untergliedern sich in die sechs Fachrichtungen Kaufleute, Ingenieurwissenschaft/ Technik, Geistes-/ Sozialwissenschaft, Naturwissenschaft, Jura, Informatik und in die Kategorie sonstige Fachkompetenz. In 55 deutschen und in 122 US-amerikanischen Unternehmen hat mindestens ein Managementteam-Zugang, unterteilt nach Fachkompetenzen, stattgefunden. Durch die sechs Fachrichtungen wird die unterteilte Anzahl der MTZ allerdings sehr klein (Tabelle 45). Im Zeitraum von der Gründung bis zur dritten Finanzierungsrunde haben VCG die Aufnahme von Kaufleuten in acht der deutschen (N[588]=20) und in neunzehn der US-amerikanischen Teams (N=45) gefordert. Ingenieurwissenschaft/ Technik hingegen wurde in vier deutschen Unternehmen (N=15) und zehn in US-amerikanischen Unternehmen (N=42) ergänzt. Während die Kompetenz Geistes- und Sozialwissenschaften in deutschen Teams (N=2) nicht von VCG ergänzt wurden, wurden die ergänzten geistes- & sozialwissenschaftlichen Teammitglieder in US-amerikanische Teams (N=7) in drei Unternehmen von VCG gefordert. Sechs der deutschen (N=10) und nur zwei der US-amerikanischen Teams (N=13) wurden durch VCG um die Kompetenz Naturwissenschaft erweitert. In den Teams beider Länder wurde von VCG nie die Kompetenz Jura gefordert. Während in Deutschland einer von zwei Informatik-Kompetenzen von VCG in ein Team aufgenommen wurde, kam dies in US-amerikanischen Teams (N=3) nicht einmal vor. Sonstige Fachkompetenzen wurden in deutschen Teams in einem der Unternehmen (N=5) und in vier der US-amerikanischen Unternehmen (N=11) von VCG ergänzt. Insgesamt wird die Fachkompetenzen Kaufleute und Ingenieurwissenschaft/ Technik in beiden Ländern am häufigsten ergänzt. Dies passierte jedoch mehrheitlich freiwillig vom bestehenden Team aus und ohne Länderunterschied in der Freiwilligkeit. Ein erkennbarer Unterschied zwischen US-amerikanischen und deutschen Teams besteht lediglich bei der Fachkompetenz Naturwissenschaft. Diese wurde häufiger von deutschen als von US-amerikanischen VCG gefordert. Aufgrund der geringen Anzahl der einzelnen Fälle ist eine Interpretation der Ergebnisse schwierig. Diese sollten in einer eigenen Studie weitergehend analysiert werden.

[588] Die hier im Folgenden dieses Kapitels in Klammern aufgeführten Anzahlen N bezeichnen die Unternehmen, die mindestens einen Managementteam-Zugang unterteilt nach Fachkompetenzen erlebt haben.

Managementteam-Zugänge nach Fachkompetenz	Deutschland			USA		
	N	freiw. absolut	durch VCG initiiert absolut	N	freiw. Absolut	durch VCG initiiert absolut
Kaufleute	20	12	8	45	26	19
Ingenieurwissenschaft/ Technik	15	11	4	42	32	10
Geistes-/ Sozialwissenschaft	2	2	0	7	4	3
Naturwissenschaft	10	4	6	13	11	2
Jura	1	1	0	1	1	0
Informatik	2	1	1	3	3	0
Sonstige Fachkompetenz	5	4	1	11	7	4

Tabelle 45: Managementteam-Zugänge nach Fachkompetenzen im Team: über alle drei Finanzierungsrunden (Ländervergleich)

8.5.2.2.2 Managementteam-Zugänge unter dem Einfluss von Venture Capital Gesellschaften nach Position im Unternehmen

In 55 deutschen und in 133 US-amerikanischen Unternehmen können Managementteam-Zugänge nach der Position im Team analysiert werden. Die Position im Team ist in die sechs Positionen CEO, CFO, CMO, CSO, CTO, CHRO und in die Kategorie sonstige Position unterteilt. Zwölf der 17 (N=17[589]) hinzukommenden CEOs wurden in US-amerikanischen Unternehmen von VCG gefordert. In deutschen Teams (N=9) hingegen sind es fünf CEO´s. Elf der CFOs wurden in den USA (N=17) und sechs in Deutschland (N=13) auf Wunsch von VCG zum Team ergänzt. Der CMO wurde in beiden Ländern (Deutschland: N=5; USA: N=15) in 40,00% der Fälle durch die VCG gefordert. Sowohl der CSO als auch der CTO wurden von US-amerikanischen Unternehmen (CSO: 9, N=18; CTO: 3, N=5) relativ häufiger durch die VCG gefordert als in deutschen Unternehmen (CSO: 3, N=9; CTO: 4, N=8). Während in deutschen Teams keine Ergänzung der Position CHRO stattgefunden hat, wurde diese in US-amerikanischen Unternehmen (N=6) in vier Fällen von der VCG gefordert. Die Kategorie sonstige Position wurde in zwei der deutschen Unternehmen (N=11) und in sechszehn der US-amerikanischen Unternehmen (N=54) von der VCG ergänzt. Die Ergebnisse werden in Tabelle 46 länderspezifisch gegenübergestellt. Der Tendenz nach fordern US-amerikanische VCG häufiger als deutsche VCG einen MTZ für die Positionen CEO und CFO.

589 Die hier im Folgenden dieses Kapitels in Klammern aufgeführten Anzahlen N bezeichnen die Unternehmen, die mindestens eine Managementteam-Reduzierung unterteilt nach der Position im Team erlebt haben.

Managementteam-Zugänge nach Position im Team	Deutschland			USA		
	N	freiw. absolut	durch VCG initiiert absolut	N	freiw. Absolut	durch VCG initiiert absolut
CEO	9	4	5	17	5	12
CFO	13	7	6	17	6	11
CMO	5	3	2	15	9	6
CSO	9	6	3	18	9	9
CTO	8	4	4	5	2	3
CHRO	0	0	0	6	2	4
Sonstige Position	11	9	2	54	38	16

Tabelle 46: Managementteam-Zugänge nach Position im Unternehmen im Team über alle drei Finanzierungsrunden (Ländervergleich)

8.5.2.3 Erfolgswirkung des Einflusses von Venture Capital Gesellschaften auf Managementteam-Zugänge

Zu untersuchen ist nun, ob US-amerikanische Unternehmen erfolgreicher sind, weil VCG Einfluss auf die MTZ nehmen (Hypothese H_{5e}). Anhand des Mitarbeiterwachstums und des Umsatzwachstums wird ermittelt, welche Unternehmensgruppe den größten Erfolg aufweist. Es wird zunächst zwischen Unternehmen unterschieden, die keinen MTZ, einen freiwilligen MTZ oder einen durch eine VCG initiierten MTZ erlebt haben. In Deutschland (N=85) sind die Unternehmen am erfolgreichsten, die mind. einen freiwilligen MTZ erlebt haben (Tabelle 47). Hier beträgt das durchschnittliche jährliche Mitarbeiterwachstum 5,09 MA/Jahr und das durchschnittliche jährliche Umsatzwachstum 1,29 Mio €. Deutsche Unternehmen ohne einen MTZ erreichten ein Mitarbeiterwachstum pro Jahr in Höhe von 4,46 Mitarbeitern und ein jährliches Umsatzwachstum in Höhe von 0,69 Mio €. Deutsche Unternehmen, die einen durch eine VCG initiierten MTZ erlebten, haben das geringste Mitarbeiterwachstum (3,20 MA/Jahr) und das geringste Umsatzwachstum (0,06 Mio €).

In den USA (N= 90) haben die Unternehmen, die keine MTZ erlebt haben, das höchste jährliche Mitarbeiterwachstum mit 8,46 MA/Jahr ($MTZ_{freiwillig}$=7,15 MA/Jahr; $MTZ_{durch\ VCG\ initiiert}$=6,94 MA/Jahr). Aber die US-amerikanischen Unternehmen, bei denen der MTZ durch VCG gefordert worden ist, erreichen wieder das höchste Umsatzwachstum in Höhe von 1,56 Mio €/Jahr ($MTV_{freiwillig}$=0,94 Mio €, MTV_{keine}=0,57 Mio €). Es wird deutlich, dass Unternehmen, die unter dem Einfluss von US-amerikanischen VCG MTZ erfahren haben, mit Abstand die erfolgreichsten Unternehmen sind. In Deutschland hingegen weisen Unternehmen, die mind. eine freiwillige MTZ erlebt haben, das relativ größte Umsatzwachstum auf.

		Mitarbeiter-zuwachs/ Jahr	Umsatz-zuwachs in Mio €/ Jahr	Gültige N[590]
		Mittelwert	Mittelwert	
Deutschland	MTZ_{keine}	4,46	0,69	46
	$MTZ_{freiwillig}$	5,09	1,29	28
	$MTZ_{durch\ VCG\ initiiert}$	3,20	0,06	11
USA	MTZ_{keine}	8,46	0,57	28
	$MTZ_{freiwillig}$	7,15	0,94	37
	$MTZ_{durch\ VCG\ initiiert}$	6,94	1,56	25

(MTZ_{keine} =keine Managementteam-Zugänge, $MTZ_{freiwillig}$= mind. eine freiwillige Managementteam-Zugänge, $MTZ_{durch\ VCG\ initiiert}$ =mind. ein Managementteam-Zugänge auf Wunsch der VCG)

Tabelle 47: Erfolgsaussichten (mittleres Wachstum pro Jahr) der Managementteam-Zugänge (Ländervergleich)

Obwohl augenscheinlich ist, dass US-amerikanische Unternehmen hinsichtlich des mittleren Umsatzwachstums am erfolgreichsten sind, wenn VCG Einfluss auf die MTZ nehmen, zeigt die binäre inferenzstatistischen Auswertung (Tabelle 48) keine Signifikanz. Die Einflussnahme der VCG auf die MTZ zeigt keine signifikante Wirkung auf den Anteil der Unternehmen mit Mitarbeiterwachstum oder Umsatzwachstum (Hypothese H_{5e} nicht angenommen).

	Mitarbeiterzuwachs (binär)			Umsatzzuwachs (binär)		
N[591]	188			175		
	Wald	df	p_{2s}	Wald	df	p_{2s}
Haupteffekt Land	2,841	1	.092	0,183	1	.669
Haupteffekt MTZ	0,073	1	.787	0,267	1	.605
Interaktion	0,436	1	.509	0,56	1	.813

Tabelle 48: Logistische Regression von (binären) Erfolgsvariablen auf die VGG-initiierten Managementteam-Zugänge (MTZ, binär)[592] moderiert durch das Land

[590] Die Anzahl der Fälle ist hier etwas geringer, als im vorangegangen Kapitel, da nur die Fälle ausgewertet werden konnten, bei denen die Erfolgsmaße vollständig ausgefüllt worden sind.

[591] Hier können nur die Fälle berücksichtigt werden, die zum einen mindestens einen Managementteam-Zugang durchlaufen haben und bei denen vollständige Angaben zum Mitarbeiter- bzw. Umsatzwachstum vorliegen.

[592] Die binären Managementteam-Zugänge beschreiben, ob ein Team-Zugang, beeinflusst durch VCG stattgefunden hat (=1) und wenn kein MTZ oder ein freiwilliger MTZ stattgefunden hat (=0).

8.5.2.4 Zusammenfassung

US-amerikanische VCG wirken stärker auf MTZ als deutsche VCG (Hypothese H_{5b} ist angenommen; $Chi^2_{(2)}$= 17,068, p_{2s}<.001). Obwohl keine Signifikanz festgestellt und somit Hypothese H_{5e} nicht angenommen werden konnte, besteht die Tendenz, dass US-amerikanische Unternehmen, die Managementzugänge (MTZ) durch VCG erfahren haben, das höchste Umsatzwachstum erreichen. Deutsche Unternehmen hingegen haben sowohl das größte Mitarbeiterwachstum/ Jahr als auch das größte Umsatzwachstum/ Jahr, wenn sie freiwillige Managementzugänge (MTZ) erfahren. Dieses Ergebnis könnte dahingehend interpretiert werden, dass deutsche VCG unauffälliger wirken als US-amerikanische VCG, so dass der Einfluss bei deutschen Unternehmen nicht als solcher wahrgenommen wird. Um diese Vermutung zu prüfen, sollten in einer weiteren Forschungsarbeit beide Akteure zu dem jeweiligen MTZ näher befragt werden. Hier kann vermutet werden, dass ein freiwilliger MTZ durchaus unterschiedlich interpretiert wird.

8.5.3 Venture Capital Gesellschaften als Einflussnehmer auf Managementteam-Reduzierungen

Nachdem MTV im Allgemeinen und anschließend MTZ spezifiziert betrachtet wurden, werden nun MTR unter dem Einfluss von VCG länderspezifisch analysiert. Auch hier interessiert anschließend die Erfolgswirkung, also welche Unternehmensgruppe das höchste Umsatz- bzw. Mitarbeiterwachstum aufweist.

8.5.3.1 Managementteam-Reduzierungen unter dem Einfluss von Venture Capital Gesellschaften

Zunächst wird geprüft, ob US-amerikanische VCG stärker auf die MTR einwirken als deutsche VCG (Hypothese H_{5c}). MTR finden in 37,37% der deutschen (N=99) und in 47,10% der US-amerikanischen Unternehmen (N=121) statt. Der Unterschied zwischen Unternehmen beider Länder ist nicht signifikant ($Chi^2_{(2)}$= 2,778, p_{2s}=.249 n.s.). Die binäre Betrachtungsweise, in der zwischen Unternehmen mit einer freiwilligen und Unternehmen mit einer durch die VCG initiierten MTR unterschieden wird, zeigt, dass 32,43% der MTR in deutschen Unternehmen durch die VCG verursacht werden. In US-amerikanischen Unternehmen beträgt die durch VCG verursachte MTR-Quote aber nur 24,56%. Dieses Ergebnis überrascht, da vermutet wurde, dass US-amerikanische Unternehmen stärker von VCG hinsichtlich des Managementteams beeinflusst werden. Der hypothesenkonträre Befund weist aber auch keine Signifikanz auf ($Chi^2_{(2)}$= 0,695, p_{2s}=.405 n.s.; Hypothese H_{5c} wird nicht angenommen); somit ergibt sich lediglich, dass der Anteil der durch VCG vs. freiwillig initiierten MTR gleich ist.

		MTR_{keine}	$MTR_{freiwillig}$	$MTR_{durch\ VCG\ initiiert}$
Deutschland (N=99)	Anzahl	62	25	12
	% von Land	62,63%	25,25%	12,12%
USA (N=121)	Anzahl	64	43	14
	% von Land	52,89%	35,54%	11,57%

(MTR_{keine} =keine Managementteam-Reduzierungen, $MTR_{freiwillig}$= mind. eine freiwillige Managementteam-Reduzierung, $MTR_{durch\ VCG\ initiiert}$ =mind. eine Managementteam-Reduzierung auf Wunsch der VCG)

Tabelle 49: VCG als Einflussnehmerin auf die Managementteam-Reduzierung (Ländervergleich)

8.5.3.2 Managementteam-Reduzierungen unter dem Einfluss von Venture Capital Gesellschaften nach Fachkompetenz und Position im Team

Um detaillierteren Aufschluss über die MTR zu erhalten, werden die beiden Kategorien Fachkompetenz und Position im Team hinsichtlich der MTR analysiert. Auch hier ist der Grund für das Ausscheiden von Teammitgliedern von Bedeutung.

8.5.3.3 Managementteam-Reduzierungen unter dem Einfluss von Venture Capital Gesellschaften nach Fachkompetenz im Team

Auch die Teamreduzierungen waren zu selten, um signifikante Unterschiede aufdecken zu können. In 43 der deutschen und in 82 der US-amerikanischen Unternehmen hat mindestens eine Managementteam-Reduzierung unterteilt nach Fachkompetenzen stattgefunden (Tabelle 50). Während in Deutschland in fünf der zwölf Fälle die MTR der Kaufleute von der VCG gefordert wurden, lag der Anteil in den USA lediglich bei drei der dort 18 Fälle[593] (Fischers-Exact-Test p_{2s} = .21). Eine Fachkompetenz Ingenieurwissenschaft/Technik ist in beiden Ländern ähnlich oft auf Wunsch der VCG ausgeschieden (in D: 5 von 14), in USA 17 von 43). Wenn die Kompetenz Naturwissenschaft ausstieg, dann freiwillig (D (N=9), USA (N=6)); es wurde in keinem der Fälle eine Reduzierung durch eine VCG vorgenommen (Tab. 43).

593 Die hier im Folgenden dieses Kapitels in Klammern aufgeführten Anzahlen N bezeichnen die Unternehmen, die mindestens eine Managementteam-Reduzierung unterteilt nach Fachkompetenzen erlebt haben.

Managementteam-Reduzierungen nach Fachkompetenz	Deutschland			USA		
	N	freiwillig absolut	durch VCG initiiert absolut	N	freiwillig absolut	durch VCG initiiert absolut
Kaufleute	12	7	5	18	15	3
Ingenieurwissenschaft/ Technik	14	9	5	43	26	17
Geistes-/ Sozialwissenschaft	0	0	0	6	4	2
Naturwissenschaft	9	9	0	6	6	0
Jura	3	2	1	1	0	1
Informatik	1	1	0	2	1	1
Sonstige Fachkompetenz	4	3	1	6	4	2

Tabelle 50: Gründe für die MTR nach Fachkompetenz über alle drei Finanzierungsrunden (Ländervergleich)

8.5.3.4 Managementteam-Reduzierungen unter dem Einfluss von Venture Capital Gesellschaften nach Position im Team

Von den 370 Unternehmen (D: N=154, USA: N=216) haben in 45 deutschen und in 84 US-amerikanischen Unternehmen Managementteam-Reduzierungen stattgefunden, die nach der Position im Team unterteilt werden können (Tabelle 51). Auch hier lassen sich keine Signifikanzen nachweisen. Bemerkenswert aber ist, dass von den ausgeschiedenen CEOs in deutschen Unternehmen (N=7) in sechs der Fälle die VCG der Grund war. In den USA (N=10) liegt dieser Wert bei auch noch fünf Fällen. Der CFO ist in beiden Ländern eher freiwillig ausgeschieden. Deutsche VCG haben sich nur in einem der Fälle (N=7) und US-amerikanische VCG in ebenfalls einem der Fälle (N=5) für eine Teamreduzierung entschieden. Sowohl in deutschen Teams (N=4) als auch in US-amerikanischen Teams (N= 4) sind keine Teammitglieder mit der Fachkompetenz CMO durch eine VCG reduziert worden. In zwei der deutschen Unternehmen (N=6) und in einem der US-amerikanischen Unternehmen (N=4) hat die Position des CSO das Team auf Wunsch der VCG verlassen. Der CTO ist in beiden Ländern eher freiwillig ausgeschieden. Der Anteil der VCG-begründeten CTO-Reduzierungen liegt in deutschen Teams (N=8) bei zwei und in US-amerikanischen Teams (N=16) bei zwei Fällen. Während in deutschen Teams die Position des CHRO nicht reduziert wurde, wurde in den USA einer von zwei reduzierten CHRO durch die VCG aus dem Team entfernt (Tabelle 51).

Managementteam-Reduzierungen nach Position im Team	Deutschland			USA		
	N	freiw. absolut	durch VCG initiiert absolut	N	freiw. Absolut	durch VCG initiiert absolut
CEO	7	1	6	10	5	5
CFO	7	6	1	5	4	1
CMO	4	4	0	4	4	0
CSO	6	4	2	4	3	1
CTO	8	6	2	16	14	2
CHRO	0	0	0	2	1	1
Sonstige Position	13	10	3	43	29	14

Tabelle 51: Gründe für die Managementteam-Reduzierung nach Fachkompetenz über alle drei Finanzierungsrunden (Ländervergleich)

8.5.3.5 Erfolgswirkung des Einflusses von Venture Capital Gesellschaften auf Managementteam-Reduzierungen

Ob US-amerikanische Unternehmen erfolgreicher sind, weil VCG Einfluss auf die Managementteam-Reduzierungen nehmen, wird mit Hypothese H_{5f} geprüft. Werden die Erfolgsaussichten von deutschen und US-amerikanischen Unternehmen vergleichend analysiert, kann auch hier festgestellt werden, dass deutsche Unternehmen, die freiwillige MTR erfahren haben, sowohl das größte Mitarbeiterwachstum (7,23 MA/Jahr) als auch das größte Umsatzwachstum (1,93 Mio €/Jahr) erreichen (Tabelle 52). Deutsche Unternehmen, die durch VCG initiierte MTR erfahren, erreichen ein höheres jährliches Mitarbeiterwachstum (5,01 MA/Jahr) als Unternehmen, die keine MTR erfahren haben (3,18 MA/Jahr). Das jährliche Umsatzwachstum ist allerdings bei den deutschen Unternehmen ohne MTR höher (0,44 Mio €/Jahr) als bei deutschen Unternehmen mit durch VCG hervorgerufener MTR (0,06 Mio €).

Das höchste jährliche Mitarbeiterwachstum erzielen auch US-amerikanische Unternehmen, wenn die MTR freiwillig stattfinden (8,76 MA/Jahr). Unternehmen mit VCG Einfluss auf die MTR erreichen aber ein ähnlich hohes Mitarbeiterwachstum von 7,98 MA/Jahr (ohne MTR=6,40 MA/Jahr). US-amerikanische Unternehmen erzielen den höchsten jährlichen Umsatzwachstum, wenn VCG die MTR initiieren (1,94 Mio €/Jahr). Unternehmen mit freiwilligen MTR erreichen noch 1,01 Mio €/Jahr, US-amerikanische Unternehmen ohne MTR erreichen im Schnitt nur noch ein jährliches Wachstum in Höhe von 0,69 Mio €. Somit sind US-amerikanische Unternehmen bezogen auf das jährliche Umsatzwachstum am erfolgreichsten, wenn VCG Einfluss auf die MTR nehmen. Deutsche Unternehmen hingegen erreichen das höchste

Umsatzwachstum, wenn MTR freiwillig stattfinden. Im nächsten Schritt wird dieses Ergebnis inferenzstatistisch geprüft.

		Mitarbeiter-zuwachs/ Jahr	**Umsatz-zuwachs/ Jahr**	**Gültige N[594]**
		Mittelwert	Mittelwert	
Deutschland	MTR_{keine}	3,18	0,44	50
	$MTR_{freiwillig}$	7,23	1,93	24
	$MTR_{durch\ VCG\ initiiert}$	5,01	0,06	11
USA	MTR_{keine}	6,40	0,69	42
	$MTR_{freiwillig}$	8,76	1,01	35
	$MTR_{durch\ VCG\ initiiert}$	7,98	1,94	13

(MTR_{keine} =keine Managementteam-Reduzierung, $MTR_{freiwillig}$= mind. eine freiwillige Managementteam-Reduzierung, $MTR_{durch\ VCG\ initiiert}$ =mind. eine Managementteam-Reduzierung auf Wunsch der VCG)

Tabelle 52: Erfolgsaussichten (mittleres Wachstum) der Einflussnahme der VCG auf die Managementteam-Reduzierung (Ländervergleich)

Die Interaktion zwischen den VCG initiierten MTR und dem Land auf das (binäre) Umsatzwachstum ist signifikant (Hypothese H_{5f} wird angenommen. $Wald_{(1)}$=2,998; p_{2s}=.083) (Tabelle 53). Somit sind (nur) US-amerikanische Unternehmen erfolgreicher, wenn die VCG die MTR bestimmen (69,23% mit Umsatzwachstum), als ohne VCG Einfluss (nur 32,46% Umsatzwachstum), während das in Deutschland nicht der Fall ist (9,09% vs. 16,22%).

[594] Die Anzahl der Fälle ist hier etwas geringer, als im vorangegangen Kapitel, da nur die Fälle ausgewertet werden konnten, bei denen die Erfolgsmaße vollständig ausgefüllt worden sind.

	Mitarbeiterzuwachs (binär)			Umsatzzuwachs (binär)		
N[595]	188			175		
	Wald	df	p_{2s}	Wald	df	p_{2s}
Haupteffekt Land	0,167	1	.682	6,635	1	.010
Haupteffekt MTR	0,032	1	.859	5,666	1	.017
Interaktion	1,058	1	.304	2,998	1	.083

Tabelle 53: Logistische Regression von (binären) Erfolgsvariablen auf die VGG-initiierten Managementteam-Reduzierungen (MTR, binär)[596] moderiert durch das Land

8.5.3.6 Zusammenfassung

Es überrascht, dass durch VCG initiierte MTR in deutschen Unternehmen tendenziell eher öfter stattfinden als in US-amerikanischen Unternehmen (Hypothese H_{5c} wird nicht angenommen). Die freiwilligen MTR liegen hingegen in US-amerikanischen Unternehmen (75,44%) höher als in deutschen Unternehmen (67,57%). Deutsche Unternehmen erreichen sowohl das numerisch höchste Mitarbeiter- als auch das numerisch höchste Umsatzwachstum, wenn die MTR freiwillig stattfinden. US-amerikanische Unternehmen erreichen das höchste Mitarbeiterwachstum ebenfalls bei freiwilligen MTR, das höchste Umsatzwachstum jedoch bei durch VCG initiierter MTR. Inferenzstatistisch konnte gezeigt werden, dass US-amerikanische Unternehmen im Umsatzzuwachs erfolgreicher sind, wenn VCG Einfluss auf die MTR nehmen. Kritisch ist anzumerken, dass eine als freiwillig angegebene MTR auch ein Ergebnis eines Beeinflussungsprozesses darstellen kann. VCG können in der Interaktion mit dem Managementteam eine Beeinflussung vornehmen, ohne dass diese als solche vom MT wahrgenommen wird. In der Diskussion mit der VCG, Beiräten oder Beratern kann auf Schwachstellen von einzelnen Mitgliedern hingewiesen werden. Die Person selbst kann sich dann in der Pflicht sehen, das Team zu verlassen. Diese Annahme sollte in einer weiteren Forschungsarbeit Fall-spezifisch analysiert werden. Als Ergebnis wird hier festgehalten, dass US-amerikanische Unternehmen erfolgreicher sind, weil VCG auf die MTR US-amerikanischer Unternehmen Einfluss nehmen.

595 Hier können nur die Fälle berücksichtigt werden, die zum einen mindestens einen Managementteam-Zugang durchlaufen haben und bei denen vollständige Angaben zum Mitarbeiter- bzw. Umsatzwachstum vorliegen.

596 Die binären Managementteam-Reduzierungen beschreiben, ob eine Team-Reduzierung, beeinflusst durch VCG stattgefunden hat (=1) versus das keine MTR oder eine freiwilliger MTR stattgefunden hat (=0).

9 KONKLUSION UND DISKUSSION DER ERGEBNISSE

JTU benötigen häufig externe Finanzierungsmittel um ihr Produkt oder ihre Dienstleistung zur Marktreife zu entwickeln und sich im Markt zu etablieren. Sie sind im besonderen Maße auf externes Kapital angewiesen, da für die Produkteinführung eine größere Marktbearbeitung mit Marketingmaßnahmen und Kundendienstangeboten einhergeht.[597] Mit Hilfe von Venture Capital Gesellschaften (VCG) wird Chancenkapital zur Verfügung gestellt. Das Forschungsziel der Studie liegt in dem Erfolg der Einflussnahme deutscher und US-amerikanischer VCG auf die Managementgenese junger Technologieunternehmen. Bei der länderspezifischen Befragung in Deutschland und den USA wurden Managementteam-Veränderungen (MTV) im Zeitraum von der Gründung bis zur dritten externen VC-Finanzierungsrunde erfasst. Vorangestellt war eine in Deutschland durchgeführte Branchenanalyse zum Einfluss der Finanzierungshöhe auf die Managementteam-Veränderungen. Die Ergebnisse beider Studien sollen nun auf den Erkenntnisgewinn für die Entrepreneurship-Forschung und die Managementpraxis hin zusammengefasst und diskutiert werden.

9.1 Theoretische Implikationen

In der Branchenanalyse wurden 1.734 Venture Capital Finanzierungsrunden analysiert, die im Zeitraum von 2004 bis 2010 von deutschen VCG in 1.227 deutschen Unternehmen durchgeführt wurden. Zunächst wurde der Zeitraum analysiert, bis ein Unternehmen eine erste externe VC-Finanzierung erhält. Die Unterscheidung nach Branchen ergab ein interessantes Ergebnis, das nicht ganz unerwartet war. Die Dauer bis zur ersten externen Finanzierung durch VC ist Branchen-abhängig. Von Bedeutung ist die Frage nach der Managementgenese dieser Unternehmen. Auch hier ergab sich, dass MTV Branchen-abhängig sind. Es konnte festgestellt werden, dass VCG über die Finanzierungssumme Einfluss auf die Managementgenese nehmen. Während MTV im Allgemeinen und die Managementteam-Zugänge (MTZ) keine signifikanten Ergebnisse in Hinblick auf die VC-Finanzierungssumme ergaben, konnte eine Signifikanz bei dem Einfluss auf Managementteam-Reduzierungen (MTR) festgestellt werden. In den Branchen, in denen hohe Finanzierungssummen investiert werden, ist die Wahrscheinlichkeit höher, dass eine MTR stattfindet. Die Finanzierungssumme wirkt sowohl über die Branchen als auch innerhalb der Branchen auf die Team-Reduzierungen. Dieses Ergebnis ist äußerst wertvoll, da sich andeutet, dass VCG über die Finanzierungssumme Einfluss auf die Managementgenese nehmen. Dieses interessante Resultat war die Grundlage für die Hauptstudie, in der ein länderspezifischer Vergleich vorgenommen wurde.

[597] Vgl. Armgard Wippler, a.a.O., 1998, S. 17.

In der Ländervergleichs-Studie wurden 154 Unternehmen in Deutschland und 216 Unternehmen in den USA erfasst, die in den Jahren 2004 bis 2011 eine Finanzierung durch eine VCG erhalten haben. In dieser Studie ging es nicht nur darum, festzustellen, wie groß der Unterschied zwischen dem Einfluss deutscher und US-amerikanischer VCG auf die Managementgenese ist, sondern auch, welches ggf. länderspezifische Verhalten zu dem höchsten Wachstum führt. Es wurden die beiden quantitativen Erfolgsmaße Mitarbeiterwachstum und Umsatzwachstum und ein qualitatives Erfolgsmaß Subjektiver Erfolg erhoben. US-amerikanische Unternehmen haben sowohl ein signifikant höheres Mitarbeiterwachstum als auch ein signifikant höheres Umsatzwachstum als deutsche Unternehmen (H_{1a} und H_{1b} angenommen). Auch in der subjektiven Einschätzung ergibt sich dieses Ergebnis, denn sie beurteilen sich in ihrem finanziellen Erfolg besser als die deutschen Unternehmen (H_{1c} angenommen).

Zur Frage, wie es US-amerikanische Unternehmen erreicht haben, ein höheres Wachstum zu erzielen, wurden verschiedene Hypothesen untersucht. Zunächst wurden die Teamgröße und die Teamzusammensetzung vergleichend gegenüber gestellt. Stand der Forschung ist, dass US-amerikanische Teams im Schnitt größer sind als deutsche Teams (s. Kapitel 3.3.1). Deutsche und US-amerikanische Teams, die an der Umfrage teilgenommen haben, unterschieden sich jedoch nicht hinsichtlich ihrer Größe. US-amerikanische Teams umfassen hier im Schnitt 2,76 und deutsche Teams durchschnittlich 2,81 Mitglieder. Die Hypothese H_{2a} kann somit nicht angenommen werden. Dieses Ergebnis überrascht und ist ein Indiz dafür, dass sich die deutschen den US-amerikanischen Teams hinsichtlich der Notwendigkeit größerer Teams angeglichen haben.

Nicht nur die Teamgröße sondern auch die Zusammensetzung der Gründerteams hinsichtlich der Fachkompetenzen, der besetzten Positionen im Team, der Branchenerfahrung und des Alters sind von Bedeutung (s. Kapitel 3.1). In US-amerikanischen Teams der Hauptstudie kommen Ingenieure/ Techniker signifikant häufiger vor als in deutschen Teams, während in deutschen Teams Naturwissenschaftler und Juristen öfter Bestandteil eines Teams sind. Die Hypothese (H_{2b}) kann teilweise angenommen werden. Auch H_{2c} wird teilweise angenommen, da die Positionen des CFO und des CMO in deutschen Teams signifikant häufiger vertreten sind als in US-amerikanischen Teams. Auch Hypothesen H_{2d} kann angenommen werden, H_{2e} hingegen nicht: Weder bei der Branchenerfahrung noch bei dem Alter der Teammitglieder bestehen Unterschiede zwischen deutschen und US-amerikanischen Teams.

Für die Studie wurde die Teambildung der Managementteams der beiden Länder erhoben. In der Studie konnte festgestellt werden, dass sich sowohl die deutschen (80,5%) als auch die US-amerikanischen Unternehmen (73,8%) oft Vertrauens-basiert gebildet haben. Es besteht zwar ein Unterschied zwischen den Teams beider Länder, jedoch ist dieser nicht signifikant, so dass die Hypothese H_{3a} nicht angenommen wird. Die erhebungstechnisch unkorrelierte Ressourcen-orientierung bei der Teambildung war in deutschen Teams sogar häufiger (57,5%) als in US-amerikanische Teams (41%); dieser hypothesenkonträre Unterschied ist signifikant (H_{3b} nicht angenommen). Welche Strategie bei der Teambildung erfolgsversprechender ist, konnte nicht signifikant nachgewiesen werden (Hypothesen H_{3c} und H_{3d} nicht angenommen). Allerdings zeigen beide Strategien eine Tendenz auf, das Umsatzwachstum zu beeinflussen. Für deutsche Teams ist die Vertrauens-basierte, für US-amerikanische Teams die Ressourcen-orientierte Teambildung tendenziell (p_{1s} <.10) erfolgsversprechender.

In der Hauptstudie wurde vornehmlich untersucht, inwieweit VCG auf die Managementgenese einwirken. Aus diesem Grund ist von Interesse, wie Teams reagieren, wenn ihnen eine VC-Finanzierung unter der Bedingung der MTV in Aussicht gestellt wird. Der Teamzusammenhalt ist erwartungskonform bei deutschen Gründerteams signifikant höher (H_{4a} angenommen). Eine signifikante Erfolgswirkung konnte nicht festgestellt werden (H_{4b} nicht angenommen), so dass unklar bleibt, ob sich der Teamzusammenhalt der deutschen Unternehmen negativ auf ihren Erfolg ausgewirkt hat.

Die Managementgenese steht unter dem Einfluss von VCG. Sie beschreibt den Prozess der MTV und kann in MTZ und MTR unterteilt werden. 28,81% der in deutsche Unternehmen stattfindenden MTV wurden durch eine VCG veranlasst. In US-amerikanischen Unternehmen lag diese Quote hingegen lediglich bei 18,37%. Dieses Ergebnis ist nicht erwartungskonform. Obwohl die Signifikanz knapp verpasst wurde (Hypothese H_{5a} nicht angenommen), ist dennoch die Tendenz zu erkennen, dass deutsche VCG stärker als vermutet auf die Managementgenese einwirken. Allerdings scheinen die US-amerikanischen VCG, die auf die Managementgenese einwirken, eine bessere Strategie zu verfolgen als deutsche VCG. Denn US-amerikanische Unternehmen, die eine MTV durch VCG erfahren, haben ein signifikant größeres Umsatzwachstum, deutsche Unternehmen hingegen aber nicht (Hypothese H_{5d} angenommen).

In 44,44% der deutschen und in 71,90% der US-amerikanischen Unternehmen fand mindestens ein Managementteam-Zugang statt. Werden die relativen Anteile von drei MTZ-Gruppen (kein MTZ, freiwilliger MTZ und durch VCG initiierte MTZ) miteinander verglichen, zeigt sich, dass in Deutschland 12,12% (N=12 von 99) aller betrachteten Unternehmen mindestens einen durch die VCG initiierte MTZ erlebt haben. In US-amerikanischen Unternehmen hingegen haben 20,66% (N=25 von 121) der Unternehmen Einfluss auf die MTZ seitens der VCG erfahren. Dieses Ergebnis ist signifikant (Hypothese H_{5b} angenommen). Somit wirken US-amerikanische VCG stärker auf die MTZ ein als deutsche VCG. Bevor analysiert wird, wie sich dieser Einfluss auf das Wachstum auswirkt, wird zunächst vorgestellt, welche Veränderungen durch die VCG hinsichtlich der Fachkompetenz und der Position im Team vorgenommen wurden. Für die MTZ wurde deutlich, dass in Unternehmen beider Länder von der VCG der/ die Kaufmann/-frau gefordert wurden. Unterschiede bestehen bei den von der VCG geforderten Positionen CEO und CFO. Beide Positionen wurden von US-amerikanischen VCG häufiger als von deutschen VCG verlangt. In einem nächsten Schritt wurde überprüft, wie sich der Einfluss von VCG auf die MTZ auf den Erfolg des JTU auswirkt. Obwohl keine Signifikanz gemessen werden konnte, besteht die Tendenz, dass US-amerikanische Unternehmen, die Managementzugänge (MTZ) durch VCG erfahren haben, das höchste Umsatzwachstum erreichen (Hypothese H_{5e} nicht angenommen). Deutsche Unternehmen hingegen haben sowohl das größte Mitarbeiterwachstum/ Jahr als auch das größte Umsatzwachstum/ Jahr, wenn sie freiwillige MTZ erleben.

Durch VCG initiierte MTR haben 32,43% der deutschen und 24,56% der US-amerikanischen Unternehmen erlebt. Dieser Unterschied ist nicht signifikant (Hypothese H_{5b} ist nicht angenommen). Bei der MTR wird deutlich, dass deutsche VCG die Reduzierung eines Kauffmanns häufiger fordern als US-amerikanische VCG (38,48% zu 15,00%). Auch die Reduzierung der Position CEO wurde von deutschen VCG häufiger gefordert als von US-amerikanischen VCG. Im Weiteren zeigte sich allerdings hypothesenkonform, dass US-amerikanische VCG einen erfolgversprechenderen Einfluss auf die MTR ausüben. Es kann nachgewiesen werden, dass US-amerikanische Unternehmen erfolgreicher als deutsche Unternehmen sind, weil VCG Einfluss auf die MTR nehmen. Das Umsatzwachstum beträgt bei US-amerikanischen Teams, die eine MTR durch VCG erlebt haben 1,94 Mio €/Jahr, während das Umsatzwachstum in deutschen Unternehmen, die eine MTR durch VCG erlebt haben, nur 0,06 Mio €/Jahr beträgt. Hypothese H_{5f} kann angenommen werden.

Die Managementgenese junger technologieorientierter Unternehmen wird von VCG beeinflusst. US-amerikanische Unternehmen sind signifikant erfolgreicher als deutsche Unternehmen. In der Studie wurde untersucht, worin der größere Erfolg begründet liegt. Es konnte gezeigt werden, dass US-amerikanische Unternehmen erfolgreicher als deutsche Unternehmen sind, weil VCG Einfluss auf die Managementgenese, insbesondere auf die MTR nehmen und diese MTR in den USA erfolgsförderlich sind.

Hypothesen		Ergebnis	Signifikanz
	US-amerikanische Unternehmen sind erfolgreicher als deutsche Unternehmen hinsichtlich		
H_{1a}:	des Mitarbeiterwachstums.	Hypothese angenommen	$t_{(169,25)}=1{,}86$, $p_{1s}=.032$
H_{1b}:	des Umsatzwachstums.	Hypothese angenommen	$Chi^2_{(1)}=11{,}25$, $p_{2s}<.001$
H_{1c}:	der subjektiven Erfolgseinschätzung.	Hypothese angenommen	d~.50, $t_{(188)}=11{,}72$, $p_{1s}=.001$
H_{2a}:	US-amerikanische Gründerteams sind größer als deutsche Gründerteams.	Hypothese nicht angenommen	n.s.
	Es bestehen Unterschiede zwischen deutschen und US-amerikanischen Gründerteams hinsichtlich		
H_{2b}:	der Fachkompetenz	Hypothese teilweise angenommen	Ingenieurs-/Technikwissenschaften (USA, $Wald_{(1)}=5{,}417$, $p_{2s}=.02$) Jura (D, $Wald_{(1)}=2{,}907$, $p_{2s}=.09$)
H_{2c}:	der Position im Unternehmen	Hypothese teilweise angenommen	CFO (D, $Wald_{(1)}=2{,}115$, $p=.026$ CMO (D, $Wald_{(1)}=2{,}701$, $p_{2s}=.10$)
H_{2d}:	der Branchenerfahrung	Hypothese angenommen	Mann-Whitney U $p_{2s} = .023$
H_{2e}:	des Alters	Hypothese nicht angenommen	n.s.

	Hypothesen	Ergebnis	Signifikanz
H_{3a}:	Deutsche Teams setzen sich Vertrauens-basierter zusammen als US-amerikanische Teams.	Hypothese nicht angenommen	n.s.
H_{3b}:	US-amerikanische Teams setzen sich Ressourcen-orientierter zusammen als deutsche Teams.	Hypothese nicht angenommen	$Chi^2_{(1)}=5{,}26$, $p_{2s}=.03$
	US-amerikanische Unternehmen sind erfolgreicher,		
H_{3c}:	weil die Teambildung Ressourcen-orientiert stattfindet.	Hypothese nicht angenommen	n.s.
H_{3d}:	weil die Teambildung Vertrauensbasiert stattfindet.	Hypothese nicht angenommen	n.s.
H_{4a}:	Deutsche Unternehmen haben im Vergleich zu US-amerikanischen Unternehmen häufiger Finanzierungsrunden nicht stattfinden lassen, da die VCG das Team verändern wollte.	Hypothese angenommen	$Chi^2_{(1)}=7{,}154$, $p_{2s}=.007$
H_{4b}:	US-amerikanische Unternehmen sind erfolgreicher, weil sie das Eingreifen in die Managementgenese seitens der VCG eher zulassen als deutsche Unternehmen.	Hypothese nicht angenommen	n.s.
	US-amerikanische VCG wirken stärker auf		
H_{5a}:	Managementteam-Veränderungen (MTV) ein als deutsche VCG.	Hypothese nicht angenommen	n.s.
H_{5b}:	Managementteam-Zugänge (MTZ) ein als deutsche VCG.	Hypothese angenommen	$Chi^2(2)= 17{,}068$, $p2s<.001$
H_{5c}:	Managementteam-Reduzierungen (MTR) ein als deutsche VCG.	Hypothese nicht angenommen	n.s.

Hypothesen		Ergebnis	Signifikanz
	US-amerikanische Unternehmen sind erfolgreicher als deutsche Unternehmen,		
H_{5d}:	wenn VCG Managementteam-Veränderungen (MTV) bestimmen.	Hypothese angenommen	Wald(1)=3,461, p2s=.063
H_{5e}:	wenn VCG Managementteam-Zugänge (MTZ) bestimmen.	Hypothese nicht angenommen	n.s.
H_{5f}:	wenn VCG Managementteam-Reduzierungen (MTR) bestimmen.	Hypothese angenommen	$Wald_{(1)}$=2,998; p_{2s}=.083

Tabelle 54: Zusammenfassung der empirischen Befunde der Hauptstudie

9.2 Managementbezogene Implikationen

In der vorliegenden Studie konnte gezeigt werden, dass US-amerikanische Unternehmen sowohl ein höheres Mitarbeiterwachstum als auch ein höheres Umsatzwachstum als deutsche Unternehmen aufweisen. Auch in der subjektiven Einschätzung beurteilen sie ihren finanziellen Erfolg höher als deutsche Unternehmen. US-amerikanische Unternehmen erreichen diese Wachstumsgeschwindigkeit, weil VCG Einfluss auf die Managementgenese nehmen. Sie beeinflussen sowohl die MTZ als auch die MTR. US-amerikanische Unternehmen erhalten die höchsten VC-Finanzierungen, wenn sie den Einfluss der VC zulassen. Diese Erkenntnisse können sowohl deutsche VCG als auch deutsche Unternehmen für eine Wachstumssteigerung verwenden.

Die Studie hat auch gezeigt, dass deutsche Unternehmen weniger häufig zulassen, dass die VCG Einfluss auf die Managementgenese nehmen kann. Eine Erfolgswirkung dieses Verhaltens konnte aber nicht nachgewiesen werden. Es ist dennoch zu überdenken, ob auch die deutschen Gründer der Erfahrung der VCG in einem gewissen Grad stärker vertrauen sollten. Natürlich muss beachtet werden, dass es sich um unterschiedliche kulturelle Hintergründe handelt. Jedoch zeigt zum Beispiel die Teambildung, dass die Unternehmen beider Länder sich doch annähern, in Deutschland die Ressourcen-orientierte Teambildung zunimmt. Die kulturellen Unterschiede, wie z. B. auch die Angst vor dem Scheitern, sollten aber nicht vernachlässigt werden.

Gravierend sind zudem die generellen Unterschiede der von VCG investierten Finanzierungssummen. US-amerikanische VCG investieren höhere Beträge. Auch dieses Ergebnis könnte dazu animieren, dass deutsche VCG darüber nachdenken, ob sie sich auch hier stärker an dem US-amerikanischen Markt orientieren. Die Studie hat gezeigt, dass die Einflussnahme auf die Managementgenese von US-amerikanischer VCG äußerst effektiv ist und ihre Firmen aus diesem Grund erfolgreicher sind als deutsche VCG. Deutsche VCG sollten nicht nur die Höhe der VC-Finanzierungen überdenken, sondern auch ihren Einfluss auf die Managementgenese dem der US-amerikanischen VCG anpassen.

9.3 Limitationen

In der Hauptstudie lag das Forschungsinteresse in einem bisher kaum untersuchten Spezialgebiet. Obwohl in der Entrepreneurship-Forschung sowohl Gründerteams als auch Venture Capital Finanzierungen ausführlich untersucht worden sind, wurde ein Erfolgszusammenhang des Einflusses der VCG auf die Managementgenese bisher nicht untersucht. Die Erfolgswirkung der Einflussnahme der VCG auf die Managementgenese kann nicht nur für die Rendite der VCG ausschlaggebend sein, sondern sie ist in jedem Fall essentiell für die Gründer selbst. Für die vorliegende Studie wurden ausführliche Voruntersuchungen durchgeführt. Die Hauptstudie umfasste eine große Anzahl (N=370) an teilnehmenden Unternehmen sowohl in Deutschland als auch in den USA. So reflektieren die Ergebnisse, dass US-amerikanische Unternehmen erfolgreicher sind, weil sie auf die Managementgenese einwirken. Neben weiteren signifikanten Ergebnissen (s. Tab.57), weist die Studie allerdings auch einige nicht erwartungskonforme aber interessante Ergebnisse auf.

Obwohl die Online-Umfrage eine große Anzahl an Teilnehmer umfasst, bestehen viele unterschiedliche Kombinationsmöglichkeiten der Teamzusammensetzung, so dass es nicht möglich war, ein optimales Gründerteam hinsichtlich Fachkompetenzen, Positionen im Team, Branchenerfahrung und Alter im Team mit einem möglichst hohem Wachstum zusammenzustellen. Für signifikante Ergebnisse, die darstellen, welche Teamzusammensetzung auf Grundlage dieser vier genannten Eigenschaften am erfolgreichsten ist, müsste die Fallzahl noch stark erhöht werden, was wohl nur mit Hilfe von Incentives oder Gratifikationen für die JTU bewerkstelligt werden könnte.

Kritisch anzumerken ist auch, dass kaum gescheiterte Unternehmen an der Umfrage teilgenommen haben. Auch die Erfolgsmessung junger technologieorientierter Unternehmen ist kritisch zu sehen. In der Hauptstudie ist aufgefallen, dass die subjektiven Erfolgsfaktoren zwar das Ergebnis, dass US-amerikanische Unternehmen finanziell erfolgreicher sind als deutsche

Unternehmen, bestätigt hat, allerdings hat diese Variable keine Zusammenhänge mit weitere Prädiktoren gezeigt Das (objektive) Umsatzwachstum erwies sich noch vor dem (objektiven) Mitarbeiterwachstum als aussagekräftigster Erfolgsfaktor.

Eine weitere Restriktion stellt das monopersonale Erhebungsinstrument dar. Es wäre durchaus interessant zu erfahren, welche unternehmerische Kompetenz oder welche Teamrollen die einzelnen Teammitglieder eingenommen haben. Hierzu hätte allerdings jedes einzelne Teammitglied an einem psychometrischen Testverfahren teilnehmen müssen, da die Fremdeinschätzung durch nur ein Teammitglied für solche Variablen nicht hinreichend ist. Für eine vollständige Analyse hätten hier auch die ausgeschiedenen Teammitglieder in die Untersuchung einbezogen werden müssen. Auch eine Befragung der VCG zu dem gleichen Fall hätte interessante Ergebnisse hervorgerufen. In dem Ergebnisbericht zur Hauptstudie ist des Öfteren kritisch angemerkt worden, dass freiwillige MTV eventuell nur nicht auf VCG attribuiert worden sind. Bei der Auswertung der Ergebnisse ist aufgefallen, dass angegeben worden ist, dass die MTR durch die VCG ausgelöst wurden, während in die MTZ der gleichen Periode hingegen als freiwillig angegeben wurden. Würde die VCG Ansicht zu den einzelnen Fällen befragt werden, könnte sich herausstellen, dass die eine oder andere MTZ nicht so freiwillig war, wie es von dem Auskunft-gebenden Teammitglied wahrgenommen wurde. Die VCG, der Beirat oder Berater können in der Interaktion mit Teammitgliedern Einfluss auf die Managementgenese nehmen. Es ist also durchaus möglich, dass den Teammitgliedern nicht immer bewusst sein muss, wann die Managementgenese durch die VCG angeregt worden ist.

Mit Hilfe der signifikanten Ergebnisse zur MTR konnte die Forschungsfrage beantwortet werden. US amerikanische JTU könnten insbesondere deshalb erfolgreicher sein, weil VCG Teamreduzierungen anregen, die anschließend zum Wachstum des Unternehmens beitragen.

9.4 Zukünftige Forschungsfelder

Für die Forschung ist von Bedeutung, dass festgestellt werden konnte, dass US-amerikanische Unternehmen tatsächlich deshalb erfolgreicher sind, weil VCG auf die Managementgenese wirken. Ein weiterer Forschungsgegenstand könnte, wie im vorangegangen Kapitel erläutert, die Erfassung von unternehmerischen Kompetenz und der Teamrolle der einzelnen Teammitglieder darstellen. So könnten nicht nur die in dieser Studie erhobenen Kompetenzen, die mit Qualifikationen verbunden sind, in die Auswertung einfließen, sondern eben auch die sogenannten Soft Skills. Die Teamkonstellation, insbesondere ihre Vollständigkeit, könnte dann hinsichtlich der Erfolgswirkung untersucht werden. Mit diesem Ergebnis könnten VCG und damit auch die Teams selbst ihre Erfolgsaussichten verbessern.

Des Weiteren wäre es interessant, wenn als Gegenpart eine Fallanalyse mit der Betrachtung der VCG durchgeführt werden würde. Hier würde sich auch untersuchen lassen, ob freiwillige MTV auch aus VCG-Sicht in dem Ausmaß stattfinden, oder ob der Einfluss von VCG noch stärker ist, als hier in der Befragung je eines Teammitglieds festgestellt wurde.

Die Finanzierungssumme als Einflussfaktor für die Managementgenese konnte in der Branchenanalyse für deutsche Unternehmen nachgewiesen werden (s. Kap. 6). Es könnte die Fragestellung untersucht werden, ob US-amerikanische VCG dazu neigen, einfach deutlicher zu kommunizieren, wenn sie mit dem MT nicht einverstanden sind. Vielleicht nehmen deutsche VCG indirekter Einfluss über die Finanzierungssumme, so dass dieser vom MT nicht als Einfluss sondern als eigene Entscheidung wahrgenommen wird.

Für deutsche Branchen konnte in der Branchenanalyse nachgewiesen werden, dass die VC-Finanzierungssummen branchenabhängig sind und diese auf die MTR Einfluss nehmen. Ein vierter Forschungsgegenstand ergibt sich hier für den US-amerikanischen Markt. Kritisch ist hier zu hinterfragen, ob das unterschiedliche Verhalten der VCG nicht länderspezifisch sondern Branchen-abhängig zu betrachten ist.

Anhang

***Anhang 1:** Anschreiben der Experten*

Wirtschaftswissenschaftliche Fakultät
GEORG-AUGUST-UNIVERSITÄT GÖTTINGEN

Entrepreneurship und
Entrepreneurial Finance
Frederike Lueg

Dissertation:
„Managementgenese junger Technologieunternehmen - Ein Vergleich der Teambildungs-Prozesse in Deutschland und den USA unter dem Einfluss von Venture Capital Gesellschaften"

Sehr geehrte/-r ....,

ich würde mich freuen, Sie als erfahrenen Investor für meine Untersuchung, die ich im Rahmen meiner Promotion („Managementgenese junger Technologieunternehmen - Ein Vergleich der Teambildungs-Prozesse in Deutschland und den USA unter dem Einfluss von Finanzierungsinstitutionen und –personen") bei Herrn Prof. Dr. Klaus Nathusius derzeit an der Georg-August-Universität Göttingen durchführe, für ein Interview zu gewinnen.

Das Gründerteam ist ein entscheidender Erfolgsfaktor für die Unternehmensgründung. Ein besonderes Augenmerk bei der Forschungstätigkeit liegt auf dem externen Einwirken von Beteiligungsfinanziers auf die Teamkonstellationen. Die grundsätzliche Zielsetzung der Arbeit liegt darin, empirisch zu beweisen, ob das US-amerikanische oder das deutsche Vorgehen zum größeren Erfolg der Unternehmensgründung führt. Mit Hilfe der Ergebnisse sollen richtungweisende Grundlagen für zukünftige erfolgreiche Teamgründungen geschaffen werden.

Da das Thema bisher nicht wissenschaftlich analysiert wurde, möchte ich Sie im Rahmen meiner Untersuchung zu Ihren persönlichen Erfahrungen aus der Praxis befragen.

Alle gewonnenen Informationen werden selbstverständlich vertraulich behandelt und stehen Ihnen nach Wunsch zur Verfügung.

Ich würde mich sehr freuen, wenn ich Sie in den nächsten Tagen telefonisch kontaktieren dürfte, um zu hören, ob Sie für ein Interview zur Verfügung stehen.

Mit freundlichen Grüßen

Frederike Lueg

Anhang 2: *Leitfaden Experten*

Experteninterview:

I. Allgemeine Fragen zur Person[1]
- Berufliche Position
- Berufliche Qualifikation
- Anzahl der Beteiligungsunternehmen
- Branchenerfahrung
- Erfahrung in den Funktionsbereichen

II. Allgemeine Fragen zur Beteiligungsgesellschaft
- Seit wann ist Ihre Gesellschaft aktiv?
- Ist Ihre Gesellschaft auch im Ausland vertreten?
- Wie hoch ist der Anteil an deutschen und an US-amerikanischen Beteiligungen?
-

III. Allgemeine Fragen zu Portfoliounternehmen
- Welche Determinanten beeinflussen den Erfolg?
- Welche Rolle spielt der Faktor „Team" bei der Investitionsentscheidung?
- Nach welchen Kriterien bewerten Sie Teams?
- Welchen Einfluss hat dabei das Auftreten, die Größe, das Alter und Alter der Teammitglieder, die Branchenerfahrung und die Vollständigkeit?
- Wie würden Sie die oben genannte Liste erweitern?
- Wie sehen die Unterschiede zwischen den US-amerikanischen und den deutschen Teams aus?
- Warum sind in Deutschland Gründerteams von JTU tendenziell homogener zusammengesetzt als in den USA?
- Wie stark wirken Beteiligungsfinanziers auf die Teams?
- Wie häufig kommt es vor, dass erst nach einer Teamumstellung eine Investition getätigt wird?
- In welcher Art wird auf das Team eingewirkt (Teamergänzung, Teamwechsel etc.)?
- Wie ist die Reaktion der Gründer auf die Eingriffe durch die Beteiligungsgesellschaft?
- Welche Unterschiede gibt es beim Einwirken im Umgang mit US-amerikanischen Portfoliounternehmen?
- Welche Rolle spielen die beteiligten Teams bei der Managementakquise?
- Wie ist Ihre Erfahrung bezüglich des Eingreifens in die Teamkonstellation in Bezug auf den Erfolg?
- Welchen Einfluss könnten die Phasen der Unternehmensentwicklung auf die Teamkonstellation nehmen?
- Masterfrage: Vertrauens-basiert vs. Ressourcen-orientiert: Funktionieren von VC-Gebern zusammengeführte Teams?

- Wurde Ihrer Meinung nach eine wichtige Frage vergessen?

IV. Ihre Meinung zu der Onlineumfrage

[1] Thomas Raueiser: Syndizierungsstrategien von Business Angels: eine fallstudiengestützte Analyse. In: Klandt, Heinz; Szyperski, Norbert; Frese, Michael; Brüderl, Josef; Sternberg, Rolf; Braukmann, Ulrich; Koch, Lambert T. (Hrsg.): FGF – Entrepreneurship – Research Monographien, Band 60, Lohmar (u. a.), 2007, S. 254.

Anhang 3: *Leitfaden Experten: Super Return Conference 2010 (deutsch)*

Faculty of Economic Sciences
GEORG-AUGUST-UNIVERSITÄT GÖTTINGEN

Doktorarbeit:

„Managementgenese junger Technologieunternehmen - Ein Vergleich der Teambildungs-Prozesse in Deutschland und den USA unter dem Einfluss von Venture Capital Gesellschaften"

Expertenbefragung:

Name: ______________________________

Institution: ______________________________

1. Wie stark ist der Team-Einfluss auf den unternehmerischen Erfolg? (in %)
2. In welchem Ausmaß wirken Beteiligungsfinanziers auf die Gründerteam-Konstellation ein?
3. Wie sehen die Unterschiede zwischen den Investments in US-amerikanischen und den deutschen Teams aus?
4. Würden Sie sagen, dass sich die Teams in Deutschland eher Vertrauens-basiert und in den USA eher Ressourcen-orientiert zusammenfinden?
5. Wie ist Ihre Erfahrung bezüglich des Eingreifens in die Teamkonstellation in Bezug auf den Erfolg? – Vertrauens-basiert vs. Ressourcen-orientiert: Funktionieren von VC-Gebern zusammengeführte Teams?

***Anhang 4:** Leitfaden Experten: Super Return Conference 2010 (englisch)*

Faculty of Economic Sciences
GEORG-AUGUST-UNIVERSITÄT GÖTTINGEN

PhD thesis:

„Managementgenesis of young Technology Start-ups – A comparison of the teambuilding-processes in Germany and USA under the influences of the Venture Capital firms"

Expert Interview:

Name: ____

Institution: ____________________________________

1. How big is the influence of the team on the business success? (in %)
2. In which extent the financial institutions have an impact on the founder team constellation?
3. What are the differences between the investments in American and German teams?
4. Do you think that German teams are compound more confidence-based and the American teams more resource-based?
5. What is your experience concerning to the influence on the founder team constellation? - confidence-based vs. resource-based: Do consolidated teams work?

Anhang 5: *Empfehlungsschreiben (deutsch)*

Wirtschaftswissenschaftliche Fakultät
GEORG-AUGUST-UNIVERSITÄT GÖTTINGEN

Entrepreneurship und
Entrepreneurial Finance
Prof. Dr. Klaus Nathusius
Platz der Göttinger Sieben 5
D-37073 GÖTTINGEN

Göttingen, 19. September 2011

Sehr geehrter Teilnehmer der Umfrage,

Sie haben von meiner Doktorandin, Frau Frederike Lueg, eine Einladung zu einer Onlineumfrage erhalten. Ihre Dissertation erforscht das folgende Thema:

„Managementgenese junger Technologieunternehmen - Ein Vergleich der Teambildungs-Prozesse in Deutschland und den USA unter dem Einfluss von Venture Capital Gesellschaften"

Ihre Dissertation wurde von der Wirtschaftswissenschaftlichen Fakultät der Georg-August Universität, die eine der zehn Exzellenz Universitäten ist, angenommen.

Frau Lueg arbeitet an einer bemerkenswerten Studie, die die Genese von Managementteams von jungen High-Tech Unternehmen untersucht. Sie vergleicht den Teambildungsprozess in den frühen Phasen des Lebenszyklusses von High Tech Unternehmen im internationalen Kontext. Hierbei werden die Teambildungsprozesse in den USA, einem Land, das seit den 1940ern auf eine hohe Anzahl an High-Tech Unternehmen zurückblicken kann, mit denen in Deutschland, einem Land, das auf einer anderen Corporate Kultur basiert, verglichen.

Um ihre Studie durchführen zu können, benötigt Frau Lueg Ihre Teilnahme. Ich würde mich sehr freuen, wenn Sie ihr bei ihrem ambitionierten Projekt helfen würden. Als Teilnehmer erhalten Sie auf Wunsch selbstverständlich die Ergebnisse der Studie.

Vielen Dank für Ihre Zeit und Kooperation.

Mit freundlichen Grüßen,

Klaus Nathusius

Anhang 6: *Empfehlungsschreiben (englisch)*

Faculty of Economic Sciences
GEORG-AUGUST-UNIVERSITÄT GÖTTINGEN

Entrepreneurship and
Entrepreneurial Finance
Prof. Dr. Klaus Nathusius
Platz der Göttinger Sieben 5
D-37073 GÖTTINGEN

Göttingen, September 14th, 2011

Dear questionnaire recipient-

You received a questionnaire from Frederike Lueg, a Ph.D. student who I have the pleasure of coaching. Her dissertation will cover the topic:

*„Management genesis of young technology startups –
A comparison of the teambuilding-processes in Germany vs. USA under the influence of venture capital firms"*

Her dissertation has been accepted by the faculty of economics of Georg-August-University of Göttingen, which is one of the top 10 German universities.

Frederike is working on a remarkable study regarding the genesis of technology based young management teams. She is examining the team building processes in the early life cycle stages through an international comparative research approach. The team building processes in the USA – a very experienced country based on a very high number of high tech startups since the 1940s – will be compared to the team building processes in Germany, a country which is based on a much different corporate culture.

To complete her research Frederike needs your participation. Your filling out her questionnaire would be greatly appreciated and help her complete this ambitious project. As a contributor you will receive a summary of the results within the coming year.

Thank you for your time and cooperation.

Sincerely,

Klaus Nathusius

Anhang 7: *Onlinefragebogen (deutsch)*

1 [Seiten-ID: 1216239] [L]

Herzlich Willkommen!

Vielen Dank für Ihre Bereitschaft, mich in meinem Dissertations-Vorhaben zu unterstützen. Die Umfrage dauert 5 - 10 Minuten. Als TeilnehmerIn erhalten Sie auf Wunsch selbstverständlich die Ergebnisse der Studie. Schreiben Sie mir hierzu eine kurze Mail.
Sie können mich gerne jederzeit kontaktieren, falls Sie Fragen haben.
Vielen herzlichen Dank im Voraus für Ihre Teilnahme.

Mit freundlichen Grüßen

Frederike Lueg
Georg-August-Universität Göttingen
Doktorandin Entrepreneurship & Entrepreneurial Finance

2 [Seiten-ID: 1216696] [L]

Bitte geben Sie an, wie viele Finanzierungsrunden Ihr Unternehmen in den ersten 5 Jahren seit der Gründung durchlaufen hat. (Bitte denken Sie nur an die von Venture Capital Gesellschaften durchgeführten Finanzierungen.)
Anzahl der Finanzierungsrunden:
bitte wählen:

- o 1
- o 2
- o 3

Wie oft hat eine Finanzierungsrunde nicht stattgefunden, weil die Venture Capital Gesellschaft mit dem Team nicht einverstanden war?

Anzahl nicht stattgefundener Finanzierungen:

bitte wählen:

- 0
- 1
- 2
- 3
- 4
- >4

3 [Seiten-ID: 1216258] [L]

Bitte geben Sie die Zeitpunkte zu folgenden Ereignissen an (MM.JJJJ):

Bitte geben Sie nur Finanzierungszeitpunkte an, bei denen Venture Capital Gesellschaften beteiligt waren.

Gründungszeitpunkt:

- Erste Finanzierung: __________
- Zweite Finanzierung: __________
- Dritte Finanzierung: __________

Bitte geben Sie die Anzahl der Gründerteam-Mitglieder zum **Gründungszeitpunkt** an:

Anzahl der Gründerteammitglieder

Bitte wählen:

- 1
- 2
- 3
- 4
- 5
- 6

[Seiten-ID: 1216264] [L]

Bitte denken Sie an den **Gründungszeitpunkt** und geben die folgenden Daten zu Ihrem Gründerteam an: Bitte merken Sie sich die Reihenfolge der von Ihnen angegebenen Teammitgliedern.

GründerIn	Ausbildung	Branchen-erfahrung (in Jahren)	Alter des/der Gründers/ Gründerin	Position im Unter-nehmen
GründerIn 1	- bitte wählen	- bitte wählen	- bitte wählen	- bitte wählen
GründerIn 2	- bitte wählen	- bitte wählen	- bitte wählen	- bitte wählen
GründerIn 3	- bitte wählen	- bitte wählen	- bitte wählen	- bitte wählen
GründerIn 4	- bitte wählen	- bitte wählen	- bitte wählen	- bitte wählen
GründerIn 5	- bitte wählen	- bitte wählen	- bitte wählen	- bitte wählen
GründerIn 6	- bitte wählen	- bitte wählen	- bitte wählen	- bitte wählen

Auswahlmöglichkeiten:

Ausbildung:
Kauffrau/ Kaufmann, IngenieurIn/ TechnikerIn, Geistes-/ SozialwissenschaftlerIn, NaturwissenschaftlerIn, JuristIn, InformatikerIn, Sonstiges
Branchenerfahrung (in Jahren):
Keine, 1 – 5, 6 – 10, 11 – 15, 16 – 20, 21 – 25, 26 – 30, 31 – 35, 36 – 40, mehr als 40
Alter des/der Gründers/in:
unter 25, 26 – 35, 36 – 45, 46 – 55, 56 – 65, 66 – 75, über 75
Position im Unternehmen:
CEO (Chief Executive Officer), CFO (Chief Financial Officer), CMO (Chief Marketing Officer), CSO (Chief Sales Officer), CTO (Chief Technology Officer), CHRO (Human Resource Officer), Sonstiges

Hier haben Sie Platz für Ihre Kommentierungen (wie z. B. Angaben zu Sonstiges, Mehrfachnennungen etc.):

5 [Filter-ID: 1221826]
Filter: Falls Team
5.1 [Seiten-ID: 1216267] [L]

Wie hat sich Ihr Team zum **Gründungszeitpunkt** gefunden?
(Mehrfachnennungen möglich)

- o Wir kannten uns aus dem Studium.
- o Wir kannten uns, weil wir Arbeitskollegen/ Kooperationspartner waren.
- o Wir pflegten eine freundschaftliche Beziehung.
- o Wir sind verwandt.
- o Wir haben uns über eine Stellenanzeige/ Onlineplattform gefunden.
- o Wir haben uns über im Rahmen des Gründungskontextes (auf Veranstaltungen, in
- o Gründerzentren etc.) kennengelernt.
- o Wir hatten Hilfe von Beratern/ Coaches/ Personaldienstleistern.
- o Wir hatten Hilfe von Finanzinstitutionen.
- o Sonstiges

Auswahlmöglichkeiten:
Trifft zu auf das gesamte Team/ trifft zu auf einen Teil des Teams.

5.2 [Seiten-ID: 1216920] [L]

Was waren zum **Gründungszeitpunkt** die Kriterien für die Gründerteam-Bildung?

- o Bestimmte fachliche Kompetenzen wurden benötigt
- o Vertrauen auf Grund familiärer- oder freundschaftlicher Beziehungen
- o Erfahrungen in der Zusammenarbeit
- o Teammitglied brachte Kontakte und/ oder Kapital ein[598]

Auswahlmöglichkeiten:
Kriterium ist...haupt/-alleinursächlich, mitursächlich, nicht ursächlich.[599]
Trifft zu auf...das gesamte Team/ einen Teil des Teams.

---

[598]Vgl. Thomas Mellewigt, Peter Witt, a.a.O., 2002, S. 93.
[599]Vgl. Marianne Kulicke, a.a.O., 1993, S. 166.

5 [Seiten-ID: 1216268] [L]

Die folgenden Fragen beziehen sich auf die erste Finanzierungsrunde und das Jahr danach.

Wie hoch war die Finanzierungssumme[600] (in €) in der **ersten Finanzierungsrunde**?
Bitte wählen:

- o 0 - 500.000
- o 500.001 - 2.500.000
- o 2.500.001 - 5.000.000
- o 5.000.001 - 7.500.000
- o 7.500.001 - 10.000.000
- o 10.000.001 - 15.000.000
- o 15.000.001 - 20.000.000
- o 20.000.001 - 25.000.000
- o 25.000.001 - 30.000.000
- o 30.000.001 - 35.000.000
- o 40.000.001 - 45.000.000
- o 45.000.001 - 50.000.000
- o größer als 50.000.000

Hat sich Ihr ursprüngliches Team zum Zeitpunkt der **ersten Finanzierungsrunde oder im Jahr danach** verändert? Hierbei ist auch das Ausscheiden aus dem operativen Team gemeint. Dies ist zum Beispiel der Fall, wenn die Person nur noch beratende Tätigkeiten wahrnimmt, aber nicht mehr im Alltagsgeschäft tätig ist.

Gründer	Keine Veränderung	aus Team ausgeschieden
GründerIn 1	O	O
GründerIn 2	O	O
GründerIn 3	O	O
GründerIn 4	O	O
GründerIn 5	O	O
GründerIn 6	O	O

600 Die Auswahlmöglichkeiten haben sich im Rahmen der Expertengespräche herausgestellt.

7 [Filter-ID: 1219573]
Filter: Falls Ausscheiden
7.1 [Seiten-ID: 1217316] [L]

Bitte wählen Sie den Grund für das Ausscheiden aus!

Gründer	Wunsch des ausge-schiedenen Gründers	Wunsch des Finanziers	Wunsch des Teams	Wunsch einzelner Teammit-glieder	Sonstiges
GründerIn 1	O	O	O	O	O
GründerIn 2	O	O	O	O	O
GründerIn 3	O	O	O	O	O
GründerIn 4	O	O	O	O	O
GründerIn 5	O	O	O	O	O
GründerIn 6	O	O	O	O	O

8 [Seiten-ID: 1216275] [L]

Ist Ihr ursprüngliches Gründerteam in der **ersten Finanzierungsrunde oder im Jahr danach** um neue Mitglieder erweitert worden?

Bitte wählen:

- o nein
- o +1
- o +2
- o +3
- o +4
- o +5
- o +6

9 [Filter-ID: 1221842]
Filter: Falls Teamzuwachs
9.1 [Seiten-ID: 1217091] [L]

Bitte geben Sie den Grund der Aufnahme neuer Teammitglieder während der **ersten Finanzierungsrunde oder im Jahr danach** an und ergänzen Sie bitte die Daten um die neuen Teammitglieder!

Teammitglied	Ausbildung	Branchen-erfahrung (in Jahren)	Alter des/ der Gründers/ Gründerin	Position im Unter-nehmen	Grund für die Aufnahme
Teammitglied neu 1 nach 1. Finanzierungsrunde	- bitte wählen	- bitte wählen	- bitte wählen	- bitte wählen	- bitte wählen
Teammitglied neu 2 nach 1. Finanzierungsrunde	- bitte wählen	- bitte wählen	- bitte wählen	- bitte wählen	- bitte wählen
Teammitglied neu 3 nach 1. Finanzierungsrunde	- bitte wählen	- bitte wählen	- bitte wählen	- bitte wählen	- bitte wählen
Teammitglied neu 4 nach 1. Finanzierungsrunde	- bitte wählen	- bitte wählen	- bitte wählen	- bitte wählen	- bitte wählen
Teammitglied neu 5 nach 1. Finanzierungsrunde	- bitte wählen	- bitte wählen	- bitte wählen	- bitte wählen	- bitte wählen
Teammitglied neu 6 nach 1. Finanzierungsrunde	- bitte wählen	- bitte wählen	- bitte wählen	- bitte wählen	- bitte wählen

Auswahlmöglichkeiten:

Ausbildung:
Kauffrau/ Kaufmann, IngenieurIn/ TechnikerIn, Geistes-/ SozialwissenschaftlerIn, NaturwissenschaftlerIn, JuristIn, InformatikerIn, Sonstiges
Branchenerfahrung (in Jahren):
Keine, 1 – 5, 6 – 10, 11 – 15, 16 – 20, 21 – 25, 26 – 30, 31 – 35, 36 – 40, mehr als 40
Alter des/der Gründers/in:
unter 25, 26 – 35, 36 – 45, 46 – 55, 56 – 65, 66 – 75, über 75
Position im Unternehmen:
CEO (Chief Executive Officer), CFO (Chief Financial Officer), CMO (Chief Marketing Officer), CSO (Chief Sales Officer), CTO (Chief Technology Officer), CHRO (Human Resource Officer), Sonstiges
Grund für die Aufnahme:
Wunsch des Finanziers, Wunsch des Teams, Wunsch einzelner Teammitglieder, Sonstiges

Hier haben Sie Platz für Ihre Kommentierungen (wie z. B. Angaben zu Sonstiges, Mehrfachnennungen etc.):

10 [Seiten-ID: 1216276] [L]

In welcher Phase[601] befand sich Ihr Unternehmen zum Zeitpunkt der Teamveränderung? Falls bei Ihnen keine Teamveränderung vorlag, dann geben Sie bitte die Phase zum Zeitpunkt der Finanzierung an:

- o Gründungsphase
- o Wachstumsphase
- o Krisenphase

Welche Maßnahmen[602] zur Bewertung des Teams wurden vom Finanzinvestor in der **ersten Finanzierungsrunde** vorgenommen? (Mehrfachnennung möglich)

- o Dokumentenanalyse
- o Psychologische Testverfahren
- o Assessment Center
- o Anforderungsanalysen
- o Referenzanalyse (Netzwerkbefragung)
- o keine Maßnahme
- o Sonstiges

11 [Filter-ID: 1217071]
Filter: 2. Finanzierungsrunde
11.1 [Seiten-ID: 1219627] [L]

Die folgenden Fragen beziehen sich auf die zweite Finanzierungsrunde und das Jahr danach.

Wie hoch war die Finanzierungssumme (in €) in der **zweiten Finanzierungsrunde**?
Bitte wählen:

- o 0 - 500.000
- o 500.001 - 2.500.000
- o 2.500.001 - 5.000.000
- o 5.000.001 - 7.500.000
- o 7.500.001 - 10.000.000
- o 10.000.001 - 15.000.000

[601] Vgl. Klaus Nathusius, a.a.O., 1994, S. 25.

[602] Vgl. Geoffrey Smart: Management assessment methods in venture capital: an empirical analysis of human capital valuation. In: Venture Capital, 1. Jg., 1999, S. 59-82, S. 62 ergänzt um die Ergebnisse, die sich im Rahmen der Expertengespräche herausgestellt haben.

- o 15.000.001 - 20.000.000
- o 20.000.001 - 25.000.000
- o 25.000.001 - 30.000.000
- o 30.000.001 - 35.000.000
- o 40.000.001 - 45.000.000
- o 45.000.001 - 50.000.000
- o größer als 50.000.000

Hat sich Ihr Team zum Zeitpunkt der **zweiten Finanzierungsrunde oder im Jahr danach** verändert? Hierbei ist auch das Ausscheiden aus dem operativen Team gemeint. Dies ist zum Beispiel der Fall, wenn die Person nur noch beratende Tätigkeiten wahrnimmt, aber nicht mehr im Alltagsgeschäft tätig ist.

GründerIn/ Teammitglied	**Keine Veränderung**	**aus Team ausgeschieden**
GründerIn 1	O	O
GründerIn 2	O	O
GründerIn 3	O	O
GründerIn 4	O	O
GründerIn 5	O	O
GründerIn 6	O	O
Teammitglied neu 1 nach 1. Finanzierungsrunde	O	O
Teammitglied neu 2 nach 1. Finanzierungsrunde	O	O
Teammitglied neu 3 nach 1. Finanzierungsrunde	O	O
Teammitglied neu 4 nach 1. Finanzierungsrunde	O	O
Teammitglied neu 5 nach 1. Finanzierungsrunde	O	O
Teammitglied neu 6 nach 1. Finanzierungsrunde	O	O

11.2 [Filter-ID: 1219637]
Filter: 2. FR: Falls Ausscheiden
11.2.1 [Seiten-ID: 1219628] [L]

Bitte wählen Sie den Grund für das Ausscheiden aus!

Gründer/ Teammitglied	Wunsch des ausge-schiedenen Gründers	Wunsch des Finanziers	Wunsch des Teams	Wunsch einzelner Teammit-glieder	Sonstiges
GründerIn 1	O	O	O	O	O
GründerIn 2	O	O	O	O	O
GründerIn 3	O	O	O	O	O
GründerIn 4	O	O	O	O	O
GründerIn 5	O	O	O	O	O
GründerIn 6	O	O	O	O	O
Teammitglied neu 1 nach 1. Finanzierungsrunde	O	O	O	O	O
Teammitglied neu 2 nach 1. Finanzierungsrunde	O	O	O	O	O
Teammitglied neu 3 nach 1. Finanzierungsrunde	O	O	O	O	O
Teammitglied neu 4 nach 1. Finanzierungsrunde	O	O	O	O	O
Teammitglied neu 5 nach 1. Finanzierungsrunde	O	O	O	O	O
Teammitglied neu 6 nach 1. Finanzierungsrunde	O	O	O	O	O

11.3 [Seiten-ID: 1219629] [L]

Ist Ihr ursprüngliches Gründerteam in der **zweiten Finanzierungsrunde oder im Jahr danach** um neue Mitglieder erweitert worden?

Bitte wählen:

- o nein
- o +1
- o +2
- o +3
- o +4
- o +5
- o +6

11.4 [Filter-ID: 1221851]
Filter: Falls Teamzuwachs
11.4.1 [Seiten-ID: 1219630] [L]

Bitte geben Sie den Grund der Aufnahme neuer Teammitglieder während **der zweiten Finanzierungsrunde oder im Jahr danach** an und ergänzen bitte die Daten um die neuen Teammitglieder!

Teammitglied	Ausbildung	Branchen-erfahrung (in Jahren)	Alter des/ der Gründers/ Gründerin	Position im Unter-nehmen	Grund für die Aufnahme
Teammitglied neu 1 nach 2. Finanzierungsrunde	- bitte wählen	- bitte wählen	- bitte wählen	- bitte wählen	- bitte wählen
Teammitglied neu 2 nach 2. Finanzierungsrunde	- bitte wählen	- bitte wählen	- bitte wählen	- bitte wählen	- bitte wählen
Teammitglied neu 3 nach 2. Finanzierungsrunde	- bitte wählen	- bitte wählen	- bitte wählen	- bitte wählen	- bitte wählen
Teammitglied neu 4 nach 2. Finanzierungsrunde	- bitte wählen	- bitte wählen	- bitte wählen	- bitte wählen	- bitte wählen
Teammitglied neu 5 nach 2. Finanzierungsrunde	- bitte wählen	- bitte wählen	- bitte wählen	- bitte wählen	- bitte wählen
Teammitglied neu 6 nach 2. Finanzierungsrunde	- bitte wählen	- bitte wählen	- bitte wählen	- bitte wählen	- bitte wählen

Auswahlmöglichkeiten:

Ausbildung:
Kauffrau/ Kaufmann, IngenieurIn/ TechnikerIn, Geistes-/ SozialwissenschaftlerIn, NaturwissenschaftlerIn, JuristIn, InformatikerIn, Sonstiges
Branchenerfahrung (in Jahren):
Keine, 1 – 5, 6 – 10, 11 – 15, 16 – 20, 21 – 25, 26 – 30, 31 – 35, 36 – 40, mehr als 40
Alter des/der Gründers/in:
unter 25, 26 – 35, 36 – 45, 46 – 55, 56 – 65, 66 – 75, über 75
Position im Unternehmen:
CEO (Chief Executive Officer), CFO (Chief Financial Officer), CMO (Chief Marketing Officer), CSO (Chief Sales Officer), CTO (Chief Technology Officer), CHRO (Human Resource Officer), Sonstiges
Grund für die Aufnahme:
Wunsch des Finanziers, Wunsch des Teams, Wunsch einzelner Teammitglieder, Sonstiges

Hier haben Sie Platz für Ihre Kommentierungen (wie z. B. Angaben zu Sonstiges, Mehrfachnennungen etc.):

11.5 [Seiten-ID: 1219631] [L]

In welcher Phase[603] befand sich Ihr Unternehmen zum Zeitpunkt der Teamveränderung? Falls bei Ihnen keine Teamveränderung vorlag, dann geben Sie bitte die Phase zum Zeitpunkt der Finanzierung an:

- o Gründungsphase
- o Wachstumsphase
- o Krisenphase

Welche Maßnahmen[604] zur Bewertung des Teams wurden vom Finanzinvestor in der zweiten Finanzierungsrunde vorgenommen? (Mehrfachnennung möglich)

- o Dokumentenanalyse
- o Psychologische Testverfahren
- o Assessment Center
- o Anforderungsanalysen
- o Referenzanalyse (Netzwerkbefragung)
- o keine Maßnahme
- o Sonstiges

[603] Vgl. Klaus Nathusius, a.a.O., 1994, S. 25.
[604] Vgl. Geoffrey Smart, a.a.O., S. 59-82, S. 62 ergänzt um die Ergebnisse, die sich im Rahmen der Expertengespräche herausgestellt haben.

12 [Filter-ID: 1217078]
Filter: 3. Finanzierungsrunde

12.1 [Seiten-ID: 1219632] [L]

Die folgenden Fragen beziehen sich auf die dritte Finanzierungsrunde und das Jahr danach.

Wie hoch war die Finanzierungssumme (in €) in der dritten Finanzierungsrunde?
Bitte wählen:

- 0 - 500.000
- 500.001 - 2.500.000
- 2.500.001 - 5.000.000
- 5.000.001 - 7.500.000
- 7.500.001 - 10.000.000
- 10.000.001 - 15.000.000
- 15.000.001 - 20.000.000
- 20.000.001 - 25.000.000
- 25.000.001 - 30.000.000
- 30.000.001 - 35.000.000
- 40.000.001 - 45.000.000
- 45.000.001 - 50.000.000
- größer als 50.000.000

Hat sich Ihr ursprüngliches Team zum Zeitpunkt der **dritten Finanzierungsrunde oder im Jahr danach** verändert? Hierbei ist auch das Ausscheiden aus dem operativen Team gemeint. Dies ist zum Beispiel der Fall, wenn die Person nur noch beratende Tätigkeiten wahrnimmt, aber nicht mehr im Alltagsgeschäft tätig ist.

Gründer/ Teammitglied	Keine Veränderung	aus Team ausgeschieden
GründerIn 1	O	O
GründerIn 2	O	O
GründerIn 3	O	O
GründerIn 4	O	O
GründerIn 5	O	O
GründerIn 6	O	O
Teammitglied neu 1 nach 1. Finanzierungsrunde	O	O
Teammitglied neu 2 nach 1. Finanzierungsrunde	O	O
Teammitglied neu 3 nach 1. Finanzierungsrunde	O	O
Teammitglied neu 4 nach 1. Finanzierungsrunde	O	O
Teammitglied neu 5 nach 1. Finanzierungsrunde	O	O
Teammitglied neu 6 nach 1. Finanzierungsrunde	O	O
Teammitglied neu 1 nach 2. Finanzierungsrunde	O	O
Teammitglied neu 2 nach 2. Finanzierungsrunde	O	O
Teammitglied neu 3 nach 2. Finanzierungsrunde	O	O
Teammitglied neu 4 nach 2. Finanzierungsrunde	O	O
Teammitglied neu 5 nach 2. Finanzierungsrunde	O	O
Teammitglied neu 6 nach 2. Finanzierungsrunde	O	O

12.2 [Filter-ID: 1219638]
Filter: 3. FR: Falls Ausscheiden
12.2.1 [Seiten-ID: 1219633] [L]

Bitte wählen Sie den Grund für das Ausscheiden aus!

Gründer/ Teammitglied	Wunsch des ausge-schiedenen Gründers	Wunsch des Finanziers	Wunsch des Teams	Wunsch einzelner Teammit-glieder	Sonstiges
GründerIn 1	O	O	O	O	O
GründerIn 2	O	O	O	O	O
GründerIn 3	O	O	O	O	O
GründerIn 4	O	O	O	O	O
GründerIn 5	O	O	O	O	O
GründerIn 6	O	O	O	O	O
Teammitglied neu 1 nach 1. Finanzierungsrunde	O	O	O	O	O
Teammitglied neu 2 nach 1. Finanzierungsrunde	O	O	O	O	O
Teammitglied neu 3 nach 1. Finanzierungsrunde	O	O	O	O	O
Teammitglied neu 4 nach 1. Finanzierungsrunde	O	O	O	O	O
Teammitglied neu 5 nach 1. Finanzierungsrunde	O	O	O	O	O
Teammitglied neu 6 nach 1. Finanzierungsrunde	O	O	O	O	O
Teammitglied neu 1 nach 2. Finanzierungsrunde	O	O	O	O	O
Teammitglied neu 2 nach 2. Finanzierungsrunde	O	O	O	O	O
Teammitglied neu 3 nach 2. Finanzierungsrunde	O	O	O	O	O
Teammitglied neu 4 nach 2. Finanzierungsrunde	O	O	O	O	O
Teammitglied neu 5 nach 2. Finanzierungsrunde	O	O	O	O	O
Teammitglied neu 6 nach 2. Finanzierungsrunde	O	O	O	O	O

12.3 [Seiten-ID: 1219634] [L]

Ist Ihr ursprüngliches Gründerteam in der **dritten Finanzierungsrunde oder im Jahr danach** um neue Mitglieder erweitert worden?

Bitte wählen:

- nein
- +1
- +2
- +3
- +4
- +5
- +6

12.4 [Filter-ID: 1221861]
Filter: Falls Teamzuwachs
12.4.1 [Seiten-ID: 1219635] [L]

Bitte geben Sie den Grund der Aufnahme neuer Teammitglieder während der dritten **Finanzierungsrunde oder im Jahr danach** an und ergänzen bitte die Daten um die neuen Teammitglieder!

Teammitglied	Ausbildung	Branchen-erfahrung (in Jahren)	Alter des/ der Gründers/ Gründerin	Position im Unter-nehmen	Grund für die Aufnahme
Teammitglied neu 1 nach 3. Finanzierungsrunde	- bitte wählen	- bitte wählen	- bitte wählen	- bitte wählen	- bitte wählen
Teammitglied neu 2 nach 3. Finanzierungsrunde	- bitte wählen	- bitte wählen	- bitte wählen	- bitte wählen	- bitte wählen
Teammitglied neu 3 nach 3. Finanzierungsrunde	- bitte wählen	- bitte wählen	- bitte wählen	- bitte wählen	- bitte wählen
Teammitglied neu 4 nach 3. Finanzierungsrunde	- bitte wählen	- bitte wählen	- bitte wählen	- bitte wählen	- bitte wählen
Teammitglied neu 5 nach 3. Finanzierungsrunde	- bitte wählen	- bitte wählen	- bitte wählen	- bitte wählen	- bitte wählen
Teammitglied neu 6 nach 3. Finanzierungsrunde	- bitte wählen	- bitte wählen	- bitte wählen	- bitte wählen	- bitte wählen

Auswahlmöglichkeiten:

Ausbildung:
Kauffrau/ Kaufmann, IngenieurIn/ TechnikerIn, Geistes-/ SozialwissenschaftlerIn, NaturwissenschaftlerIn, JuristIn, InformatikerIn, Sonstiges
Branchenerfahrung (in Jahren):
Keine, 1 – 5, 6 – 10, 11 – 15, 16 – 20, 21 – 25, 26 – 30, 31 – 35, 36 – 40, mehr als 40
Alter des/der Gründers/in:
unter 25, 26 – 35, 36 – 45, 46 – 55, 56 – 65, 66 – 75, über 75
Position im Unternehmen:
CEO (Chief Executive Officer), CFO (Chief Financial Officer), CMO (Chief Marketing Officer), CSO (Chief Sales Officer), CTO (Chief Technology Officer), CHRO (Human Resource Officer), Sonstiges
Grund für die Aufnahme:
Wunsch des Finanziers, Wunsch des Teams, Wunsch einzelner Teammitglieder, Sonstiges

Hier haben Sie Platz für Ihre Kommentierungen (wie z. B. Angaben zu Sonstiges, Mehrfachnennungen etc.):

12.5 [Seiten-ID: 1219636] [L]

In welcher Phase[605] befand sich Ihr Unternehmen zum Zeitpunkt der Teamveränderung? Falls bei Ihnen keine Teamveränderung vorlag, dann geben Sie bitte die Phase zum Zeitpunkt der Finanzierung an:

- o Gründungsphase
- o Wachstumsphase
- o Krisenphase

Welche Maßnahmen[606] zur Bewertung des Teams wurden vom Finanzinvestor in der **dritten Finanzierungsrunde** vorgenommen? (Mehrfachnennung möglich)

- o Dokumentenanalyse
- o Psychologische Testverfahren
- o Assessment Center
- o Anforderungsanalysen
- o Referenzanalyse (Netzwerkbefragung)
- o keine Maßnahme
- o Sonstiges

[605] Vgl. Klaus Nathusius, a.a.O., 1994, S. 25.
[606] Vgl. Geoffrey Smart, a.a.O., S. 59-82, S. 62 ergänzt um die Ergebnisse, die sich im Rahmen der Expertengespräche herausgestellt haben.

13 [Seiten-ID: 1216284] [L]

Daten zum Unternehmen

Die folgenden Fragen beziehen sich auf **die ersten fünf Jahre seit Ihrer Gründung.**

In welcher Branche[607] ist Ihr Unternehmen tätig?

- o Cleantech
- o Elektronik/ Hardware
- o Internet
- o Kommunikationstechnologien
- o Life Sciences
- o Nanotechnologie/ Neue Materialien
- o Neue Medien
- o Sensoren/ Laser/ Displays
- o Software & IT
- o Sonstige

14 [Seiten-ID: 1216285] [L]

Wie viele Mitarbeiter beschäftigte Ihr Unternehmen in den jeweiligen Geschäftsjahren nach der Gründung?[608]

Jahr 1 nach Gründung	Jahr 2 nach Gründung	Jahr 3 nach Gründung	Jahr 4 nach Gründung	Jahr 5 nach Gründung
bitte wählen	bitte wählen	bitte wählen	bitte wählen	bitte wählen

Auswahlmöglichkeiten:
Jahr 1 nach Gründung:
keine, 1 – 25, 26 – 50, 51 – 75, 76 – 100, 101 – 125, 126 – 150, 151 – 175, 176 – 200, über 200
Jahr 2-5 nach Gründung:
keine, Alter nicht erreicht, 1 – 25, 26 – 50, 51 – 75, 76 – 100, 101 – 125, 126 – 150, 151 – 175, 176 – 200, über 200

[607] Vgl. Majunke Consulting: Venture Capital-Investments in deutsche Unternehmen im Zeitraum: 01.01.2005 – 21.12.2009. 2010.
[608] Vgl. Kai-Ingo Voigt, Alexander Brem, Jeannine Sütterlin, a.a.O., 2008,S. 289.

Wie hoch waren die Umsätze in den jeweiligen Geschäftsjahren nach der Gründung?[609]

Jahr 1 nach Gründung	Jahr 2 nach Gründung	Jahr 3 nach Gründung	Jahr 4 nach Gründung	Jahr 5 nach Gründung
bitte wählen	bitte wählen	bitte wählen	bitte wählen	bitte wählen

Auswahlmöglichkeiten:
Jahr 1 nach Gründung:
0 - 2.500.000, 2.500.001 - 5.000.000, 5.000.001 - 7.500.000, 7.500.001 - 10.000.000, 10.000.001 - 20.000.000, 20.000.001 - 50.000.000, 50.000.001 - 100.000.000, über 100.000.000
Jahr 2-5 nach Gründung:
Alter nicht erreicht, 0 - 2.500.000, 2.500.001 - 5.000.000, 5.000.001 - 7.500.000, 7.500.001 - 10.000.000, 10.000.001 - 20.000.000, 20.000.001 - 50.000.000, 50.000.001 - 100.000.000, über 100.000.000

15 [Seiten-ID: 1217559] [L]

Hier kommt die letzte Frage:

Wie beurteilen Sie den **derzeitigen Stand des Unternehmens**?[610] Bitte geben Sie Ihre Einschätzung zu den folgenden Aussagen:
(Stimme nicht zu=1 und stimme voll und ganz zu=6)

- Unsere Kunden sind mit den Dienstleistungen/ Produkten unseres Unternehmens sehr zufrieden.
- Das Unternehmen hat ein gutes Image.
- Das Unternehmen hat eine starke Wettbewerbsposition am Markt.
- Ich bin mit dem Markterfolg unseres Unternehmens voll zufrieden.
- Das Unternehmen hat eine exzellente technologische Wettbewerbsposition erreicht.
- Ich bin mit dem erreichten Innovationsgrad unserer Dienstleistungen/ Produkte zufrieden.
- Ich bin mit den Deckungsbeiträgen unserer Dienstleistungen/ Produkte zufrieden.
- Ich mit der erreichten Effizienz (Zeit und Kosten) unseres Unternehmens voll zufrieden.
- Ich bin mit dem finanziellen Erfolg des Unternehmens voll zufrieden.
- Aufgrund der wirtschaftlichen Entwicklung des Unternehmens würde ich die Unternehmensgründung wiederholen.
- Ich bin mit der Geschwindigkeit, mit der erstmals Gewinn erzielt wurde, voll zufrieden.

[609] Vgl. Kai-Ingo Voigt, Alexander Brem, Jeannine Sütterlin, a.a.O., 2008, S. 289.
[610] Christina a.a.O., 2001, S. 232-237.

16 [Seiten-ID: 1216186]

Vielen herzlichen Dank, dass Sie sich die Zeit genommen und an der Umfrage teilgenommen haben.

Wenn Sie an dem Ergebnis der Umfrage interessiert sind oder mir ein Feedback geben möchten, dann senden Sie mir eine Email an:

frederike.lueg@XXX.de

Mit freundlichen Grüßen

Frederike Lueg

Anhang 8: *Onlinefragebogen (englisch)*

1 [Page-ID: 1244626] [L]

Welcome!

I know your time is extremely valuable, and I appreciate your willingness to help me further my research for my dissertation.

Conducted by www.unipark.com a company that provides online survey software for universities, the survey is anonymous and should take just about 5 -10 minutes to complete.
If you are interested in the results and their scientific significance, I would be delighted to share my findings with you, simply send an email to
Frederike.Lueg@wiwi.uni-goettingen.de.

Please do not hesitate to contact me if you experience any problems with the survey or if you have any questions or concerns. I will be glad to provide further information to you at any time.

Sincerely,

Frederike Lueg

PhD Entrepreneurship & Entrepreneurial Finance
Georg-August Universität Göttingen (http://www.uni-goettingen.delen/1.html)

2 [Page-ID: 1244627]

Please indicate how many rounds of financing your business in the first 5 years has passed since its foundation. (Please only think of the financing rounds financed by Venture Capital):
Number of rounds of financing
Please choose:

- 1
- 2
- 3

How many rounds did not take place because the Venture Capital Firm was not satisfied with the team?
Number of rounds of financing which did not take place:
Please choose:

- 0

- 1
- 2
- 3
- 4
- >4

3 [Page-ID: 1244628] [L]

Please provide the dates of the following events (MM.JJJJ):

Please indicate only those financing rounds that have been venture capital funded.

founding date:

- 1st round of financing: __________
- 2nd round of financing: __________
- 3rd round of financing: __________

Please provide the number of members of the founding team at the following events:

Number of team members:

Please choose:

- 1
- 2
- 3
- 4
- 5
- 6

4 [Page-ID: 1244629] [L]

Please think back to the **founding date** and add the following information about your team: Please keep the order of the founding members in mind.

Founder	Education	Industry Experience (in years)	Age of founder	Position in the company
Founder 1	- please choose	- please choose	- please choose	- please choose
Founder 2	- please choose	- please choose	- please choose	- please choose
Founder 3	- please choose	- please choose	- please choose	- please choose
Founder 4	- please choose	- please choose	- please choose	- please choose
Founder 5	- please choose	- please choose	- please choose	- please choose
Founder 6	- please choose	- please choose	- please choose	- please choose

Choices:

Education:
Business Administration, Engineer/ Technican, Arts/ Social Science, Natural Science, Law, IT, Other
Industry Experience (in years):
None, 1 – 5, 6 – 10, 11 -15, 16 -20, 21 -25, 26 -30, 31 -35, 36 -40, more than 40
Age of founder:
under 25, 26 – 35, 36 -45, 46 – 55, 56 – 65, 66 -75, older than 75
Position in the company:
CEO (Chief Executive Officer), CFO (Chief Financial Officer), CMO (Chief Marketing Officer), CSO (Chief Sales Officer), CTO (Chief Technology Officer), CHRO (Human Resource Officer), Sonstiges

If you have any commentaries you can add it here (e.g. details, multiple answers etc.):

5 [Filter-ID: 1244630]
Filter: If Team
5.1 [Page -ID: 1244631] [L]

At the **founding date**, how did the founding members meet? (multiple answers possible)

- We knew each other from College.
- We knew each other as we were work colleagues/ business partners.
- We were friends.
- We are related.
- We met through a job advertisement/ online platform.
- We met at e.g. an event for entrepreneurs, or incubator (founding related context)
- We received help from consultants/ coaches/ HR-professionals.
- We met through financial institutions.
- Other

Choices:
Applies to the whole team/ applies to a part of the team.

5.2 [Page -ID: 1244632] [L]

Which were the criteria for teambuilding at the **founding date**?

- Certain professional competencies were required
- Trust based on family or friendship relations
- Experience of working together
- Team member provided contacts and/or capital[611]

Choices:
Criteria is…main/single cause, concurrently causative, not causative.[612]
Applies to...the whole team/ a part of the team.

[611] Vgl. Thomas Mellewigt, Peter Witt, a.a.O., 2002, p. 93.
[612] Vgl. Marianne Kulicke, a.a.O., 1993, p. 166.

6 [Page-ID: 1244633] [L]

The following questions are related to the first round of financing and the period of time thereafter.

What was the financing sum[613] (in $) in your **first round of financing**?

- 0 - 500.000
- 500.001 - 2.500.000
- 2.500.001 - 5.000.000
- 5.000.001 - 7.500.000
- 7.500.001 - 10.000.000
- 10.000.001 - 15.000.000
- 15.000.001 - 20.000.000
- 20.000.001 - 25.000.000
- 25.000.001 - 30.000.000
- 30.000.001 - 35.000.000
- 40.000.001 - 45.000.000
- 45.000.001 - 50.000.000
- larger than 50.000.000

Did the initial team structure change at the time of the **first round of financing or within the first year after** financing? This includes the exit from the operations team. This scenario could be the case, if the founding member would still be involved in consulting but does not participate in day to day business activities.

Founder	no change	left the team
Founder 1	O	O
Founder 2	O	O
Founder 3	O	O
Founder 4	O	O
Founder 5	O	O
Founder 6	O	O

[613] The choices are based on discussions with experts.

7 [Page-ID: 12446341]
Filter: If leaving
7.1 [Page-ID: 1244635] [L]

Please choose a reason for the leaving!

Founder	On his own request to do so	Request of financing institution	Request of the team	Request of individual team members	Other
Founder 1	O	O	O	O	O
Founder 2	O	O	O	O	O
Founder 3	O	O	O	O	O
Founder 4	O	O	O	O	O
Founder 5	O	O	O	O	O
Founder 6	O	O	O	O	O

8 [Page-ID: 1244636] [L]

Did the founding team grow in the **first round of financing or within the first year after** financing?

please choose:

- no
- +1
- +2
- +3
- +4
- +5
- +6

9 [Filter-ID: 1244637]
Filter: If new members
9.1 [Page-ID: 1244638] [L]

Please choose from the reasons below for supplementing the team with new team members during the **first round of financing or the year after** and complete the data for the new team members.

Team member	Education	Industry experience (in years)	Age of founder	Position in the company	Reason for admission
Team member new 1 after 1st round of financing	- please choose	- please choose	- please choose	- please choose	- please choose
Team member new 2 after 1st round of financing	- please choose	- please choose	- please choose	- please choose	- please choose
Team member new 3 after 1st round of financing	- please choose	- please choose	- please choose	- please choose	- please choose
Team member new 4 after 1st round of financing	- please choose	- please choose	- please choose	- please choose	- please choose
Team member new 5 after 1st round of financing	- please choose	- please choose	- please choose	- please choose	- please choose
Team member new 6 after 1st round of financing	- please choose	- please choose	- please choose	- please choose	- please choose

Education:
    Business Administration, Engineer/ Technican, Arts/ Social Science, Natural Science, Law, IT, Other
Industry Experience (in years):
    None, 1 – 5, 6 – 10, 11 -15, 16 -20, 21 -25, 26 -30, 31 -35, 36 -40, more than 40
Age of founder:
    under 25, 26 – 35, 36 -45, 46 – 55, 56 – 65, 66 -75, older than 75
Position in the company:
    CEO (Chief Executive Officer), CFO (Chief Financial Officer), CMO (Chief Marketing Officer), CSO (Chief Sales Officer), CTO (Chief Technology Officer), CHRO (Human Resource Officer), Sonstiges
Reason for admission:
    Request of financing institution, Request of the team, Request of single team members, Other

If you have any commentaries you can add it here (e.g. details, multiple answers etc.):

10 [Page-ID: 1244639] [L]

During which of the following stages[614] did the company experience a change in team structure? If there was no change in team structure please choose the stage the company where in at the financing round.

- Seed stage
- Growth stage
- Stage of crisis

What methods did your investors utilize to assess your team? (multiple answers possible)[615]

- Documentary research
- Psychological testing procedures
- Assessment Center
- Specification analysis
- Reference analysis (network consultation)
- No measures
- Other

11 [Filter-ID: 12446401
Filter: If 2. Financing round
11.1 [Page-ID: 1244641] [L]

The following questions relate to the **second round of financing and the year afterwards**. What was the financing sum (in $) in your second round of financing?
please choose:

- 0 - 500.000
- 500.001 - 2.500.000
- 2.500.001 - 5.000.000
- 5.000.001 - 7.500.000
- 7.500.001 - 10.000.000
- 10.000.001 - 15.000.000
- 15.000.001 - 20.000.000
- 20.000.001 - 25.000.000
- 25.000.001 - 30.000.000
- 30.000.001 - 35.000.000
- 40.000.001 - 45.000.000
- 45.000.001 - 50.000.000
- larger than 50.000.000

[614] Vgl. Klaus Nathusius, a.a.O., 1994, p. 25.
[615] Vgl. Geoffrey Smart, a.a.O., 1999, p. 59-82, p. 62 supplemented with results which resulted from discussions with experts.

Did the initial team structure change at the time of the **second round of financing or within the first year after** financing? This includes the exit from the operations team. This scenario could be the case, if the founding member would still be involved in consulting but does not participate in day to day business activities.

Founder/Team member	no change	left the team
Founder 1	O	O
Founder 2	O	O
Founder 3	O	O
Founder 4	O	O
Founder 5	O	O
Founder 6	O	O
Team member new 1 after 1st round of financing	O	O
Team member new 2 after 1st round of financing	O	O
Team member new 3 after 1st round of financing	O	O
Team member new 4 after 1st round of financing	O	O
Team member new 5 after 1st round of financing	O	O
Team member new 6 after 1st round of financing	O	O

11.2 [Filter-ID: 1244642]
Filter: 2. FR: If leaving
11.2.1 [Page-ID: 1244643] [L]

Please choose the reason for leaving!

Founder/Team member	On his own request to do so	Request of financing institution	Request of the team	Request of individual team members	Other
Founder 1	O	O	O	O	O
Founder 2	O	O	O	O	O
Founder 3	O	O	O	O	O
Founder 4	O	O	O	O	O
Founder 5	O	O	O	O	O
Founder 6	O	O	O	O	O
Team member new 1 after 1st round of financing	O	O	O	O	O
Team member new 2 after 1st round of financing	O	O	O	O	O
Team member new 3 after 1st round of financing	O	O	O	O	O
Team member new 4 after 1st round of financing	O	O	O	O	O
Team member new 5 after 1st round of financing	O	O	O	O	O
Team member new 6 after 1st round of financing	O	O	O	O	O

11.3 [Page-ID: 1219629] [L]

Did the founding team grow in the **second round of financing or within the first year after** financing?

please choose:

- no
- +1
- +2
- +3
- +4
- +5
- +6

11.4 [Filter-ID: 1244645]
Filter: If new member
11.4.1 [Page-ID: 1244646] [L]

Please choose from the reasons below for supplementing the team with new team members during the **second round of financing or the year after** and complete the data for the new team members.

Team member	Education	Industry experience (in years)	Age of founder	Position in the company	Reason for admission
Team member new 1 after 2nd round of financing	- please choose	- please choose	- please choose	- please choose	- please choose
Team member new 2 after 2nd round of financing	- please choose	- please choose	- please choose	- please choose	- please choose
Team member new 3 after 2nd round of financing	- please choose	- please choose	- please choose	- please choose	- please choose
Team member new 4 after 2nd round of financing	- please choose	- please choose	- please choose	- please choose	- please choose
Team member new 5 after 2nd round of financing	- please choose	- please choose	- please choose	- please choose	- please choose
Team member new 6 after 2nd round of financing	- please choose	- please choose	- please choose	- please choose	- please choose

Education:
Business Administration, Engineer/Technican, Arts/Social Science, Natural Science, Law, IT, Other
Industry Experience (in years):
None, 1 – 5, 6 – 10, 11 -15, 16 -20, 21 -25, 26 -30, 31 -35, 36 -40, more than 40
Age of founder:
under 25, 26 – 35, 36 -45, 46 – 55, 56 – 65, 66 -75, older than 75
Position in the company:
CEO (Chief Executive Officer), CFO (Chief Financial Officer), CMO (Chief Marketing Officer), CSO (Chief Sales Officer), CTO (Chief Technology Officer), CHRO (Human Resource Officer), Sonstiges
Reason for admission:
Request of financing institution, Request of the team, Request of single team members, Other

If you have any commentaries you can add it here (e.g. details, multiple answers etc.):

11.5 [Page -ID: 1244647] [L]

During which of the following stages[616] did the company experience a change in team structure? If there was no change in team structure please choose the stage the company where in at the financing round.

- Seed stage
- Growth stage
- Stage of crisis

What methods did your investors utilize to assess your team? (multiple answers possible)[617]

- Documentary research
- Psychological testing procedures
- Assessment Center
- Specification analysis
- Reference analysis (network consultation)
- No measures
- Other:

12 [Filter-ID: 1244648]
Filter: If 3. Financing round
12.1 [Page-ID: 1244649] [L]

The following questions are related to the **third round of financing and the period of time thereafter**.

What was the financing sum (in $) in your **third round of financing**?
please choose:

- 0 - 500.000
- 500.001 - 2.500.000
- 2.500.001 - 5.000.000
- 5.000.001 - 7.500.000
- 7.500.001 - 10.000.000
- 10.000.001 - 15.000.000
- 15.000.001 - 20.000.000
- 20.000.001 - 25.000.000
- 25.000.001 - 30.000.000
- 30.000.001 - 35.000.000
- 40.000.001 - 45.000.000

[616] Vgl. Klaus Nathusius, a.a.O., 1994, p. 25.
[617] Vgl. Geoffrey Smart, a.a.O., 1999, p. 59-82, p. 62 supplemented with results which resulted from discussions with experts.

- 45.000.001 - 50.000.000
- larger than 50.000.000

Did the initial team structure change at the time of the **third round of financing or within the first year after** financing? This includes the exit from the operations team. This scenario could be the case, if the founding member would still be involved in consulting but does not participate in day to day business activities.

Founder/Team member	no change	left the team
Founder 1	O	O
Founder 2	O	O
Founder 3	O	O
Founder 4	O	O
Founder 5	O	O
Founder 6	O	O
Team member new 1 after 1st round of financing	O	O
Team member new 2 after 1st round of financing	O	O
Team member new 3 after 1st round of financing	O	O
Team member new 4 after 1st round of financing	O	O
Team member new 5 after 1st round of financing	O	O
Team member new 6 after 1st round of financing	O	O
Team member new 1 after 2nd round of financing	O	O
Team member new 2 after 2nd round of financing	O	O
Team member new 3 after 2nd round of financing	O	O
Team member new 4 after 2nd round of financing	O	O
Team member new 5 after 2nd round of financing	O	O
Team member new 6 after 2nd round of financing	O	O

12.2 [Filter-ID: 1219638]
Filter: 3. FR: If leaving
12.2.1 [Page-ID: 1244651] [L]

Please choose the reason for leaving!

Founder/Team member	On his own request to do so	Request of financing institution	Request of the team	Request of individual team members	Other
Founder 1	O	O	O	O	O
Founder 2	O	O	O	O	O
Founder 3	O	O	O	O	O
Founder 4	O	O	O	O	O
Founder 5	O	O	O	O	O
Founder 6	O	O	O	O	O
Team member new 1 after 1st round of financing	O	O	O	O	O
Team member new 2 after 1st round of financing	O	O	O	O	O
Team member new 3 after 1st round of financing	O	O	O	O	O
Team member new 4 after 1st round of financing	O	O	O	O	O
Team member new 5 after 1st round of financing	O	O	O	O	O
Team member new 6 after 1st round of financing	O	O	O	O	O
Team member new 1 after 2nd round of financing	O	O	O	O	O
Team member new 2 after 2nd round of financing	O	O	O	O	O
Team member new 3 after 2nd round of financing	O	O	O	O	O
Team member new 4 after 2nd round of financing	O	O	O	O	O
Team member new 5 after 2nd round of financing	O	O	O	O	O
Team member new 6 after 2nd round of financing	O	O	O	O	O

12.3 [Page-ID: 1219634] [L]

Did the management team grow in the third round of financing or in the year afterwards?
please choose:

- o no
- o +1
- o +2
- o +3
- o +4
- o +5
- o +6

12.4 [Filter-ID: 1244653]
Filter: If new member
12.4.1 [Page-ID: 1219635] [L]
3

Please choose from the reasons below for supplementing the team with new team members during the **third round of financing or the year after** and complete the data for the new team members.

Team member	Education	Industry experience (in years)	Age of founder	Position in the company	Reason for admission
Team member new 1 after 3rd round of financing	- please choose	- please choose	- please choose	- please choose	- please choose
Team member new 2 after 3rd round of financing	- please choose	- please choose	- please choose	- please choose	- please choose
Team member new 3 after 3rd round of financing	- please choose	- please choose	- please choose	- please choose	- please choose
Team member new 4 after 3rd round of financing	- please choose	- please choose	- please choose	- please choose	- please choose
Team member new 5 after 3rd round of financing	- please choose	- please choose	- please choose	- please choose	- please choose
Team member new 6 after 3rd round of financing	- please choose	- please choose	- please choose	- please choose	- please choose

Education:
Business Administration, Engineer/ Technican, Arts/ Social Science, Natural Science, Law, IT, Other
Industry Experience (in years):
None, 1 – 5, 6 – 10, 11 -15, 16 -20, 21 -25, 26 -30, 31 -35, 36 -40, more than 40
Age of founder:
under 25, 26 – 35, 36 -45, 46 – 55, 56 – 65, 66 -75, older than 75
Position in the company:
CEO (Chief Executive Officer), CFO (Chief Financial Officer), CMO (Chief Marketing Officer), CSO (Chief Sales Officer), CTO (Chief Technology Officer), CHRO (Human Resource Officer), Sonstiges
Reason for admission:
Request of financing institution, Request of the team, Request of single team members, Other

If you have any commentaries you can add it here (e.g. details, multiple answers etc.):

12.5 [Page-ID: 1244647] [L]

During which of the following stages[618] did the company experience a change in team structure? If there was no change in team structure please choose the stage the company where in at the financing round.

- Seed stage
- Growth stage
- Stage of crisis

What methods did your investors utilize to assess your team? (multiple answers possible)[619]

- Documentary research
- Psychological testing procedures
- Assessment Center
- Specification analysis
- Reference analysis (network consultation)
- No measures
- Other:

[618] Vgl. Klaus Nathusius, a.a.O., 1994, p. 25.

[619] Vgl. Geoffrey Smart, a.a.O., 1999, p. 59-82, p. 62 supplemented with results which resulted from discussions with experts.

13 [Page-ID: 1244656] [L]

Information about the company

The following questions relate to the **first five years after foundation**.

What industry[620] is the company part of?
- Cleantech
- Communication technology
- Elektronics/ Hardware
- Internet
- Life Sciences
- Nanotechnology/ New Materials
- New Media
- Sensors/ Laser/ Displays
- Software & IT
- Other

14 [Page-ID: 1244657] [L]

How many employees did you have in the first five years after foundation?[621]

Year 1 after founding	Year 1 after founding	Year 1 after founding	Year 1 after founding	Year 1 after founding
please choose	please choose	please choose	please choose	please choose

Choices:
Year 1 after founding:
none, 1 – 25, 26 – 50, 51 – 75, 76 – 100, 101 – 125, 126 – 150, 151 – 175, 176 – 200, more than 200
Year 2-5 after founding:
none, didn´t reach age, 1 – 25, 26 – 50, 51 – 75, 76 – 100, 101 – 125, 126 – 150, 151 – 175, 176 – 200, more than 200

What were your revenues (in $) in the first five years after foundation?[622]

Year 1 after founding	Year 1 after founding	Year 1 after founding	Year 1 after founding	Year 1 after founding
please choose	please choose	please choose	please choose	please choose

Choices:
Year 1 after founding:
0 - 2.500.000, 2.500.001 - 5.000.000, 5.000.001 - 7.500.000, 7.500.001 - 10.000.000, 10.000.001 - 20.000.000, 20.000.001 - 50.000.000, 50.000.001 - 100.000.000, more than 100.000.000
Year 2-5 after founding:
didn´t reach age, 0 - 2.500.000, 2.500.001 - 5.000.000, 5.000.001 - 7.500.000, 7.500.001 - 10.000.000, 10.000.001 - 20.000.000, 20.000.001 - 50.000.000, 50.000.001 - 100.000.000, more than 100.000.000

[620] Vgl. Majunke Consulting, a.a.O., 2010.
[621] Vgl. Kai-Ingo Voigt, Alexander Brem, Jeannine Sütterlin, a.a.O., 2008,S. 289.
[622] Vgl. ebd., S. 289.

15 [Page-ID: 1244658] [L]

Here comes the last question:

Please evaluate the **current state of your company**. Please indicate your notion for the following statements (1= I disagree and 6= I agree wholeheartedly):[623]

- Our customers are very pleased with our services/ products.
- The company has a good image.
- The company has a strong competitive position in the market.
- I am completely satisfied with the market success of our company.
- The company has reached an excellent technological competitive position.
- I am satisfied with the achieved degree of innovation of our services/products.
- I am satisfied with the profit margin of our services/ products.
- I am completely satisfied with the achieved efficiency (time and costs) of our company.
- I am completely satisfied with the financial success of our company.
- Based on the economical development of the company I would start the company the same way.
- I am completely satisfied with the time it took to generate our first profit.

16 [Page-ID: 1216186]

Thank you very much for taking the time to participate in the survey.

If you are interested in the results of this survey or would like to share some feedback, please e-mail me:

frederike.lueg@XXX.de

Sincerely

Frederike Lueg

[623] Christina a.a.O., 2001, S. 232-237.

Literaturverzeichnis

Achleitner, Ann-Christin, Heinz Klandt, Lambert T. Koch, Kai- Ingo Voigt (Hrsg.): Jahrbuch Entrepreneurship: Gründungsforschung und Gründungsmanagement 2005/06, Berlin u. a., 2006.

Achleitner, Ann-Kristin, Heinz Klandt, Lambert T. Koch, Kai-Ingo Voigt (Hrsg.): Jahrbuch Entrepreneurship 2003/2004, Gründungsforschung und Gründungsmanagement, Berlin-Heidelberg 2004.

Aldinger, Leif: Kontaktnetzwerke von Venture – Capital - Gesellschaften: eine empirische Untersuchung der netzwerkbasierten Managementunterstützung im Rahmen von Venture Capital – Finanzierungen. Technische Universität Darmstadt, Dissertation, Berlin, 2005.

Aldrich, Howard E., Nancy M. Carter, Martin Ruef: Teams. In: William B. Gartner, Kelly G. Shaver, Nancy M. Carter. Paul D. Reynolds (Hrsg.): Handbook of entrepreneurial dynamics: the process of business creation. Thousands Oaks, 2004, S. 299-310.

Ali, Abdul, Candida Brush, Julio De Castro, Julian Lange, Thomas Lyons, Moriah Meyskens, Joseph Onochie, Ivory Phinisee, Edward Rogoff, Al Suhu, John Whitman: Global Entrepreneurship Monitor: National Entrepreneurial Assessment for the United States of America. Babson College and Baruch College. 2010.

Auhagen, Ann Elisabeth, Hans Werner Bierhoff (Hrsg.): Angewandte Sozialpsychologie: Das Praxishandbuch. Weinheim, 2003.

Backes-Gellner, Uschi, Alwine Mohnen, Arndt Werner: Team Size and Effort Start-up teams – Another Consequence of Free-Riding and Peer Pressure in Partnerships. März, 2006, http://ssrn.com/abstract=518443 or http://dx.doi.org/10.2139/ssrn.518443, gefunden am 10.12.2012.

Baldauf, Gertraud: Teambuilding und Teamentwicklung. In: Udo Steffens: Kompendium Management in Banking & Finance. Frankfurt am Main, 2008, S. 45-99.

Barbero, José L., José C. Casillas, Howard D. Feldman: Managerial capabilities and paths to growth as determinants of high-growth small and medium-sized enterprises. In: International Small Business Journal, Band 29, Nr, 6, 2011, S. 671-694.

Baron, Reuben M., David A. Kenny: The Moderator-Mediator Variable Distinction in Social Psychological Research: Conceptual, Strategic, and Statistical Considerations. In: Journal of Personality and Social Psychology, Band 51, Nr. 6, 1986, S. 1173-1182.

Baumback, Clifford M.: How to Organize and Operate a Small Business. Englewood Cliffs, N. J., 8. Ausgabe, 1988.

Baumgarth, Carsten, Martin Eisend, Heiner Evanschitzky (Hrsg.): Empirische Mastertechniken: Eine anwendungsorientierte Einführung für Marketing- und Managementforschung. Wiesbaden, 2009.

Beckman, Christine, M., M. Diane Burton, Charles O´Reilly: Early teams: The impact of team demography on VC financing and going public. In: Journal of Business Venturing, Band 22, 2007, S. 147-173.

Berndts, Peter, Dirk-Michael Harmsen: Technologieorientierte Unternehmensgründungen in Zusammenarbeit mit staatlichen Forschungseinrichtungen. Im Auftrag des Bundesministeriums für Forschung u. Technologie (BMFT), Köln, 1985.

Betsch, Oskar, Alexander P. Groh, Kay Schmidt: Gründungs- und Wachstumsfinanzierung innovativer Unternehmen. München (u. a.), 2000.

Biggadike, Ralph E.: Corporate diversification: Entry, strategy, and performance. Cambridge, MA: Harvard University Press, 1979.

Bindewald, Armin, Jochen Struck: Was erfolgreiche Unternehmen ausmacht: Erkenntnisse aus Wissenschaft und Praxis. KfW Bankengruppe, Heidelberg, 2005.

Birley, Sue, Simon Stockley: Entrepreneurial Teams and Venture Growth. In: Donald L. Sexton, Hans Landström (Hrsg.): The Blackwell Handbook of Entrepreneurship. Oxford, 2000, S. 287-307.

Birley, Sue, Daniel F. Muzyka (Hrsg.): Mastering Entrepreneurship. London u. a., 1997.

Böhringer, Andreas W.O., Ilka Bukowsky, Indre Maurer: Das Inkubatorkonzept als Chance für den Gründungserfolg: Handlungsempfehlungen für junge Hochtechnologie-Unternehmen. In: Betriebswirtschaftliche Forschung und Praxis, Band 57, Nr, 4, 2005, S. 319-332.

Boeker, Warren, Rushi Karichalil: Entrepreneurial Transitions: Factors Influencing Founder Departure. In: Academy of Management Journal, Band 45, Nr. 3, 2002, S. 618 – 626.

Boeker, Warren, Robert Wiltbank: New Venture Evolution and Managerial Capabilities. In: Organization Science, Band 16, Nr. 2, März-April, 2005, S. 123 - 133.

Böhm, Anne: Geschäftsbeziehungen zwischen Bank und Existenzgründer. Gründung, Innovation und Beratung, 20, Universität zu Köln, Dissertation, Lohmar (u. a.), 1999.

Brettel, Malte, Solveig Thust, Peter Witt: Die Beziehung zwischen VC-Gesellschaften und Start-Up-Unternehmen. Gefunden am 07.02.2012, 19:39h http://cosmic.rrz.uni-hamburg.de/webcat/hwwa/edok01/whu/FP81.pdf.

Brinckmann, Jan, Sören Salomo, Hans G. Gemünden: Financial Management Competence of Founding Teams and Growth of New Technology-Based Firms. In: Entrepreneurship Theory and Practice, März, 2011.

Brinckmann, Jan, Sören Salomo, Hans G. Gemünden: Managementkompetenz in jungen Technologieunternehmen. In: Ann-Kristin Achleitner, Heinz Klandt, Lambert T. Koch, Kai-Ingo Voigt (Hrsg.): Jahrbuch Entrepreneurship 2003/04: Gründungsforschung und Gründungsmanagement. Berlin, 2004, S. 15-37.

Brinkrolf, Andreas: Managementunterstützung durch Venture – Capital - Gesellschaften: eine Untersuchung des nichtfinanziellen Beitrags von Venture – Capital - Gesellschaften bei der Entwicklung ihrer Portfoliounternehmen. Universität St. Gallen, Dissertation, St. Gallen, 2002.

Brixy, Udo, Christian Hundt, Rolf Sternberg: Global Entrepreneurship Monitor – Unternehmensgründungen im weltweiten Vergleich: Länderbericht Deutschland 2010. Hannover/ Nürnberg, 2010.

Brüderl, Josef, Peter Preisendörfer, Rolf Ziegler: Der Erfolg neugegründeter Betriebe: eine empirische Studie zu den Chancen und Risiken von Unternehmensgründungen. Berlin, 2007.

Brüderl, Josef, Peter Preisendörfer, Rolf Ziegler: Der Erfolg neugegründeter Betriebe: eine empirische Studie zu den Chancen und Risiken von Unternehmensgründungen. Berlin, 1996.

Buller, Paul F., Cecil H. Bell: Effects of team building and goal setting on productivity: A field experiment; Academy of Management Journal; Band 29, Nr. 2; 1986, S. 305-328.

Bundesverband Deutscher Kapitalbeteiligungsgesellschaften – German Private Equity and Venture Capital Association e. V. (BVK): BVK-Statistik Der deutsche Beteiligungsmarkt im 3. Quartal 2011. November, 2011.

Bundesverband Deutscher Kapitalbeteiligungsgesellschaften – German Private Equity and Venture Capital Association e. V. (BVK): BVK Statistik - Das Jahr 2010 in Zahlen. 02.03.2011.

Bundesverband Deutscher Kapitalbeteiligungsgesellschaften – German Private Equity and Venture Capital Association e. V. (BVK): BVK Statistik - Das Jahr 2008 in Zahlen. 09.03.2009.

Butler, John E., Andy Lockett (Hrsg.): Venture capital in the changing world of entrepreneurship. Greenwich, Connecticut, 2006.

Chowdhury, Sanjib: Demographic diversity for building an effective entrepreneurial team: is it important? In: Journal of Business Venturing, Band 20, 2005, S. 727-746.

Chrisman, James, Alan Bauerschmidt, Charles W. Hofer: The Determinants of New Venture Performance: An Extended Model. In: Entrepreneurship: Theory & Practice, Band 23, Nr. 1, 1998, S. 5-29.

Clarysse, Bart, Nathalie Moray: A process study of entrepreneurial team formation: the case of a research-based spin-off. In: Journal of Business Venturing, Band 19, Nr. 1, January 2004, 55-79.

Conceiceicao, Oscarina, Margarida Fontes, Teresa Calapez: The commercialisation decisions of research-based spin-off: Targeting the market for technologies. In: Technovation, Band 32, Nr. 1, 2012, S. 43-56.

Cooney, Thomas M.: What is an Entrepreneurial Team? International Small Business Journal, Band 23, Nr 3, 2005, S. 226–235.

Cooper, Arnold C.: The Founding of Technologically-Based Firms. Milwaukee, Center for Venture Management, 1971, Quelle: http://www.eric.ed.gov/PDFS/ED076773.pdf, gefunden am 06.01.2012, 19:15h.

Cooper, Arnold C., Albert V. Bruno: Success Among High-Technology Firms. In: Business Horizons, Band 20, Nr. 2, 1977, S. 16-22.

Dautzenberg, Kirsti, Guido Reger: Evaluation of entrepreneurial teams: early-stage investment decisions in new technology-based firms. In: International Journal of Entrepreneurial Venturing, Band 2, Nr. 1, 2010, S. 1-22.

Dowling, Michael J., Hans Jürgen Drumm (Hrsg.): Gründungsmanagement: vom erfolgreichen Unternehmensstart zu dauerhaftem Wachstum - mit 3 Tabellen. Berlin (u. a.), 2003.

Dreier, Christina: Gründerteams: Einflußverteilung, Interaktionsqualität, Unternehmenserfolg. Technische Universität Berlin, Dissertation, Berlin, 2001.

Egeln, Jürgen, Ulrich Falk, Diana Heger, Daniel Höwer, Georg Metzger: Ursachen für das Scheitern junger Unternehmen in den ersten fünf Jahren ihres Bestehens. Studie im Auftrag des Bundesministeriums für Wirtschaft und Technologie, Mannheim u. a., März, 2010.

Egeln, Jürgen, Sandra Gottschalk, Christian Rammer, Alfred Spielkamp: Spinoff-Gründungen aus der öffentlichen Forschung in Deutschland. Bundesministerium für Bildung und Forschung (BMBF), 2002.

Eisenhardt, Kathleen M.; Claudia Bird Schoonhoven: Organizational Growth: Linking Founding Team, Strategy, Environment, and Growth among U.S. Semiconductor Ventures, 1978-1988. In: Administrative Science Quarterly, Band 35, 1990, 504-529.

Engel, Dirk: Venture Capital für junge Unternehmen. ZEW Wirtschaftsanalysen, 71, Europa-Universität Viadrina Frankfurt (Oder), Dissertation, Baden-Baden, 2004.

Ensley, Michael D., Keith M. Hmieleski: A comparative study of new venture top management team composition, dynamics and performance between university-based and independent start-ups, in: Research policy, Amsterdam [u. a.], Elsevier, Band. 34, 2005 S. 1091-1105.

Fallgatter, Michael J.: Theorie des Entrepreneurship – Perspektiven zur Erforschung der Entstehung und Entwicklung junger Unternehmen. Wiesbaden, 2002.

Fiet, James, O., Lowell W. Busenitz, Douglas D. Moesel, Jay B. Barney: Complementary Theoretical Perspectives on the Dismissal of New Venture Team Members. In: Journal of Business Venturing, 12, Nr. 5, 1997, S. 347-366.

Fink, Matthias, Sascha Kraus (Hrsg.): The Management of Small and Medium Enterprises. New York, 2009.

Forbes, Daniel P., Patricia S. Borchert, Mary E. Zellmer-Bruhn, Harry J. Sapienza: Entrepreneurial Team Formation: An Exploration of New Member Addition, in: Entrepreneurship Theory and Practice, Band 30, Nr. 2, März 2006, S. 225-248.

Franke, Nikolaus, Marc Gruber, Dietmar Harhoff, Joachim Henkel: Venture Capitalists´ Evaluations of Start-Up Teams: Trade-Offs, Knock-Out Criteria, and the Impact of VC Experience. In: Entrepreneurship Theory and Practice, Band 32, Nr. 3, 2008, S. 459-483.

Franke, Nikolaus, Marc Gruber, Dietmar Harhoff, Joachim Henkel: What you are is what you like—similarity biases in venture capitalists' evaluations of start-up teams, in: Journal of Business Venturing, Band 21, Nr. 6, 2006, S. 802-826.

Franke, Nikolaus, Marc Gruber, Joachim Henkel, Karin Hoisl: Die Bewertung von Gründerteams durch Venture-Capital-Geber: Ein empirische Analyse. Die Betriebswirtschaft (DBW), Band 64, Nr. 6, 2004, S. 651-670.

Gartner, William B: A Conceptual Framework for Describing the Phenomenon of New Venture Creation. In: Academy of Management Review, Band 10, Nr. 4, 1985, S. 696-706.

Gartner, William B., Kelly G. Shaver, Nancy M. Carter, Paul D. Reynolds (Hrsg.): Handbook of entrepreneurial dynamics: the process of business creation. Thousands Oaks, 2004.

Gemünden, Hans-Georg: Personale Einflussfaktoren von Unternehmensgründungen. In: Ann-Kristin Achleitner, Heinz Klandt, Lambert T. Koch, Kai-Ingo Voigt (Hrsg.): Jahrbuch Entrepreneurship 2003/2004, Gründungsforschung und Gründungsmanagement, Berlin-Heidelberg 2004, S. 93-120.

Gemünden, Hans Georg, Sören Salomo, Thilo Müller (Hrsg.): Entrepreneurial Excellence: Unternehmertum, unternehmerische Kompetenz und Wachstum junger Unternehmen. Wiesbaden, 2005.

Gläser, Jochen, Grit Laudel: Experteninterviews und qualitative Inhaltsanalyse. Wiesbaden, 2010.

Gledson de Carvalho, Antonio, Charles W. Calomiris; Joao Amaro de Matos: Venture Capital as Human Resource Management. Februar, 2005.

Gompers, Paul A., Anna Kovner, Joshua Lerner, David Scharfstein: Venture capital investment cycles: the impact of public markets. In: National Bureau of Economic Research, 11385, Cambridge, Mass., 2005, o. S.

Grupp, Hariolf: Technologie am Beginn des 21. Jahrhunderts. Heidelberg, 1995.

Guggemoos, Paul Georg: Unterstützung der Unternehmensentwicklung junger wachstumsorientierter Technologieunternehmen durch Venture Capital-Gesellschaften in der Betreuungsphase. Wiesbaden, 2012.

Günzel, Franziska, Helge Wilker: Beyond high tech: the pivotal role of technology in start-up business model design. In: Entrepreneurship and Small Business, Band 15, Nr. 1, 2012, S. 3-22.

Gurdon, Michael A., Karel J. Samsom: A longitudinal study of success and failure among scientist-started ventures. In: Technovation, Band 30, Nr. 3, 2010, S. 207-214.

Halberstadt, Jantje, Isabel Welpe: Motive, Eigenschaften und Emotionen von Unternehmensgründern. In: Sascha Kraus (Hrsg.): Entrepreneurship: Theorie und Fallstudien zu Gründungs- Wachstums- und KMU-Management. Wien, 2008, S. 52-67.

Harper, David A.: Towards a theory of entrepreneurial teams, in: Journal of Business Venturing, Band 23, Nr. 6, 2008, S. 613-626.

Jürgen Hauschildt, Oskar Grün (Hrsg.): Ergebnisse empirischer betriebswirtschaftlicher Forschung. Stuttgart,1993.

Heger, Diana, Daniel Höwer, Bettina Müller, Georg Licht: High-Tech-Gründungen in Deutschland - Von Tabellenführern, Auf- und Absteigern: Regionale Entwicklung der Gründungstätigkeit. Zentrum für Europäische Wirtschaftsforschung (ZEW) GmbH, Februar, 2011, o.S.

Heger, Diana, Tereza Tykvová: You can't make an omelette without breaking eggs: the impact of venture capitalists on executive turnover. In: ZEW, 07-003, 2007, o.S.

Heinemann, Christopher, Tobias Schmidt, Werner Dreesbach: Investitionsphasen und Bewertungsmöglichkeiten in der Net Economy. In: Tobias Kollmann: E - Venture - Management: neue Perspektiven der Unternehmensgründung in der Net Economy. Wiesbaden, 2003, S. 429-442.

Heitzer, Bernd: Finanzierung junger innovativer Unternehmen durch Venture-Capital-Gesellschaften. Universität Münster, Dissertation, Lohmar (u. a.), 2000.

Hellmann, Thomas. F., Manju Puri: Venture Capital and the Professionalization of Start-Up Firms: Empirical Evidence. Journal of Finance, Band 57, Nr. 1, 2002, S. 169-197.

Helwing, Bert: Qualitative Bewertung von Kapitalbeteiligungsgesellschaften: eine empirische Analyse ausgewählter Bewertungskriterien und ihr Einfluss auf die Rendite und das Beteiligungsvolumen. Universität, Dissertation, 2008.

Hemer, Joachim, Herbert Berteit, Gerd Walter, Maximilian Göthner: Erfolgsfaktoren für Unternehmensgründungen aus der Wissenschaft, ISI-Schriftenreihe „Innovationspotenziale", Fraunhofer-Institut für System- und Innovationsforschung ISI, Stuttgart, 2006.

Henneke, Daniel, Christian Lüthje: Interdisciplinary Heterogeneity as a Catalyst for Product Innovativeness of Entrepreneurial Teams. The Author Journal compilation, Band 16, Nr. 2, 2007, S. 121-132.

Herron, Lanny, Richard B. Robinson Jr.: A structural model of the effects of entrepreneurial characteristics on venture performance, in: Journal of Business Venturing, Band 8, Nr. 3, 1993, S. 281-294.

Higashide, Hironori, Sue Birley: Value Created Through the Socially Complex Relationship Between the Venture Capitalist and the Entrepreneurial Team? In: Frontiers of Entrepreneurship Research, 2000, gefunden am 14.02.2012, 16:42h http://fusionmx.babson.edu/entrep/fer/XVI/XVIA/XVIA.htm.

Hinds, Pamela J., Kathleen M. Carley, David Krackhardt, Douglas R. Wholey: Choosing work group members: Balancing similarity, competence, and familiarity. In: Organizational Behavior and Human Decision Processes, Band 81, Nr. 2, 2000, S. 226-251.

Högl, Martin: Teamarbeit in innovativen Projekten: Einflußgrößen und Wirkungen. Diss., Karlsruhe, 1998.

Holtmannspötter, Dirk, Sylvie Rijkers-Defrasne, Christoph Glauner, Sabine Korte, Axel Zweck: Aktuelle Technologieprognosen im internationalen Vergleich: Übersichtsstudie. Zukünftige Technologien Consulting der VDI Technologiezentrum GmbH (Hrsg.) im Auftrag und mit Unterstützung des Bundesministerium für Bildung und Forschung, 2006.

Hsu, David H.: Experienced entrepreneurial founders, organizational capital, and venture capital funding. In: Research Policy, Band 36, Nr. 5, 2007, S. 772-741.

Hsu, Junming, Chia-Yu Chang: An Investment Strategy Based on the Long-Run Performance of IPOs: Venture-Backed and Non-Venture-Backed Firms. In: The Journal of Investing, Band 17, Nr. 4, 2008, S. 95-105.

Jacobsen, Liv Kirsten: Erfolgsfaktoren bei der Unternehmensgründung: Entrepreneurship in Theorie und Praxis, Wiesbaden, 2006.

Jäger, Urs, Sven Reinecke: Expertengespräch. In: Carsten Baumgarth, Martin Eisend, Heiner Evanschitzky (Hrsg.): Empirische Mastertechniken: Eine anwendungsorientierte Einführung für Marketing- und Managementforschung. Wiesbaden, 2009, S. 29-76.

Kamm, Judith B., Aaron J. Nurick: The Stages of Team Venture Formation: A Decision-making Model. In: Entrepreneurship Theory and Practice, Band 17, Nr. 2, 1993, S. 17-27.

Kamm, Judith B., Jeffrey C. Shuman, John A. Seeger, Aaron J. Nurick: Entrepreneurial Teams in New Venture Creation: A Research Agenda. In: Entrepreneurship Theory and Practice, Band 14, Nr. 4, 1990, S. 7-17.

Kazanjian, Robert K., Robert Drazin: A stage-contingent model of design and growth for technology based new ventures. Joumal of Business Venturing, Band 5, Nr. 3, 1990, 137-150.

Keeley, Robert H., Robert W. Knapp: Founding Conditions And Business Performance: "High Performers" vs. Small vs. Venture Capital-backed Start-ups. In: Frontiers of Entrepreneurship Research, Babson College, Band Nr. 14, 1994, o. S.

Keeley, Robert H., Robert W. Knapp, James T. Rothe: High Tech vs. Non-Tech; VC vcs. Non-VC: Sorting out the Effects. In: Frontiers of Entrepreneurship Research, 1996, 6, S. 1-15.

Keeley, Robert H., Juan B. Roure: Management, Strategy, and Industry Structure as Influences on the Success of new Firms: a Structural Model. In: Management Science, Band 36, Nr. 10, October, 1990, S. 1256-1267.

Klandt, Heinz: Unternehmensgründung. In: Peter Russo, Ronald Gleich, Falk Strascheg (Hrsg.): Von der Idee zum Markt: Wie Sie unternehmerische Chancen erkennen und erfolgreich umsetzen. München, 2008, S. 107-124.

Klandt, Heinz: Gründungsmanagement: der integrierte Unternehmensplan: Business Plan als zentrales Instrument für die Gründungsplanung. München (u.a.), 2006.

Klandt, Heinz: Partnerschaftsunternehmer versus Einzelunternehmer im Planspiel. In: Detlef Müller-Böling, Klaus Nathusius (Hrsg.): Unternehmerische Partnerschaften - Beiträge zu Unternehmensgründungen im Team. Stuttgart, 1994, S. 61-86.

Klandt, Heinz, Stavroula Laspita: Team Start-ups and the Lonely Heroes: Empirical Results from the Simulation Game „EVa". In: Harald F. O. von Kortzfleisch, Oliver Bohl: Wissen, Vernetzung, Virtualisierung: liber amicorum zum 65. Geburtstag von Udo Winand. Lohmar (u. a.), 2008, S. 287-300.

Klandt, Heinz, Klaus Nathusius, Josef Mugler, A. Heinrike Heil (Hrsg.): Gründungsforschungs-forschungs-Forum 2000: Dokumentation des 4. G-Forums Wien, 5./6. Oktober 2000.

Klandt, Heinz, Norbert Szyperski, Michael Frese, Josef Brüderl, Rolf Sternberg, Ulrich Braukmann, Lambert T. Koch (Hrsg.): FGF – Entrepreneurship – Research Monographien, Band 60, Lohmar (u. a.), 2007.

Klandt, Heinz, Herrmann Weihe: Gründungsforschungs-Forum 2001: Dokumentation des 5. G-Forums, Lüneburg, 4./5. Oktober 2001. FGF Entrepreneurship-Research Monographien, Band 32, Lohmar Köln, 2002.

Kleinknecht, Sven, Stavroula Laspita, Heinz Klandt: Performance and Decision Making: How Different are Team Start-ups and the Lonley Hereos? In: Frontiers of Entrepreneurship Research, Band 30, Nr. 10, Artikel 11, 2010, o. S.

Knigge, Rainer, Ulrich Petschow: Technologieorientierte Unternehmensgründungen in Berlin. Berlin, 1986.

Koch, Lambert T. (Hrsg.): Gründungsmanagement: mit Aufgaben und Lösungen. München u.a., 2001.

Kollmann, Tobias: E - Venture - Management: neue Perspektiven der Unternehmensgründung in der Net Economy. Wiesbaden, 2003.

Kortzfleisch, Harald F. O. von, Oliver Bohl: Wissen, Vernetzung, Virtualisierung: liber amicorum zum 65. Geburtstag von Udo Winand. Lohmar (u. a.), 2008.

Koschatzky, Knut (Hrsg.): Technologieunternehmen im Innovationsprozeß: Management, Finanzierung und regionale Netzwerke. Heidelberg, 1997.

Krafft, Lutz: Entwicklung räumlicher Cluster: Das Beispiel Internet- und E-Commerce-Gründungen in Deutschland. Schriftenreihe der European Business School, Band 57, Dissertation, Wiesbaden, 2006.

Kraus, Sascha (Hrsg.): Entrepreneurship: Theorie und Fallstudien zu Gründungs- Wachstums- und KMU-Management. Wien, 2008.

Kraus, Sascha, Katherine Gundolf: Entrepreneurship: Zur Genese eines Forschungsfeldes. In: Sascha Kraus, Katherine Gundolf (Hrsg.): Stand und Perspektiven der deutschsprachigen Entrepreneurship- und KMU-Forschung. Schriftenreihe des Instituts für Managementforschung, 2, Stuttgart, 2008, S. 8-28.

Kraus, Sascha, Katherine Gundolf (Hrsg.): Stand und Perspektiven der deutschsprachigen Entrepreneurship- und KMU-Forschung. Schriftenreihe des Instituts für Managementforschung, 2, Stuttgart, 2008.

Kugler, Friedrich: Erfolgsfaktoren und Erfolgsmuster von Unternehmensgründungen: eine empirische Analyse aus Südthüringen. FGF Entrepreneurship - Research Monographien, 35, Lohmar (u. a.), 2003.

Kulicke, Marianne: Chancen und Risiken junger Technologieunternehmen: Ergebnisse des Modellversuchs "Förderung technologieorientierter Unternehmensgründungen"; Projektbegleitung zum Modellversuch "Förderung technologieorientierter Unternehmensgründungen" des Bundesforschungsministeriums. Fraunhofer-Institut für Systemtechnik und Innovationsforschung, Heidelberg, 1993.

Kulicke, Marianne: Technologieorientierte Unternehmen in der Bundesrepublik Deutschland: Eine empirische Untersuchung der Strukturbildungs- und Wachstumsphase von Neugründungen. Frankfurt, 1987.

Kulicke, Marianne, Udo Wupperfeld: Beteiligungskapital für junge Technologieunternehmen. Heidelberg, 1996.

Lamont, Lawrence M.: Technology Transfer, Innovation and Marketing in Science Oriented Spin-off Firms: a Cenceptual Model. Dissertation University of Michigan, Michigan, 1970.

Lechler, Thomas, Hans G. Gemünden: Gründerteams: Chancen und Risiken für den Unternehmenserfolg. Heidelberg, 2003.

Legler, Harald, Rainer Frietsch: Neuabgrenzung der Wissenswirtschaft - forschungsintensive Industrien und wissensintensive Dienstleistungen (NIW/ISI-Listen 2006), Studien zum deutschen Innovationssystem Nr. 22-2007. Bundesministerium für Bildung und Forschung (BMBF), 2006 gefunden am 24.01.2012 um 16:30h http://www.bmbf.de/pubRD/sdi-22-07.pdf.

Löntz, Axel: Finanzierung junger Unternehmen durch Business Angels – Eine betriebswirtsschaftliche und steuerliche Analyse. Venture Capital und Investment Banking. Band 10, Köln, 2007.

Majunke Consulting: Venture Capital Yearbook, 2010/11.

Majunke Consulting: Venture Capital-Investments in deutsche Unternehmen im Zeitraum: 01.01.2005 – 21.12.2009. 2010.

Majunke Consulting: Venture Capital Yearbook, 2009.

Majunke Consulting: Venture Capital Yearbook, 2008.

Majunke Consulting: Venture Capital Yearbook, 2007.

Majunke Consulting: Venture Capital Yearbook, 2006.

Majunke Consulting: Venture Capital Yearbook, 2005.

Majunke Consulting: Venture Capital Yearbook, 2004.

Mellewigt, Thomas: Einsatz, Größe und Vollständigkeit von Teamgründungen – Ergebnisse der deutschen und amerikanischen Gründungsforschung. In: Heinz Klandt, Klaus Nathusius, Josef Mugler, A. Heinrike Heil (Hrsg.): Gründungsforschungsforschungs-Forum 2000: Dokumentation des 4. G-Forums Wien, 5./6. Oktober 2000, S. 199-216.

Mellewigt, Thomas, Julia F. Späth: Entrepreneurial Teams: A Survey of German and US Empirical Studies. In: Hans G. Gemünden, Sören Salomo, Thilo Müller (Hrsg.): Entrepreneurial Excellence: Unternehmertum, unternehmerische Kompetenz und Wachstum junger Unternehmen. Wiesbaden, 2005, S. 145-168.

Mellewigt, Thomas, Peter Witt: Die Bedeutung des Vorgründungsprozesses für die Evolution von Unternehmen: Stand der empirischen Forschung. In: ZfB, Band 72, Nr.1, 2002, S. 81-110.

Miner, John B.: Testing a Psychological Typology of Entrepreneurship Using Business Founders. In: The Journal of Applied Behavioral Science, Band 36, 2000, S. 43-69.

Miner, John B.: A Psychological Typology of Successful Entrepreneurs. Westport, Conn., 1997.

Miner, John B.: Evidence for Existence of a Set of Personality Types, defined by Psychological Tests, that predict Entrepreneurial Success. In: Frontiers of Entrepreneurship Research, 1996.

Mitter, Christine: Venture Capital – Empirische Erkenntnisse im Kontext der Entrepreneurial Finance. In: ZfKE, Band 58, Nr. 2, 2010, S. 121-139.

Moog, Petra: Humankapital des Gründers und Erfolg der Unternehmensgründung. Entrepreneurship, Universität, Dissertation, Wiesbaden, 2004.

Morris, Michael H., Donald F. Kuratko, Minet Schindehutte, April J. Spivack: Framing the Entrepreneurial Experience. In: Entrepreneurship Theory and Practice, Band 36, Nr. 1, 2012, S. 11-40.

Moser, Klaus: Wirtschaftspsychologie - mit 21 Tabellen. Heidelberg, 2007.

Müller, Günter Fred, Cathrin Gappisch: Müssen Gründer einen bestimmten Eigenschaftstypus besitzen, um in der Selbstständigkeit bestehen zu können? In: Heinz Klandt, Herrmann Weihe: Gründungsforschungs-Forum2001: Dokumentation des 5. G-Forums, Lüneburg, 4./5. Oktober 2001. FGF Entrepreneurship-Research Monographien, Band 32, Lohmar Köln, 2002, S. 307-315.

Müller-Böling, Detlef, Heinrike A. Heil: Unternehmer-Teams – Eine wiederentdeckte Idee: Zum Stand der Forschung im Bereich Partnerschaftsgründungen. In: Detlef Müller-Böling; Klaus Nathusius (Hrsg.): Unternehmerische Partnerschaften, Schriftenreihe der Schmalenbach-Gesellschaft - Deutsche Gesellschaft für Betriebswirtschaft e.V., Stuttgart, Sommer 1994, S. 39-60.

Müller-Böling, Detlef, Heinz Klandt: Unternehmensgründung. In: Jürgen Hauschildt, Oskar Grün (Hrsg.): Ergebnisse empirischer betriebswirtschaftlicher Forschung. Stuttgart,1993, S. 135-178.

Müller-Böling, Detlef, Klaus Nathusius (Hrsg.): Unternehmerische Partnerschaften, Schriftenreihe der Schmalenbach-Gesellschaft - Deutsche Gesellschaft für Betriebswirtschaft e.V., Stuttgart, Sommer 1994.

Nathusius, Klaus: Eigenkapitalfinanzierung durch Venture Capital. In: Lambert T. Koch (Hrsg.): Gründungsmanagement: mit Aufgaben und Lösungen. München u.a., 2001a, S. 177-197.

Nathusius, Klaus: Grundlagen der Gründungsfinanzierung Instrumente – Prozesse – Beispiele. Wiesbaden, 2001b.

Nathusius, Klaus: Finanzierungsinstrumente für unterschiedliche Gründungsmodelle. In: Klaus Nathusius, Heinz Klandt, Dietrich Seibt (Hrsg.): Beiträge zur Unternehmungsgründung: gewidmet Prof. Dr. Dr. h. c. Norbert Szyperski anlässlich seines 70. Geburtstages. Lohmar (u. a.), 2001c, S. 49-151.

Nathusius, Klaus: Typologie Unternehmerischer Partnerschaften. In: Detlef Müller-Böling, Klaus Nathusius (Hrsg.): Unternehmerische Partnerschaften. Stuttgart, 1994, S. 11-32.

Nathusius, Klaus, Sarah Göring: Zur Finanzierungsgenese von jungen, schnell wachsenden Technologiegründungen. In: Finanzbetrieb, 12, 2007, S. 774-776.

Nathusius, Klaus, Heinz Klandt, Dietrich Seibt (Hrsg): Beiträge zur Unternehmungsgründung: gewidmet Prof. Dr. Dr. h. c. Norbert Szyperski anlässlich seines 70. Geburtstages. Lohmar (u. a.), 2001.

Nathusius, Klaus, Judith Winand, Andy Klose: Analyse des Finanzbedarfs von Universitätsausgründungen – Theoretische und empirische Voruntersuchung zu einem START Early Stage Venture Capital Fonds in Hessen und Niedersachsen. Venture Capital und Investment Banking. Band 5, Lohmar-Köln, 2005.

Ortgiese, Jens: Value added by venture capital firms: an analysis on the basis of new technology-based firms in the USA and Germany. Lohmar (u. a.), 2007.

Patzelt, Holger: CEO human capital, top management teams, and the acquisition of venture capital in new technology ventures: An empirical analysis. In: Journal of Engineering and Technology Management, Band 27, Nr. 3/4, 2010, S. 131-147.

Pett, Alexander: Technologie- und Gründerzentren: Empirische Analyse eines Instruments zur Schaffung hochwertiger Arbeitsplätze. Mainz, Univ., Diss., 1994.

Picot, Arnold, Ulf-Dieter Laub, Dietram Schneider: Innovative Unternehmensgründungen: eine ökonomisch-empirische Analyse. Berlin u. a., 1989.

Pleschak, Franz (Hrsg.): Gründungsunterstützung - Konzepte, Ergebnisse und Erfahrungen: 6. ISI-Workshop am 14./15. September 2000, gemeinsam mit dem Business Development Center Sachsen. Karlruhe, 2000.

Pleschak, Franz: Entwicklungsprobleme junger Technologieunternehmen und ihre Überwindung. In: Knut Koschatzky (Hrsg.): Technologieunternehmen im Innovationsprozeß: Management, Finanzierung und regionale Netzwerke. Heidelberg, 1997, S. 13-32.

Pleschak, Franz, Birgit Ossenkopf, Björn Wolf: Ursachen des Scheiterns von Technologieunternehmen mit Beteiligungskapital aus dem BTU-Programm. Stuttgart, 2002.

Pleschak, Franz, Birgit Ossenkopf, Björn Wolf: Ursachen des Scheiterns von Technologieunternehmen. In: Armin Bindewald, Jochen Struck: Was erfolgreiche Unternehmen ausmacht: Erkenntnisse aus Wissenschaft und Praxis. KfW Bankengruppe, Heidelberg, 2005, S. 139-170.

Pümpin, Cuno Beat, Jürgen Prange: Management der Unternehmensentwicklung: phasengerechte Führung und der Umgang mit Krisen. Frankfurt (u. a.), 1991.

Raueiser, Thomas: Syndizierungsstrategien von Business Angels: eine fallstudiengestützte Analyse. Köln, Univ., Diss., FGF-Entrepreneurship-research-Monographien, Band 60, 2007.

Rechtien, Wolfgang: Gruppendynamik. In: Ann Elisabeth Auhagen, Hans Werner Bierhoff: Angewandte Sozialpsychologie: Das Praxishandbuch. Weinheim, 2003, S. 103-122.

Reuters, Thomas: Money Tree Report. Pricewaterhous Coopers und National Venture Capital Association gefunden am 08.02.2012 um 10:13h, https://www.pwcmoneytree.com/MTPublic/ns/nav.jsp?page=historical.

Roberts, Edward B.: Entrepreneurs in High Technology: Lessons from MIT and Beyond. Oxford University Press, New York, New York, 1991.

Röcken, Bernd: Erfahrungen des gründungsbegleitenden Programms „Partner für Unternehmensgründer (PUG)“ in der Region Berlin-Brandenburg. In: Franz Pleschak (Hrsg.): Gründungsunterstützung - Konzepte, Ergebnisse und Erfahrungen: 6. ISI-Workshop am 14./15. September 2000, gemeinsam mit dem Business Development Center Sachsen. Karlruhe, 2000, o.S.

Ruef, Martin, Howard E. Aldrich, Nancy M. Carter: The Structure of Founding Teams: Homophily, Strong Ties, and Isolation among U.S. Entrepreneurs. In: American Sociological Review, Band 68, 2003, S. 195-222.

Rüggeberg, Harald: Strategisches Markteintrittsverhalten junger Technologieunternehmen. Deutscher Universitäts-Verlag, 1997.

Peter Russo, Ronald Gleich, Falk Strascheg (Hrsg.): Von der Idee zum Markt: Wie Sie unternehmerische Chancen erkennen und erfolgreich umsetzen. München, 2008.

Salomo, Sören, Jan Brinckmann: Managementkompetenz in jungen Unternehmen. In: Hans G. Gemünden, Sören Salomo, Thilo Müller (Hrsg.): Entrepreneurial Excellence: Unternehmertum, unternehmerische Kompetenz und Wachstum junger Unternehmen, Wiesbaden, 2005, S.39-80.

Sandberg, William R.: New Venture Performance: The Role of Strategy and Industry Structure. Lexington, MA: Lexington, 1986.

Sardana, Deepak, Don Scott-Kemmis: Who Learns What? A Study Based on Entrepreneurs from Biotechnology New Ventures. In: Journal of Small Business Management, Band 48, Nr. 3, 2010, S. 441-468.

Schefczyk, Michael: Erfolgsstrategien deutscher Venture Capital-Gesellschaften – Analyse der Investitionsaktivitäten und des Beteiligungsmanagements von Venture Capital-Gesellschaften, Stuttgart, 2004.

Schefczyk, Michael: Managementqualifikationen und Erfolg in jungen Unternehmen. In: Claus Steinle, Katja Schumann (Hrsg.): Gründung von Technologieunternehmen: Merkmale – Erfolg – empirische Ergebnisse. Wiesbaden, 2003, S. 67-80.

Schefczyk, Michael: Mehr als nur Geld: Notwendigkeit und nutzen einer Beratungsunterstützung von Portfoliounternehmen durch Venture-Capital-Gesellschaften – Eine empirische Untersuchung. In: Maja Berrios Amador (Hrsg.): Beteiligungskapital in der Unternehmensfinanzierung: Grundfragen - Konzepte - Erfahrungen. Wiesbaden, 1999, S 131-152.

Schefczyk, Michael, Robert Dietrich: Einflussfaktoren auf das Wachstum junger Unternehmen: eine empirische Analyse in zehn Regionen Deutschlands. Dresden, 2005.

Schefczyk, Michael, Torsten J. Gerpott: Qualifications and turnover of managers and venture capital-financed firm performance: An empirical study of german venture capital-investments, in: Journal of Business Venturing, Band 16, Nr. 2, 2001, S. 145-163.

Schefczyk, Michael, Frank Pankotsch: Betriebswirtschaftslehre junger Unternehmen. Stuttgart, 2003.

Schjoedt, Leon: Defining Entrepreneurial Teams. In: Matthias Fink, Sascha Kraus (Hrsg.): The Management of Small and Medium Enterprises. New York, 2009, S. 161-175.

Schmidt, Arne, Simon Heinrichs, Achim Walter: Technologiebasierte Spin-offs – Ein Forschungsüberblick zu Einflussgrößen ihrer Entwicklung. In: Zeitschrift für Betriebswirtschaft, Band 81, Nr. 6, 2011, S. 677-714.

Schmidt, Axel, Joachim Gläser, Holger Reinemann, Gunter Kayser, Werner Freund, Axel Schrinner: Erfolgsfaktor Qualifikation: Unternehmerische Aus- und Weiterbildung in Deutschland. Institut für Mittelstandsökonomie an der Universität Trier e.V. (InMit); Institut für Mittelstandsforschung (ifm): Münster, 1998.

Schröder, Christoph: Strategien und Management von Beteiligungsgesellschaften: ein Einblick in Organisationsstrukturen und Entscheidungsprozesse von institutionellen Eigenkapitalinvestoren. Nomos - Universitätsschriften: Wirtschaft, 11, Universität, Dissertation, Baden-Baden, 1992.

Schulte, Reinhard: Begriff und Merkmale junger Unternehmen. In: Wirtschaftswissenschaftliches Studium, Band 35, Nr. 7, 2006, S. 419.

Schumpeter, Joseph Alois: Entrepreneur. In: Joseph Alois Schumpeter: The Entrepreneur. Stanford University Press, Stanford, California, 2011, S. 227-260.

Schumpeter, Joseph Alois: The Entrepreneur. Stanford University Press, Stanford, California, 2011.

Schumpeter, Joseph Alois: Capitalism, Socialism & Democracy. First published in the UK 1943, Padstow, 2010.

Schumpeter, Joseph Alois: Essays on entrepreneurs, innovations, business cycles, and the evolution of capitalism, edited by Richard V. Clemens. Neuauflage, Originaldruck: Essays Cambridge, Mass., 1951, 2009.

Schumpeter; Joseph Alois: Economic Theory and Entrepreneurial History: Change and the Entrepreneur. In: Joseph Alois Schumpeter: Essays on entrepreneurs, innovations, business cycles, and the evolution of capitalism, edited by Richard V. Clemens. Neuauflage, Originaldruck: Essays. Cambridge, Mass., 1951, 2009, S. 253-271.

Schumpeter Joseph Alois: Capitalism, Socialism & Democracy. First published in the UK 1943, 2003.

Schumpeter, Joseph Alois: Kapitalismus, Sozialismus und Demokratie. o.O. Schweiz, 1946.

Seeger, Heike: Ex-Post-Bewertung der Technologie- und Gründerzentren durch die erfolgreich ausgezogenen Unternehmen und Analyse der einzel- und regionalwirtschaftlichen Effekte. Münster, 1997.

Sexton, Donald L., Hans Landström (Hrsg.): The Blackwell Handbook Of Entrepreneurship. Oxford, 2000.

Shane, Scott Andrew: The illusions of entrepreneurship: the costly myths that entrepreneurs, investors, and policy makers live by. New Haven (u. a.): Yale University Press, 2008.

Shrader, Rod, Donald S. Siegel: Assessing the Relationship between Human Capital and Firm Performance: Evidence from Technology-Based New Ventures. In: Entrepreneurship Theory and Practice, Band 31, Nr. 6, 2007, S. 893-908.

Smart, Geoffrey: Management assessment methods in venture capital: an empirical analysis of human capital valuation. In: Venture Capital, Band 1, Nr. 1, 1999, S. 59-82.

Sørensen, Jesper B., Damon J. Phillips: Competence and commitment: employer size and entrepreneurial endurance. In: Industrial and Corporate Change, Band 20, Nr. 5, 2011, S. 1277-1304.

Spieker, Marc: Entscheidungsverhalten in Gründerteams – Determinanten, Parameter und Erfolgsauswirkungen. Schriften des Center for Controlling & Management (CCM), Band 13, Wiesbaden, 2004.

Steffens, Udo: Kompendium Management in Banking & Finance. Frankfurt am Main, 2008.

Stein, Ingrid: Venture Capital - Finanzierungen: Kapitalstruktur und Exitentscheidung. Entrepreneurial Finance and Private Equity, Band 5, Universität, Dissertation, Bad Soden, 2005.

Steinkühler, Ralf-Hendrik: Technologiezentren und Erfolg von Unternehmensgründungen. Diss., Wiesbaden, 1994.

Steinle, Claus, Katja Schumann (Hrsg.): Gründung von Technologieunternehmen: Merkmale – Erfolg – empirische Ergebnisse. Wiesbaden, 2003.

Sternberg, Rolf, Christine Tamásy: Success Factors for Young, Innovative Firms. Working Paper No. 99-02, Universität zu Köln, Februar, 1999.

Stockley, Simon: Building and maintaining the entrepreneurial team – a critical competence for venture growth. In: Sue Birley, Daniel F. Muzyka (Hrsg.): Mastering Entrepreneurship. London u. a., 1997, S. 206-211.

St-Pierre, Josée, Mathieu Claude: Financing With Venture Capital: Advances in Knowledge Over the Last Ten Years and Research Avenues. Institut de recherche sur les PME, April 25, 2003.

Stubner, Stephan: Bedeutung und Erfolgsrelevanz der Managementunterstützung deutscher Venture Capital Gesellschaften: eine empirische Untersuchung aus Sicht der Wachstumsunternehmen. Norderstedt, 2004.

Szyperski, Norbert, Günter Kirschbaum: Unternehmungsfluktuation in Nordrhein-Westfalen: Eine empirische Untersuchung zur Entwicklung von Gründungen und Liquidationen im Zeitraum von 1973 bis 1979. Beiträge zur Mittelstandsforschung, Göttingen,1981.

Szyperski, Norbert, Klaus Nathusius: Probleme der Unternehmungsgründung: eine betriebswirtschaftliche Analyse unternehmerischer Startbedingungen. Lohmar (u. a.), 1999.

Szyperski, Norbert; Klaus Nathusius: Probleme der Unternehmensgründung. Stuttgart, 1977.

Teal, Elisabeth J., Charles W. Hofer: The determinants of new venture success: strategy, industry structure, and the founding entrepreneurial team, in: The journal of private equity, New York, NY, Band 6, Nr. 4, 2003, S. 38-51.

Tuckman, Bruce W.: Developmental sequence in small groups. Psychological Bulletin, Band 63, Nr. 6, 1965, S. 384-399.

Tuckman, Bruce W., Mary Ann C. Jensen: Stages of Small-Group Development Revisited. In: Group & Organization Studies (pre-1986); Dezember, Band 2, Nr. 4, 1977, S. 419-427.

Ucbasaran, Deniz, Andy Lockett, Mike Wright, Paul Westhead: Entrepreneurial Founder Teams: Factors Associated with Member Entry and Exit. In: Entrepreneurship Theory and Practice, Band 28, Nr. 2, 2003, S. 107 - 127.

Venture Capital: Policy lessons from the VICO project. September 30, 2011.

Vesper, Karl H.: New Venture Strategies. Englewood Cliffs, N. J., Revised Edition, 1990.

Voigt, Kai-Ingo, Alexander Brem, Jeannine Sütterlin: Untersuchung geschlechtsspezifischer Besonderheiten bei Unternehmensgründungen durch Frauen und Männer und deren Einstellungen zum Erfolgsbegriff. In: Sascha Kraus, Katherine Gundolf (Hrsg.): Stand und Perspektiven der deutschsprachigen Entrepreneurship- und KMU-Forschung. Schriftenreihe des Instituts für Managementforschung, 2, Stuttgart, 2008, S. 286-304.

Vyakarnam, Shailendra, Robin Jacobs, Jari Handelberg: Exploring the formation of entrepreneurial teams: The key to rapid growth business? In: Journal of Small Business and Enterprise Development, Band 6, Nr. 2, 1999, S. 153 - 165.

Wang, Chun-Ju, Lei-Yu Wu: Team member commitments and start-up competitiveness. In: Journal of Business Research, doi:10.1016/j., jbusres.2011.04.004, 2011, S. 1-8.

Welpe, Isabell: Managementunterstützung durch Venture-Capital-Gesellschaften – eine empirische Untersuchung. In: Ann-Christin Achleitner, Heinz Klandt, Lambert T. Koch, Kai- Ingo Voigt (Hrsg.): Jahrbuch Entrepreneurship: Gründungsforschung und Gründungsmanagement 2005/06, Berlin u. a., 2006, S. 71-89.

West, Page: Collective Cognition: When Entrepreneurial Teams, Not Individuals, Make Decisions. In: Entrepreneurship Theory and Practice, Januar 2007, S. 77-102.

Wicher, Hans: Innovative Teamgründungen: Entwicklung, Bedeutung, Probleme. Betriebswirtschaftslehre, 7, Ammersbek bei Hamburg, 1992.

Wijbenga, Frits H., Arjen van Witteloostuijn: The Entrepreneur and the Venture Capitalist as a Team: A Game-theoretic und Upper-echelon Theory of Cooperation and Defection. In: John E. Butler, Andy Lockett (Hrsg.): Venture capital in the changing world of entrepreneurship. Greenwich, Connecticut, 2006, S. 91-114.

Wippler, Armgard: Innovative Unternehmensgründungen in Deutschland und den USA, Wiesbaden 1998.

Witt, Peter: Aktuelle Entrepreneurship-Forschung: Stand und offene Fragen. In: Sascha Kraus, Katherine Gundolf (Hrsg.): Stand und Perspektiven der deutschsprachigen Entrepreneurship- und KMU-Forschung. Schriftenreihe des Instituts für Managementforschung, 2, Stuttgart, 2008, S. 79-96.

Zacharakis, Andrew L., G. Dale Meyer: A lack of insight: do venture capitalists really understand their own decision process? In: Journal of Business Venturing, Band 13, Nr. 1, January 1998, S. 57-76.

Zimmerman, Monica A.: The Influence of Top Management Team Heterogeneity on the Capital Raised through an Initial Public Offering. Entrepreneurship Theory and Practice, Mai 2008, S. 391-414.

Zolin, Roxeanne, Andreas Kuckertz, Teemu Kautonen: Human resource flexbility and strong ties in entrepreneurial teams. In: Journal of Business Research, 64, 2011, S. 1097-1103.

Zhang, Junfu: Access to Venture Capital and the Performance of Venture-Backed Start-Ups in Silicon Valley. In: Economic Development Quarterly, Band 21, Nr. 2, 2007, S. 124-147.